高等学校新工科计算机类专业系列教材

基于FPGA的自主可控SoC设计

张剑贤　刘锦辉　编著
杨鹏飞　参编

西安电子科技大学出版社

内 容 简 介

本书主要讲述片上系统的体系结构、设计开发方法和实例设计验证。本书从基础理论知识到实际应用开发展开叙述，具体介绍了片上系统设计技术、硬件描述语言 VHDL 和 FPGA 设计开发技术等理论知识，从设计的角度阐述了片上系统的微体系结构，涉及的内容包括基本数字逻辑电路设计、加减乘除四则运算模块设计、存储电路设计、自主可控 8 位简单 SoC 设计及基于 FPGA 实验板的 SoC 测试验证。

本书强调理论与实践相结合，内容由浅入深、逐层递进，语言深入浅出、通俗易懂。本书深入剖析了 SoC 内部逻辑结构及时序关系，并融入了大量的设计实例，目的是使读者全面了解和掌握 SoC 微体系结构的原理及逻辑电路设计验证方法。

本书可以作为计算机、微电子、电子信息等专业高年级本科生和研究生的教材，也可以作为数字逻辑电路系统设计验证的技术参考书。

图书在版编目(CIP)数据

基于 FPGA 的自主可控 SoC 设计 / 张剑贤，刘锦辉编著. --西安：西安电子科技大学出版社，2024.1

ISBN 978-7-5606-7138-3

Ⅰ. ①基… Ⅱ. ①张… ②刘… Ⅲ. ①集成电路—芯片—设计 Ⅳ. ①TN402

中国国家版本馆 CIP 数据核字(2024)第 003929 号

策　　划　高　樱　明政珠
责任编辑　高　樱
出版发行　西安电子科技大学出版社(西安市太白南路 2 号)
电　　话　(029) 88202421　88201467　　邮　　编　710071
网　　址　www.xduph.com　　电子邮箱　xdupfxb001@163.com
经　　销　新华书店
印刷单位　陕西天意印务有限责任公司
版　　次　2024 年 1 月第 1 版　2024 年 1 月第 1 次印刷
开　　本　787 毫米×1092 毫米　1/16　印张 14
字　　数　327 千字
定　　价　43.00 元
ISBN　978-7-5606-7138-3 / TN

XDUP 7440001-1

前　言

计算机是信息化和智能化时代的核心，其处理器设计技术更是事关国防建设、卫星通信、工业控制、互联网络和5G通信的“卡脖子”技术。当前，国家正在积极推进处理器芯片的自主可控，实现计算机系统的国产化，但计算机体系结构复杂，涉及的知识量大，内部逻辑关系复杂，设计实现难度大。片上系统具有与计算机系统类似的结构。随着 FPGA 技术的发展，基于 FPGA 的 SoC 系统设计为计算机结构及系统验证提供了有效的途径。

目前，关于处理器和片上系统设计的教材主要分为两个方向，即以理论为主或以实验为主来描述处理器或片上系统的设计过程。本书注重理论和实践的结合，注重基础知识的关联性，从数字逻辑电路延伸到片上系统及计算机系统结构。本书以提高计算机系统综合设计能力为目的，不仅从理论上讲述片上系统功能模块设计的方法和思路，深入剖析模块间的逻辑时序关系，还通过具体实践工程进行设计验证。

本书主要讲述片上系统的体系结构、设计开发方法和实例设计验证。第 1 章对片上系统以及设计开发涉及的硬件描述语言和可编程逻辑设计技术进行概述，使对片上系统不太了解的读者有感性的认识。第 2 章重点介绍 SoC 系统级设计的研究内容、关键技术、设计方法、流程以及总线结构，并讨论了 SoC 的发展趋势，使读者初步了解和掌握 SoC 设计开发的基本理论知识。第 3 章主要讲述硬件描述语言 VHDL 的基本程序结构、语言元素、基本逻辑语句、描述方式等内容，使读者了解和掌握 VHDL 的基本语法结构和开发方法。第 4 章主要讲述 FPGA 的基本结构、开发流程以及 Vivado 集成开发环境使用等 FPGA 开发方法，使读者掌握基于 FPGA 的逻辑电路设计开发方法。第 5 章主要讲述基于 VHDL 的基本数字逻辑电路设计，包括组合逻辑电路、时序逻辑电路和有限状态机等基本电路的原理和设计方法。第 6 章主要介绍常用的机器数编码、加法器的基本原理、定点数和浮点数加法器设计、原码补码乘法器设计以及阵列乘除法器设计。第 7 章重点讲述随机存储器 RAM、只读存储器 ROM、双端口 RAM、FIFO

等存储器，以及循环冗余校验电路的设计，使读者了解和掌握计算机的重要部件之一——存储器的设计方法。第 8 章以自主可控 8 位简单 SoC 设计的实现为目标，系统讲述 SoC 设计开发的思路和方法。第 9 章主要讲述 SoC 各个功能模块的仿真测试以及 FPGA 板级验证，使读者了解和掌握仿真测试程序的设计方法以及 FPGA 验证方法。

通过本书的学习，读者可以了解并掌握 SoC 设计的一般方法和思路，并通过具体工程验证理论知识，在实践过程中将知识融会贯通，建立计算机专业硬件知识体系结构。

在编写本书的过程中，我们参考了国内外一些相关的教材及资料，特别是参考文献中的教材对本书的编写有直接的影响，在此特别感谢这些教材的作者。此外特别感谢裘雪红教授和周端教授给本书提出的宝贵意见和建议。感谢刘俊杰、姚阳和谭雯丹三位同学对本书资料的整理及实验案例的验证。另外，还要感谢西安电子科技大学出版社为本书的出版提供了机会。

本书第 1 章由杨鹏飞老师编写，第 2、4、6、8 章由张剑贤老师编写，第 3、5、7、9 章由刘锦辉老师编写，全书由张剑贤老师统稿。

由于实验条件及自身水平的限制，对于本书中的某些新技术，我们无法实际验证，因而我们对某些新技术的理解可能还不透彻，对实验案例的设计及验证可能存在考虑不周全的地方，书中难免会有不足之处，恳请专家、同行和读者给予批评指正，我们将不胜感激。

作者 E-mail：jianxianzhang@mail.xidian.edu.cn。

作　者
2023 年 9 月

目　录

第1章

绪　　论

为了更好地理解和掌握片上系统的设计开发方法，读者需要了解和掌握一些与片上系统相关的基础知识，包括片上系统的基本概念和结构、硬件描述语言和 FPGA 开发技术。这些知识是进行数字逻辑电路系统设计及验证的重要基础理论，也是片上系统设计验证的必备知识。

1.1　片上系统概述

1.1.1　片上系统的基本结构

随着集成电路制造工艺的迅速发展，系统需求转向体积更小、成本更低、功耗更小的产品，设计者希望将更多的功能集成到单个芯片上，把以往在 PCB 上由多个芯片组成的系统集成到单个芯片上，这个芯片称为片上系统(System on a Chip，SoC)，又称为系统芯片。因此片上系统是指在单一硅片上集成了数字和模拟混合电路，能够实现信号采集、转换、存储、处理和输入/输出等功能的一个系统。片上系统由嵌入式处理器(如 MPU、MCU 或 DSP)、存储器(如 SRAM、SDRAM、Flash ROM)、专用功能模块(如 ADC、DAC、PLL、2D/3D 图形运算单元)、I/O 接口模块(如 USB、UART、Ethernet)、片内总线等多种功能模块构成，如图 1.1 所示。

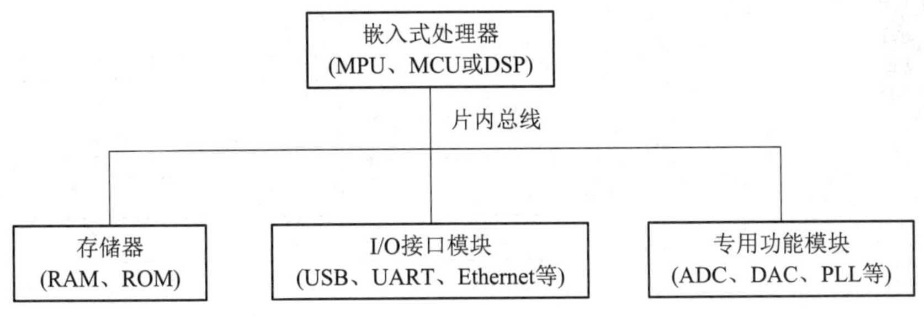

图 1.1　片上系统基本结构

片上系统是从整个系统的功能和性能出发，用软硬件结合的设计和验证方法，利用芯核复用及深亚微米技术在一个芯片上实现复杂功能，并不是各个芯片功能的简单叠加。一个典型的 SoC 通常由以下部分组成：微处理器、存储器、提供数据路径的片上总线、定时和中断控制器、外部存储控制器、通信控制器和通用 I/O(Input/Output，输入/输出)接口。另外，还可以包含视频编解码器、通用异步收发器(Universal Asynchronous Receiver/Transmitter，UART)接口等。

根据集成的功能模块不同，SoC 可以分为计算控制型 SoC、通信网络型 SoC 和信号处理型 SoC。

(1) 计算控制型 SoC。计算控制型 SoC 由微处理器、存储器、I/O 接口和外围电路组成。微处理器通过系统总线、数据处理模块、I/O 接口进行数据传输，如图 1.2 所示。微处理器可以是用于微机与工业机的基于复杂指令集(CISC)的 Intel X86 系列处理器，也可以是用于智能家居、工业控制的基于精简指令集(RISC)的 ARM 系列处理器。

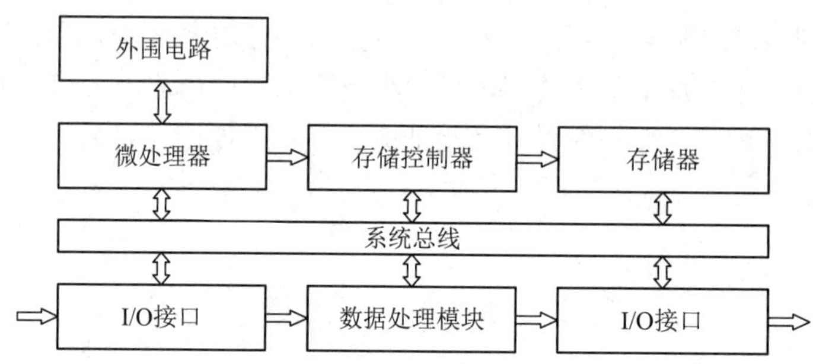

图 1.2　计算控制型 SoC 结构

(2) 通信网络型 SoC。通信网络型 SoC 主要应用于通信领域，其主要包括前放/功放(800 MHz～5 GHz，RF CMOS)、基带(100 MHz，集成 CPU、SRAM、ROM 等功能，标准 CMOS)、调制(GSM、CDMA、WLAN、TCP/IP、Bluetooth)等功能模块。图 1.3 所示为移动手机的 SoC。

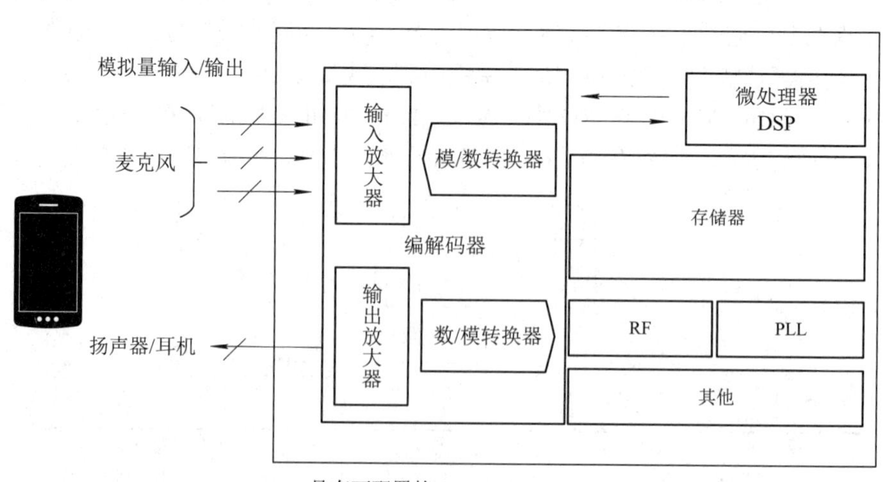

图 1.3　移动手机的 SoC

(3) 信号处理型 SoC。信号处理型 SoC 用来处理音视频信号，主要包括音视频编解码(语音 PCM、音乐 MP3、图片 JPEG、视频 MPEG)、信号采集(话筒采集声音，摄像头采集图像)、信号输出(扬声器输出声音，显示器输出图像)等模块。

1.1.2 片上系统的类型及特点

根据应用领域的不同，SoC 可以分为以下几种类型：

(1) 通用处理器 SoC。通用处理器 SoC 包括一个或多个通用处理器核心，通常是 ARM 架构。它还包括其他组件，如内存控制器、图形处理器、网络控制器等。

(2) 嵌入式 SoC。嵌入式 SoC 通常用于嵌入式系统，如智能家居、工业自动化、医疗设备等系统。它包括多个功能模块，如处理器核心、存储器、I/O 接口、时钟管理单元等。

(3) 高性能 SoC。高性能 SoC 通常用于高性能计算领域，如服务器、超级计算机等。它包括多个处理器核心、高速缓存、内存控制器、网络接口等。

(4) 无线通信 SoC。无线通信 SoC 通常用于无线通信设备，如手机、平板电脑、路由器等。它包括多个处理器核心、射频前端、基带处理器、网络接口等。

(5) 汽车 SoC。汽车 SoC 通常用于汽车电子系统，如车载娱乐、车联网、自动驾驶等系统。它包括多个处理器核心、图像处理器、传感器接口、网络接口等。

片上系统在单芯片上实现整个电子系统的集成，其主要特点有以下几个方面：

(1) 集成度高。SoC 将多个硬件组件集成在一个芯片上，包括处理器、内存、通信模块、传感器、外设接口等，大大提高了系统的集成度，降低了系统的复杂度和成本，有效缩小了电路板面积，减少了系统的体积和重量。

(2) 功耗低。随着电子产品向小型化、便携式发展，人们对电子产品低功耗的需求更为迫切。SoC 采用了先进的制造工艺和低功耗设计，可以在保证高性能的同时降低功耗，延长系统待机时长。

(3) 性能高。随着芯片内部信号传递距离的缩短，信号的传输效率将大幅提升。SoC 集成了高性能的处理器和其他硬件组件，可以实现快速的数据处理和高效的系统运行。

(4) 稳定可靠。SoC 采用了先进的测试和验证技术，可以保证系统的稳定性和可靠性。

(5) 功能丰富，可定制性强。随着集成度的提高，在相同的内部空间内，SoC 可整合更多的功能元件和组件，使系统功能更丰富。SoC 可以根据不同的应用需求进行定制，包括处理器架构、内存容量、通信接口、外设接口等，以满足不同应用的需求。

总之，SoC 是一种集成度高、功耗低、性能高、稳定可靠、功能丰富、可定制性强的系统集成方案，可以通过不同的组件和系统集成实现各种不同的功能，广泛应用于各个领域。

SoC 复杂度的提高和设计周期的进一步缩短为知识产权(Intellectual Property，IP)模块的重用带来了一些挑战。

(1) 集成难度大：要将 IP 模块集成到 SoC 中，要求设计者完全理解复杂 IP 模块(如微处理器、存储器、控制器、总线仲裁器等)的功能、接口和电气特性。

(2) 时序关系复杂：随着 SoC 复杂度的提高，要得到完全吻合的时序越来越困难。即使每个 IP 模块的布局是预先定义的，但把它们集成在一起仍会产生一些不可预见的问题，如时序验证、低功耗设计、信号完整性、电磁干扰、信号串扰等时序问题。

(3) 电路集成工艺要求高：SoC 一般采用深亚微米工艺，在该工艺下引线延迟和门延迟成为影响时延的主要因素。较小的线间距和层间距使得线间和层间的信号耦合作用增强，加之 SoC 复杂的时序关系，增加了电路中时序匹配和电路集成的难度。

1.1.3 片上系统与计算机课程的关系

SoC 体系结构与计算机学科有着密切的关系，底层实现与微电子学科紧密相连。SoC 是属于计算机与微电子交叉的新兴学科方向。SoC 在微电子方向主要注重电路级设计，包括管级电路设计、芯片板图设计、材料工艺实现等，而在计算机方向(结构方面)则注重系统级设计，包括片内总线结构设计、行为级/RTL 级功能设计实现、FPGA 验证、测试验证等。

在课程体系当中，计算机相关课程为 SoC 设计提供了必要的基础。其中，计算机组成与体系结构课程为 SoC 设计提供了 SoC 组成结构及片上 IP 核模块互连方式的基础理论，数字电路为 SoC 设计提供了组合和时序逻辑电路设计的方法，硬件描述语言 VHDL 为 SoC 功能模块提供了实现的途径，汇编语言、C 语言及数据结构可实现 SoC 具体应用功能，如图 1.4 所示。

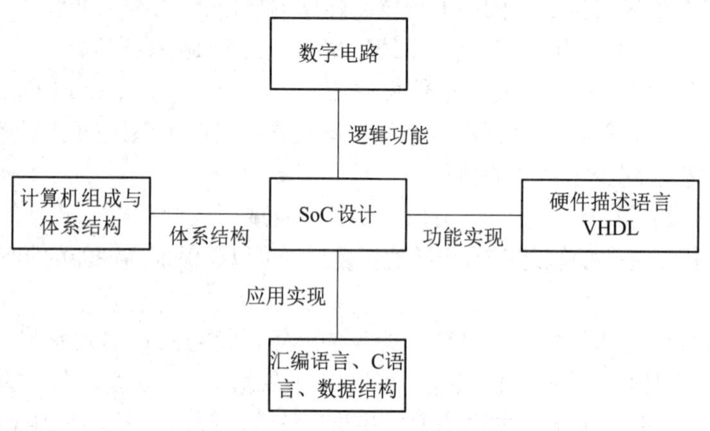

图 1.4 SoC 设计与计算机的关系

1.2 硬件描述语言简介

硬件描述语言(Hardware Description Language，HDL)是一种用于描述数字电路的语言。它可以描述电路的结构、功能和时序等信息，广泛应用于数字电路设计、仿真、综合和验证。

最初，HDL 主要用于硬件设计的仿真。随着计算机的发展，HDL 逐渐发展为综合性的语言。常用硬件描述语言包括 ABEL-HDL、AHDL、VHDL、Verilog HDL。

1984 年，美国国防部研究项目推出了 VHDL(Very High Speed Integrated Circuit Hardware Description Language，超高速集成电路硬件描述语言)，以满足超高速集成电路(VHSIC)设计的需要。1987 年，VHDL 成为 IEEE 工业标准，称为 IEEE1076-1987。1993 年更新为 93 标准 IEEE1076-1993，1996 年 IEEE1076-1993 成为综合标准。

1983 年，GDA(Gateway Design Automation)公司的 Philip Moorby 提出了 Verilog 语言。1995 年，Verilog HDL 成为 IEEE 标准 IEEE1364-1995。VHDL 和 Verilog HDL 是目前最流行和使用最广泛的硬件描述语言。

VHDL和Verilog HDL都有其独特的特点和优势。VHDL是一种比较严格的语言，强调代码的结构化和模块化。它的语法比较复杂，但可以方便地描述复杂的数字系统。VHDL在大型系统的设计中表现出色，其支持层次结构和泛型等高级特性。VHDL还支持多种数据类型，包括整型、字符型、布尔型和枚举类型等。

相比之下，Verilog HDL与C语言风格类似，比VHDL更加灵活，更容易学习和使用。Verilog HDL的语法比较简单，语言结构更加紧凑，但是存在数据类型定义模糊化的缺点。Verilog HDL主要用于设计和仿真数字电路，其模块化方法更加自由，因此它更适合小型项目的设计。Verilog HDL还支持基于事件的建模，可方便地描述异步电路和时序电路。

综上所述，VHDL更适合大型项目和复杂的系统设计，而Verilog HDL更适合小型项目和快速原型开发。但在实际使用中，两种语言的选择取决于具体的项目需求和设计团队的偏好。

学习硬件描述语言可以帮助开发人员更好地进行数字电路的设计和仿真，并可以使设计过程更加高效和精确。

1.3 可编程逻辑设计

1.3.1 可编程逻辑器件

PLD(Programmable Logic Device，可编程逻辑器件)是一种数字电路器件，可以根据用户的需求进行编程和配置，实现不同的逻辑功能。PLD的主要特点如下：

(1) 可编程性强。PLD可以根据用户的需求进行编程和配置，实现各种不同的逻辑功能。

(2) 灵活性高。PLD可以通过重新编程或修改配置来实现不同的功能，具有很高的灵活性。

(3) 集成度高。PLD可以集成大量的逻辑功能模块，从而减少了电路板的数量和复杂度。

(4) 可靠性高。PLD采用了先进的制造工艺和测试技术，可以保证器件的稳定性和可靠性。

(5) 体积小，功耗低。与专用集成电路相比，PLD的体积相对较小，功耗也相对较低，适合于嵌入式系统等场景。

PLD一般有可编程只读存储器(Programmable Read Only Memory，PROM)、紫外线可擦除存储器(Erasable Programmable Read Only Memory，EPROM)、电可擦除存储器(Electrically Erasable Programmable Read Only Memory，EEPROM)、可编程逻辑阵列(Programmable Logic Array，PLA)、可编程阵列逻辑(Programmable Array Logic，PAL)、通用阵列逻辑(Generic Array Logic，GAL)、复杂可编程逻辑器件(Complex Programmable Logic Device，CPLD)、现场可编程门阵列(Field Programmable Gate Array，FPGA)等类型。PLD的发展过程包括以下几个阶段：

(1) 20世纪70年代，熔丝编程的PROM、PLA和PAL器件是最早的可编程逻辑器件，只能进行一次编程。PROM 采用固定的与阵列和可编程的或阵列结构，而 PAL 采用与阵列可编程结构和或阵列不可编程结构，PLA 的与阵列和或阵列都可以编程。

(2) 20 世纪 80 年代初，GAL 器件采用 EEPROM 工艺，实现了电可擦除和编程。GAL 的输出结构是可编程的逻辑宏单元，可实现多次编程，具有较强的设计灵活性。

(3) 20 世纪 80 年代中期，Xilinx(赛灵思)公司提出了现场可编程的概念，推出了第一片现场可编程门阵列(FPGA)。FPGA 由逻辑单元阵列构成，通过静态存储单元实现逻辑功能。20 世纪 80 年代末，Lattice(莱迪思)公司推出了系列 CPLD 器件。CPLD 是在 PAL、GAL 的基础上发展起来的，由与或阵列构成，采用 EEPROM 工艺。

(4) 20 世纪 90 年代后期，可编程器件集成电路技术进入了飞速发展阶段，可用逻辑门数超过百万，并出现了内嵌复杂功能的模块(如加法器、乘法器、RAM、CPU、DSP、PLL)。

(5) 21 世纪以来，随着集成电路工艺的发展，FPGA 器件的集成度不断提高。其内部组成不仅包含基本的可编程 IO 单元、可编程逻辑单元、丰富的布线资源，而且拥有灵活的时钟管理单元、嵌入式块 RAM 和各种通用的内嵌功能单元，以及嵌入式处理器软核和硬核。

按照可以编程的次数进行分类，PLD 可以分为一次性编程器件(One Time Programmable，OTP)和可多次编程器件。其中，一次性编程器件的特点是只允许对器件编程一次，不能修改，而可多次编程器件则允许对器件进行多次编程，适合在科研开发中使用。

按编程元件和编程工艺进行分类，PLD 可以分为以下几种：

(1) 熔丝(Fuse)；

(2) 反熔丝(Antifuse)编程元件；

(3) 紫外线擦除、电可编程，如 EPROM；

(4) 电擦除、电可编程方式，如 EEPROM、快闪存储器(Flash Memory)等，大部分 CPLD 采用电擦除、电可编程方式；

(5) 静态随机存取存储器(Static Random Access Memory，SRAM)结构，如多数 FPGA。

其中，(1)～(4)为非易失性器件，(5)是易失性器件。

按器件密度或集成度进行分类，PLD 可以分为低密度 PLD(Low Density PLD，LDPLD)和高密度 PLD(High Density PLD，HDPLD)，也分别称为简单 PLD(Simple PLD，SPLD)和复杂 PLD(CPLD)。PROM、PLA、PAL、GAL 器件都属于低密度器件，EPLD(Erasable Programmable Logic Device，可擦除可编程逻辑器件)、CPLD 和 FPGA 都属于高密度器件，具体的结构和类型见表 1.1 和表 1.2。在低密度器件中，只有 GAL 还在使用，主要用在中、小规模数字逻辑方面，通常每个芯片只有几百逻辑门。现在的可编程逻辑器件以大规模、超大规模集成电路工艺制造的 CPLD、FPGA 为主。

表 1.1　按编程部位分类之 LDPLD

分　类	与阵列	或阵列	输出电路	可编程类型
可编程只读存储器(PROM)	固定	可编程	固定	半场可编程
可编程逻辑阵列(PLA)	可编程	可编程	固定	全场可编程
可编程阵列逻辑(PAL)	可编程	固定	固定	半场可编程
通用阵列逻辑(GAL)	可编程	固定	逻辑宏单元(OLMC)	半场可编程

表 1.2　按编程部位分类之 HDPLD

分　类	结构形式	类型
可擦除可编程逻辑器件(EPLD)	与或阵列	阵列型
复杂可编程逻辑器件(CPLD)	与或阵列	阵列型
现场可编程门阵列(FPGA)	门阵列	单元型

1.3.2　FPGA 技术

FPGA 是一种现场可编程门阵列，它可以被重新编程以实现不同的数字电路功能。FPGA 具有灵活性高、集成度高、可重构性强、可并行性强和低功耗等特点。FPGA 可以在设计完成后进行现场编程，而不需要重新设计电路板。FPGA 还可以实现并行处理，具有很高的运算速度和处理能力。

现代 FPGA 技术采用更先进的 CMOS 技术和存储器技术，使得 FPGA 的速度和密度有了大幅提升。随着 FPGA 技术的进一步发展，其内部电路结构也得到了优化和改进，例如采用更高效的逻辑单元(如 LUT(Look up Table，查找表))和更灵活的时钟管理等。

此外，FPGA 还可以与 CPU、GPU、DSP 等计算器件结合，构成异构计算体系结构，以提高系统的性能和能效。FPGA 广泛应用于通信、安防、医疗、工业、军事、航天等领域。

随着 FPGA 技术的发展和应用的拓展，FPGA 已经成为数字电路设计和嵌入式系统开发中不可或缺的一部分。学习 FPGA 技术可以帮助开发人员更好地理解和应用 FPGA 技术，以实现高效、灵活和可靠的数字电路设计和开发。

从应用和开发的角度看，FPGA 也存在以下缺点：

(1) 成本高。从成本角度看，FPGA 芯片的成本比较高，不适合一些使用量非常大的领域。当使用量较大时，可以考虑使用专用 ASIC 芯片的解决方案。

(2) 开发难度大。从开发难度来说，FPGA 需要很强的专业知识背景、深厚的硬件电路基础以及基础的底层通信协议的编写能力。大部分接口需要用户自己定义编写。若调用现有 IP 核，则需要掌握 IP 核各种接口的时序逻辑关系。

(3) 编译时间超长。对于一个中等规模的 FPGA 工程，其编译时间可能在 20～30 分钟，从而导致项目开发周期长。

(4) Debug 困难。FPGA 可以通过 RTL 的仿真，初步验证代码逻辑的正确性，然后通过 FPGA 板级验证，验证逻辑电路在指定的 FPGA 芯片上运行是否正确。但是有一些潜在的 Debug 可能无法发现，从而需要大量的测试和验证。所以选择成熟的 FPGA 芯片及成熟的 EDA 开发软件非常重要。

习　　题

1. 什么是片上系统(SoC)？一个典型的 SoC 通常由哪些部分组成？

2. 根据集成功能模块不同，SoC 可分为哪些类型，有什么区别？
3. SoC 具有哪些优缺点？
4. 请简述 SoC 与计算机课程的关系。
5. Verilog 与 VHDL 这两种硬件描述语言有哪些区别，各具有哪些优点？
6. 可编程逻辑器件具有哪些特点？
7. 可编程逻辑器件包括哪些分类方式？不同的分类方式包含哪些器件类型？
8. 请简述 FPGA 技术的优缺点。

第 2 章

片上系统设计技术

本章重点介绍 SoC 系统级研究的核心内容，包括关键技术、总线结构、设计方法和流程。通过本章的学习，读者初步了解和掌握 SoC 设计技术的基本理论知识，为进一步学习 SoC 设计开发打下坚实的基础。本章最后讨论分析 SoC 系统设计的最新技术和发展趋势，帮助读者了解 SoC 技术的未来发展方向。

2.1　SoC 系统级设计的研究内容

一般情况下，SoC 系统都具有强大的数据处理和存储能力，能满足某种典型的应用功能和性能要求。同时，它还应当具有灵活的软硬件可编程能力。软件的可编程性体现在基于同一种类型的体系架构下，充分发挥软件本身的适应性和可重用性，减少更改硬件所带来的开销，提高设计速度。硬件的可编程性体现在于通过满足性能要求的专用加速器，充分利用硬件本身的便携性和可扩展性，减少研发软件所产生的费用，缩短设计周期。因此，SoC 设计应该是一个软硬件协同设计的过程，这也是 SoC 系统一个非常重要的标志。

图 2.1 所示为 SoC 系统级设计的主要研究内容，包括软硬件协同设计技术、设计重用技术、与底层相结合设计技术，三者相辅相成，相互促进。软硬件协同设计技术常与设计重用技术交织在一起，成为目前 SoC 系统级设计的主要部分。与底层相结合设计技术是在现阶段由于制造工艺不断进步，在进入纳米级环境的前提下，提出的一种能有效地解决高层次综合技术和物理设计不匹配导致设计不收敛问题的新技术。

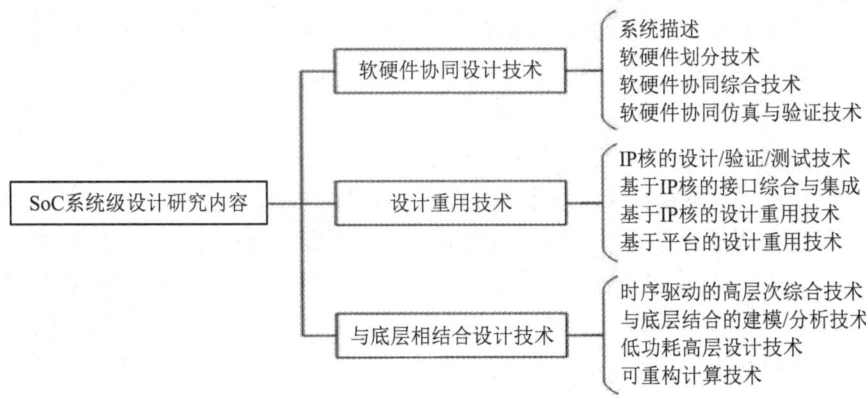

图 2.1　SoC 系统级设计的研究内容

2.2 片上系统的关键技术

片上系统的出现给设计、测试、工艺集成、器件、结构及其他领域带来了一系列技术上的挑战。片上系统的设计方法主要涵盖以下技术：设计重用技术、软硬件协同设计技术、纳米级电路设计技术。设计重用技术包括 IP 芯核设计、基于 IP 的系统设计、多 IP 系统的验证与接口综合等。软硬件协同设计技术包括硬件结构设计、基于硬件的软件结构生成、软硬件划分、面向软件的多处理单元设计等。纳米级电路设计技术包括时序综合、时延驱动逻辑设计、低压低功耗设计等。下面对片上系统涉及的具有代表性的关键技术，例如设计重用技术、低功耗设计技术、软硬件协同设计技术、总线架构技术、可测试性设计技术和物理综合技术等方面进行分析。

2.2.1 设计重用技术

设计重用技术是片上系统设计技术的重要组成部分，它是工艺技术走向深亚微米的产物，同时也是传统的基于元件或器件的设计技术的延伸。片上系统一般具有数百万门的规模，其设计不能一切从头开始，而要建立在较高层次上，更多地采用设计重用技术。

设计重用技术建立在 IP 核的基础上。IP 核是指经过反复验证过的、具有特定功能的、可重复利用的逻辑块或数据块，应用于专用集成电路或者可编程逻辑器件。在片上系统的设计中，使用的基本部件是预先设计好的 IP 核，整个片上系统由各种满足片上功能的嵌入式芯核组合而成。根据不同的表现形式，IP 核分为软核(Soft Cores)、固核(Firm Cores)和硬核(Hard Cores)。

软核是以可综合的 RTL(Register Transfer Level，寄存器传输级)描述或通用库元件的网表形式提供的可重用 IP 模块。软核的使用者要负责实际的实现和布图。它的优势是对工艺技术的适应性很强，应用新的加工工艺或更换芯片加工厂家时很少需要对软核进行改动。

固核以带有平面规划信息的网表文件被提供，在拓扑结构上通过平面布局对性能和面积进行了优化，可以在一定的工艺技术范围内使用。系统设计者可以根据特殊需要对固核的芯核模块进行改动。

硬核以完全布局和布线的网表文件或以规定的板图格式(如 GDSII格式)被提供，对性能、尺寸和功耗进行了优化，并对一个特定的工艺进行映射。在进行系统设计时，硬核在整个设计周期中只能被当成一个完整的库单元来进行处理。

三种 IP 核类型对比分析如表 2.1 所示。

目前，设计重用方法在很大程度上主要是使用软核和固核，将 RTL 级描述综合为具体标准单元库，进行逻辑综合优化，形成门级网表，再通过布局布线工艺最终形成设计所需的硬核。这种软核的 RTL 综合方法具有设计灵活性，可以结合具体应用适当修改描述，并重新验证，满足具体应用的要求。另外，随着工艺技术的发展，也可利用新的固核库重新综合优化、布局布线、重新验证，获得新工艺条件下的硬核，用这种方法实现设计重用比传统模块设计方法的效率高。

建立在芯核基础上的片上系统设计，将设计方法从电路设计转向系统设计，将设计重心从逻辑综合、门级布局布线、后模拟转向系统级模拟、软硬件联合仿真及若干个组合在一起的物理设计。

表 2.1　IP 核类型比较

类型	定　义	使用灵活性	时序性能可预测性
软核	行为级或 RTL 级 HDL 源代码	灵活度高，可修改设计代码，与实现工艺无关	IP 很难保护，时序性能无法保证，由使用者确定
固核	除完成软核所有的设计外，还完成了门电路级综合和时序仿真等设计环节，一般以门电路级网表形式提交用户使用	部分功能可修改，采用指定的实现技术，与实现工艺相关	关键路径时序可控制
硬核	基于某种半导体工艺的物理设计，已有固定的拓扑布局和具体工艺，并已经过工艺验证，具有可保证的性能，提供电路物理结构掩模板图和全套工艺文件	不能修改设计，必须采用指定的实现技术	包含工艺相关的布局和时序信息，IP 很容易保护，多数的处理器和存储器

基于重用的片上系统设计方法需要考虑的因素主要有重用性设计、可重用 IP 库、重用支撑结构等。重用性设计是基于重用的 SoC 设计方法学的基础，基本目标是要确保 IP 核库中的芯核具有较高的可重用性，并且易于集成到芯片设计中。可重用 IP 库用于存储可重用性良好的 IP 资源，并通过辅助支撑结构推动片上系统设计过程中的重用行为，是整个片上系统设计环境中的重要组成部分。重用支撑结构则是为了推动设计方法学的快速发展而在某些非技术领域投入的努力，如建立重用项目规划等。

SoC 设计重用技术按照重用的层次不同分为基于 IP 级的重用和基于平台的系统级重用。

(1) 基于 IP 级的重用。基于 IP 级的重用是建立在 IP 核的基础上的，它将已经验证的各种超级宏单元电路模块制成芯核，方便设计时使用。

(2) 基于平台的系统级重用。基于平台的系统级重用是基于 IP 设计重用技术的扩展，延伸了设计重用的理念，强调系统级重用。平台是一组关于虚拟组件与体系结构框架的库，在平台中包含一些可集成的且预先验证的软硬件 IP、设计模型、EDA 工具、软件配套工具、库单元等，同时定义了一套通过体系结构探索、集成、验证支持快速产品开发的设计方法学。

基于平台的设计(Platform Based Design，PBD)是目前面向 SoC 设计中一种比较流行的方法，它是一种面向集成、强调系统级重用的设计方法。其目标是降低开发风险和代价，缩短产品上市的时间。基于平台的设计方法要求提供面向特定应用领域的设计模板，设计者通过对设计模板进行适当的修改来构造符合性能要求的 SoC 系统。

2.2.2　低功耗设计技术

随着片上系统集成度的提高(百万门以上)，电路功耗也会相应增加，将有数十瓦乃至上百瓦的功耗。巨大的功耗给 SoC 的使用、封装及可靠性等都带来了问题，因此降低功耗是片上系统设计的必然要求。低功耗已经成为与面积和性能同等重要的设计目标。芯片功耗主要由跳变功耗、短路功耗和泄漏功耗等组成。跳变功耗由每个门的输出端的电容充放电产生。短路功耗是由 CMOS 晶体管在跳变过程中的短暂时间内，P 管和 N 管同时导通时形成电源和地之间的短路电流而产生的功耗。泄露功耗是由漏电流引起的静态功耗。

降低功耗应从片上系统的多层次立体角度研究电路实现工艺、输入向量控制、多电压技术、功耗管理技术及软件的低功耗利用技术等。功耗的降低是有限度的，首先要限定在性能的约束范围内，否则功耗的降低可能会导致性能的大幅度降低。SoC 的低功耗设计是指从顶层到底层各个阶段进行优化设计，在各级采用低功耗策略，如工艺级低功耗技术、电路级低功耗技术、逻辑(门)级低功耗技术、寄存器传输级(RTL)低功耗技术、体系结构级低功耗技术、算法级低功耗技术、系统级低功耗技术等。

1. 工艺级低功耗技术

工艺级低功耗技术是在芯片制造过程中采用一系列技术手段，以降低芯片功耗为目的的技术。

该技术具有如下特点：

(1) 采用优化的布局布线技术，如缩短信号传输距离，减少信号干扰等，以降低芯片功耗。

(2) 采用新型材料，如高介电常数材料、低电阻材料等，以降低芯片功耗。

在当前工艺水平下，SoC 功耗主要由跳变功耗引起。通过降低电源供电电压可以减小跳变功耗。这就是 SoC 芯片工作电压从早期的 5 V 不断降低到 1.2 V，甚至更低电压的主要原因。但降低供电电压会引发新的问题，如果阈值电压不变，噪声容限将会减小，抗干扰能力将会减弱，信号传送的准确性就会降低。根据电路性能的不同要求，可以采用动态频率和电压方式，或者更新的工艺(如多阈值工艺(Multi-Threshold VT CMOS，MTCMOS)和变阈值工艺(Variable Threshold VT CMOS，VTCMOS))来降低功耗。MTCMOS 在关键路径上采用阈值较低的器件，而在非关键路径上采用高阈值器件，以保证电路的速度和性能。VTCMOS 利用基极偏压效应来降低功耗。

2. 电路级低功耗技术

电路级低功耗技术是在电路设计和实现中采用一系列技术手段，以降低电路功耗为目的的技术。其主要目的是延长电池寿命，降低系统成本，提高系统可靠性，满足系统性能等方面的需求。

SoC 总线中的数据线和地址线一般比较多，长度比较长。每条线都需要驱动负载，总线功耗约占芯片总功耗的 1/5 以上。减摆幅(Reduced Swing)和电荷再循环总线(Charge Recycling Bus)是目前比较成熟的总线低功耗技术。减摆幅是指当输出电压的高电平是 V_{swing} 时，降低 V_{swing} 可以达到降低功耗的目的。跳变功耗的计算公式为 $P_{switching} = ACV_{swing}^2 f$，其中 A 为跳变因子，C 为负载电容，V_{swing} 为电压峰值摆幅，f 为信号频率。电荷再循环总线技术关注的是信号传输过程中的电荷消耗，通过把整个电势差分成几等份，利用总线各数据位电容上存储的电荷电势的变化来传输数据。

3. 逻辑(门)级低功耗技术

SoC 在深亚微米时代主要通过低电压实现低功耗技术。门级低功耗技术通过优化逻辑门电路的设计和布局，采用更少的逻辑门和更简单的电路结构来减少电路中的开关次数和电流泄漏。互补 CMOS 在许多方面都占有很大的优势。

4. 寄存器传输级(RTL)低功耗技术

当毛刺(glitch)通过一个组合逻辑块传播时，它们会成倍增加，并占据 20%～70%的信号转换时间。因此，RTL 低功耗技术主要用来降低不希望的毛刺跳变。这种跳变虽然对电路的逻辑功能没有负面影响，但会导致跳变因子的增加，从而导致功耗的增加。降低毛刺的方法主要是消除其产生的条件，如延迟路径平衡、数据通路同步控制、电路重构等。

(1) 延迟路径平衡：优化关键路径，减少延迟不平衡的路径级数，可以极大地降低毛刺。例如，16 位乘法器如果采用每位进位运算算法，则每位的延迟不同，最大延迟是 15 拍，最小延迟是 1 拍，从而可能会产生大量的毛刺，但如果采用 Wallace 树乘法器，则可以有效平衡延迟路径级数并减少毛刺。

(2) 数据通路同步控制：增加数据同步控制信号，只有在需要时才传输数据，以减少数据传输的功耗。例如，增加由时钟信号控制的触发器来同步待传递的信号，可以将触发器前面的毛刺阻隔在触发器处，避免其层层传递。但是引入时钟树和触发器会增加电路的功耗和面积，需要根据改进的效果进行权衡。

(3) 电路重构：在电路中加入冗余电路。例如，增加驱动和门级电路来减少毛刺，可以使用锁存器或 RS 触发器来消除机械设备切换时产生的信号反弹或噪声。冗余电路可以在不改变原电路功能的同时，完全消除毛刺对输出的影响，但是其本身也会增加一定的功耗。

5. 体系结构级低功耗技术

并行技术和预计算技术是常用的体系结构级低功耗技术。并行技术可以降低功耗。以不同的乘法器为例，一种是 1 路普通 64 位乘法器，另一种是 2 路并行 64 位乘法器。第二种并行乘法器只需用一半的频率和更低的电压就可以实现相同的功能，可以显著降低乘法器功耗。流水线技术把运算分成完成时间近似相等的 n 个步骤来提高整个系统的吞吐量，从而降低电压，以达到降低功耗的目的。

预计算技术通过在第 t 个时钟周期内有选择性地预计算电路的输出逻辑值，利用预计算的结果减少电路内部的跳变行为，从而降低功耗。

6. 算法级低功耗技术

在电路中降低功耗的方法之一是减少总线上的数据翻转次数。汉明(Hamming)距离是指相邻两个二进制数据之间对应位不相同的个数。如果汉明距离超过一半，可采用反码传送。总线逆变编码和移位反向(ShiftInv)编码是常用的总线编码技术。总线逆变编码技术可以极大地减小跳变概率，特别适用于数据总线，因为数据总线上的数据通常没有相关性。该方法需要增加一根传输线，用于标志数据是否翻转。此外，地址总线传输的数据通常有很强的连续性。在跳变连续的情况下，采用 Gray 编码技术可以降低约 50%的跳变，但是需要增加 Gray 编码和二进制编码的相互转化电路。

与总线逆变编码技术不同，ShiftInv 编码是一种更高效的编码技术，可以在不改变信号的基本特性的情况下将信号进行编码和解码，可以减少总线上的信号传输次数，从而提高总线的传输速度和效率。

7. 系统级低功耗技术

系统级低功耗技术主要有门控技术、异步电路等。门控时钟是数字电路设计中一种常用的低功耗技术。一般情况下，在每个时钟周期上升沿到来时输入的相同数值都会被重复加载进后面的寄存器中，这会使后面的寄存器、时钟网络和多选器产生不必要的功耗。加入门控电路后可以控制和消除这些不必要的寄存器活动，从而降低功耗。

在同步电路中，由于每个模块都需要时钟，庞大的时钟树需要消耗大量的能量，因此采取门控时钟方法虽然可以在一定程度缓解能量的消耗，但仍不能从本质上解决问题。

异步电路不需要时钟同步，通过异步信号握手进行数据交互，从根本上消除了因为全局时钟树引起的功耗问题，大幅降低了系统功耗。

2.2.3 软硬件协同设计技术

片上系统是一个软硬件相结合的系统。传统设计方法难以在软硬件之间进行平衡和优化，有可能严重影响系统的开发周期和开发成本。SoC 软硬件协同设计技术是指在系统级设计中将软件和硬件的设计过程相互反馈，并行开发，软件设计需要考虑硬件的特性和限制，而硬件设计也需要考虑软件的需求和接口，以实现更高效、更可靠的系统设计。

SoC 软硬件协同设计方法克服了传统方法软件和硬件分开设计带来的种种弊端，设计的抽象层次更高，充分考虑了软硬件相互约束条件，可以提高设计效率和系统的性能，降低成本和缩短开发周期。

SoC 软硬件协同设计方法包括系统建模、软硬件划分、软硬件协同综合、软硬件协同仿真与验证等关键技术。在 SoC 软硬件协同设计过程中，硬件和软件的设计是相互作用的，这种相互作用发生在设计过程的各个阶段和层次。设计过程充分体现了软硬件的协同性。在软硬件功能划分时就考虑到了现有的软硬件资源，在软硬件功能的设计和仿真评价过程中，软件和硬件是互相支持的。这就使得软硬件功能模块能够在设计开发的早期互相结合，从而及早发现问题并进行解决，避免了在设计开发后期反复修改系统及由此带来的一系列问题，而且有利于挖掘系统潜能，缩小产品体积，降低系统成本，提高系统整体性能。

1. 系统建模

系统建模是 SoC 软硬件协同设计的第一步，它对最后实现的设计结果有着至关重要的影响，在一定程度上决定了 SoC 系统设计过程中软硬件划分、高层综合以至整个目标 SoC 系统的质量。

系统建模是建立系统的软硬件模型并优化系统描述的过程。在软硬件协同设计过程中，需要全面描述系统功能，精确建立系统模型，深入挖掘软硬件之间的协同性，以便系统能够稳定高效地工作。系统模型应该明确体现性能描述、功能特点、技术指标、约束条件等几个因素。

系统软硬件协同设计的整个流程从系统需求分析开始，包括系统的功能、性能、功耗、成本、可靠性和开发时间等因素的分析。系统需求分析首先要确定所需的功能，然后将整个系统划分为较简单的子系统及组合这些子系统的模块，然后用一种选定的语言对各个系统对象的子系统进行描述，产生设计说明文档。

系统描述的目的是在最高抽象层次上利用某种高级语言(如 C、C++、SystemC 或 UML 等)描述整个系统行为，获取用户功能需求和约束要求，以便在详细设计开始之前验证需求分析的正确性，同时进行必要的性能分析，作为后续设计的基础。系统描述独立于后续的实现过程，可以仿真运行。系统建模的研究内容包括描述模型与描述方法。

1) 描述模型

描述模型主要研究适合描述系统行为与功能的抽象模型。系统描述模型有离散事件模型、有限状态机模型、通信进程网络模型、Petri 网模型、任务流图模型、控制数据流图模型等多种模型。针对不同系统的不同需求，每种模型还会有多种不同的变化。

2) 描述方法

描述方法是指在描述模型的基础上的更具体的描述手段，通常使用系统级描述语言并辅以一定的图形输入支持。系统级描述语言的选择需要考虑语言的描述能力、配套的验证手段(编译和仿真运行环境)及与后续设计阶段的衔接等问题，如 VHDL/Verilog、StateCharts、SDL、SpecCharts、UML、SystemC 和 Handel-C 等语言。

2. 软硬件划分

系统模型是对系统初步的粗粒度划分，是系统整体的功能分配图，并未区分哪些由软件实现，哪些由硬件实现。粗粒度划分有助于我们进行软硬件任务分配。在进行软硬件划分时，需要将系统需求根据设计目标和设计约束分解出硬件的功能需求和非功能需求及软件的功能需求和非功能需求，并进一步细化硬件需求及软件需求。其目的是在满足系统各约束条件的前提下，通过对系统各个功能模块采用硬件或软件的不同实现方式，使得系统能达到既定的优化目标。软硬件划分是软硬件协同设计的核心环节，直接决定了设计结果的优劣。

硬件实现的特点是速度快，成本高；软件实现的特点是灵活，成本低。如何兼顾系统的性能和成本，找出一种合理的分配方式，使所设计的系统的性能在满足各项性能指标约束的条件下达到最优，是软硬件划分需要解决的关键问题。N 个待划分的子功能模块，共有 2^N 种划分组合。软硬件划分的目的就是找到或尽量找到这个最优的划分组合，是典型的带约束的组合优化问题，属于 NP-hard 问题。

因此，应根据 SoC 系统需求，结合成本、功耗、面积、实时性和可靠性等性能参数，研究满足系统约束的各种优化算法的目标函数，研究各种优化算法的初始解的生成、参数设置及收敛条件，建立评价各种优化算法的方法，优化系统软硬件划分。

根据系统模型确定目标系统架构，包括软硬件子系统的分解及关联机制，以及系统最终实现的目标平台的软硬件映射。软硬件划分技术具体的研究途径如图 2.2 所示，主要包括系统描述抽象级别、粒度划分、目标函数、确定指标、划分算法、系统组件分配及输出划分结果等关键技术的研究。

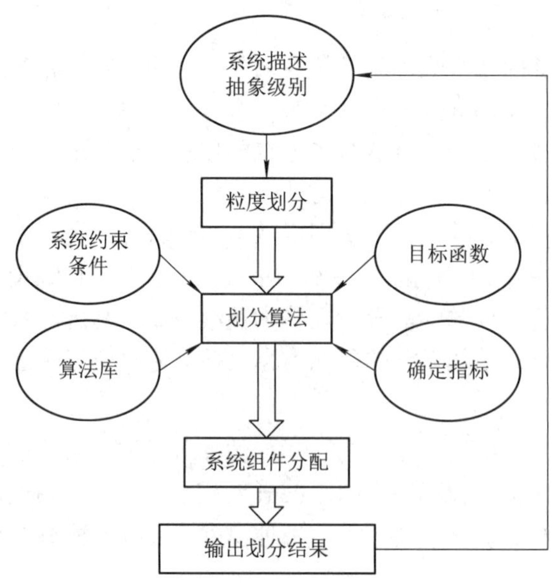

图 2.2　软硬件划分技术的研究途径

3. 软硬件协同综合

软硬件协同综合是利用设计中的各种资源(如系统模型、软/硬件模块等)生成最优的通信体系结构，完成从功能到结构再到实现的转换，使得软件与硬件能够协调一致地工作，同时满足系统性能与代价约束。这种转化的结果应以软硬件划分为基础，在已有的设计规则和既定的设计目标的前提下，决定系统中软件部分的具体实现方案和硬件部分的详细设计实现。在软硬件协同综合过程中应最大限度地利用现有资源。当整个系统的设计与实现接近最后阶段时，应进入微调阶段，尽可能测量系统的性能是否符合当初规格说明书的定义，并找出瓶颈。测试是这一阶段的主要工作。测试工作包括性能评测、程序最优化、程序测试。综合实现是一个决策确认和优化的过程，在整个嵌入式 SoC 系统开发过程中不断地迭代进行。

软硬件协同综合包括通信体系结构综合、软件综合及硬件综合，具体是指在软硬件划分结果的基础上，研究 SoC 中通信体系结构、软硬件接口、软件、硬件等资源的相互关系，研究系统资源分配、任务调度、通信协议、驱动程序、操作系统和物理综合等关键技术。

系统各个功能模块的实现可利用相应的综合工具，通过对分解后的功能描述的综合处理来获得。软件构件的综合包括软件高级综合、编译、汇编等几个阶段，通过编译软件代码生成可在选定的处理器上执行的目标文件。硬件综合是指在厂家综合库的支持下，由高层综合、逻辑综合、版图综合等几个不同阶段组成，完成硬件 IP 核设计。软硬件接口综合包括硬件与硬件、硬件与软件及软件与软件之间的接口综合，是指通过设计接口电路、互连逻辑或通信协议转换器等模块实现硬件间接口综合，设计与硬件平台相关的各类驱动程序、底层例程访问程序和中断向量等来实现软件与硬件接口综合，设计各类通信协议来完成软件间的接口综合。

4. 软硬件协同仿真与验证

系统验证是片上系统设计中不可或缺的重要步骤。系统评估与验证是检查并确认系统设计正确性的过程，其目的是确保所设计的片上系统满足规范中定义的功能要求、性能要求和限制条件，这是保证片上系统设计正确性的关键。目前仿真与验证是系统评估的重要手段。仿真与验证是指检验 SoC 设计的逻辑、功能、时间特性等是否满足用户需求的过程。

在嵌入式 SoC 系统的开发过程中，仿真与验证贯穿了整个开发过程。仿真与验证分为软件仿真和硬件仿真。

在硬件与软件协同验证中，硬件由 Verilog 或者 VHDL 代码表示，为软件形成虚拟的硬件平台。在没有实际硬件的情况下，软件开发人员通过编写程序来模拟硬件并利用模拟环境建立指令集仿真。指令集仿真主要是仿真微处理器的指令执行情况，用来开发比较注重性能的程序，利用仿真环境反复修正程序代码，以观察整个目标码的执行状况。

硬件仿真主要是在硬件描述语言设计开发后，用仿真软件来验证硬件描述语言的逻辑正确性。每次通过工具的综合、布局和布线等步骤反复验证，以确保电路的正确性。

验证的内容一般是面向功能和时间特性要求的。现有的 SoC 验证技术包括模块/IP 核级验证、系统级验证、软硬件协同验证、FPGA 原型验证等。

1) 模块/IP 核级验证

一个复杂的片上系统由若干功能电路模块组成。因此应首先进行功能模块的测试验证，对片上系统中各个基本模块(包括 IP 核)的功能进行尽可能全面的验证，保证各基本模块功能的正确性。

模块/IP 核级验证流程如图 2.3 所示，主要检查代码语法、可综合性、变量的初始化、结构化的可支持性和端口的适配性等。

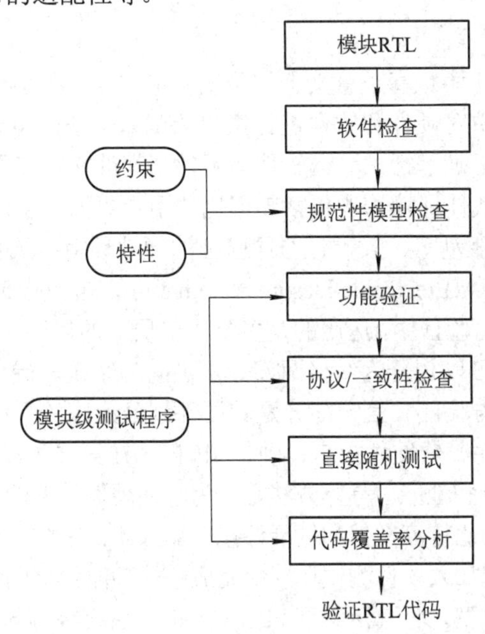

图 2.3　模块/IP 核级验证流程

图 2.3 中：

(1) 规范性模型检查主要作设计特征遗漏性检查，目的是在早期发现错误状况，逐一验证，消除缺陷。

(2) 功能验证主要利用基准测试向量、基于事件或基于时钟的驱动方式来验证功能的正确性。测试方法包括黑盒验证、白盒验证和灰盒验证等三种方法。

黑盒验证通过设计顶层接口，验证那些与设计实现技术无关的功能。黑盒验证不宜直接访问设计的内部状态。功能验证可以和设计实现并行进行，但是它很难进行功能隔离(可控性差)，很难发现问题的来源(可见性差)，因此也就不能对设计进行全面的验证。

白盒验证保证与设计实现技术相关的功能能够正确实现，是黑盒验证的补充，对于设计的内部结构及实现是完全可控和可见的，但不可移植。

灰盒验证根据设计的内部结构写测试用例，从设计顶层接口进行控制和观察。测试用例的目的是验证某种设计方法是否实现了一些主要特性，而不关心其他设计方法。

(3) 协议/一致性检查主要验证是否违反总线协议或模块互连约定，按照协议逐一检查并比较结果。

(4) 直接随机测试通过随机产生的数据、地址、控制等信号检查功能的正确性，减少模拟仿真的工作量。

(5) 代码覆盖率分析主要根据设计的覆盖情况，确定设计还有哪些功能没有得到测试，方便设计者发现冗余逻辑和设计错误，以提高设计可信度。

2) 系统级验证

片上系统的系统级全功能验证主要验证模块与模块之间的接口关系及模块与模块之间的信号时序和传递关系。因为一个模块的单独验证只能说明模块本身的功能是正常的，但是与其他模块连接到一起后，工作是否正常仍然是不确定的，需要进一步验证接口是否匹配，信号传递是否正确。

3) 软硬件协同验证

只有软硬件协同验证才是真正意义上的系统验证。软硬件协同验证是指基于一个统一的集成环境，在该环境中对硬件和软件进行集中调试和验证。验证的主要目的是确保软件能在期望的硬件电路上正确运行，验证软件与硬件之间的接口能否正常工作。

软硬件协同验证的软件环境一般包括图形化的用户界面、软件开发工具(编译器、连接器、调试器)、应用程序驱动等。软硬件协同验证的硬件环境一般包括图形化界面、硬件仿真器、硬件设计工具(EDA(Electronic Design Automation，电子设计自动化)软件)等。

在软硬件协同仿真与验证中，运用的是多阶段多层次的协同仿真验证评估系统的功能，如图 2.4 所示。该结构可以划分为纵横两部分，纵向为系统软硬件三大部分各自的仿真与验证，横向为协同仿真与验证。第一部分是软硬件划分形成的系统三大部分，通过相应的综合工具形成了软件构件、软硬件接口、硬件 IP 核。在第二阶段可以进行模块/IP 核级验证，评估系统模块的功能和性能。具体方法是：为验证硬件功能的正确性，建立硬件测试平台，将软件构件综合后的比特流文件和软硬件接口加入测试平台，实现软硬件协同仿真与验证；通过将硬件虚拟原型加入软件测试环境中完成软件功能的协同仿真验证；最后进行系统软硬件综合，形成系统原型，将其下载到 FPGA 上进行系统级协同仿真与 FPGA 仿真验证。

(1) 算法级设计和硬件系统结构的系统仿真验证：主要利用软件算法，验证在硬件结构上实现的可行性，即利用高层次语言，如 C、C++ 或 SystemC，进行算法级的仿真，同时进行软件和硬件部分的划分，明确软件和硬件完成的工作。

(2) 代码和硬件 HDL 语言的协同仿真验证：主要是对 SoC 中 CPU 的软件虚拟原型和利用 HDL 语言或网表模拟出来的硬件系统进行协同仿真验证。这个阶段主要应用 C 语言和 HDL 语言进行交互和仿真。

(3) 软件代码和实时硬件模拟系统的协同仿真验证：对系统设计原型的 FPGA 硬件模拟系统进行验证，这主要是对系统的功能、系统硬件的实时性和系统的可测试性设计进行仿真验证。

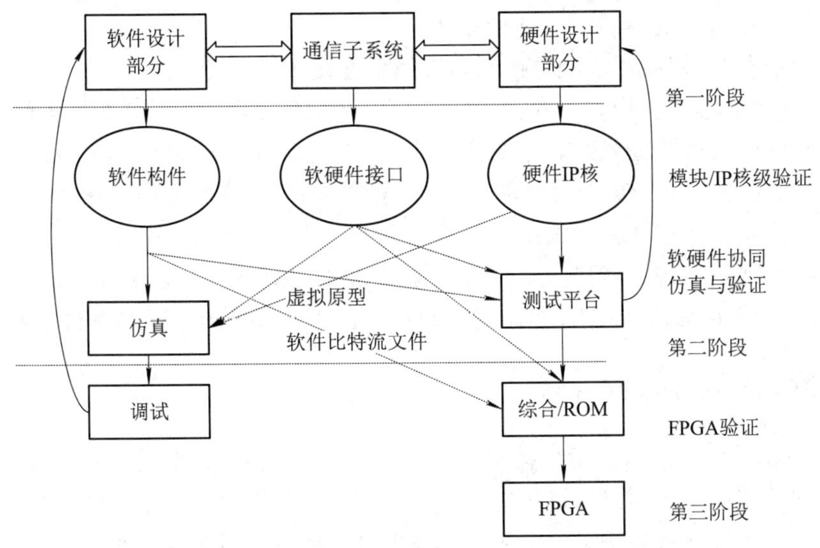

图 2.4　软硬件协同仿真与验证的技术途径

4) FPGA 原型验证

基于 FPGA 的系统原型验证(即硬件原型和软件原型结合的验证)已经成为 SoC 设计流程中一种常用的验证手段。

FPGA 验证一方面作为硬件验证工具，可以将所设计的 RTL(Register Transfer Level，寄存器传输级)级代码综合实现后写入 FPGA 进行调试检错；另一方面可以进行软件部分的并行开发。FPGA 验证的流程主要分为设计输入、综合、功能仿真(前仿真)、实现、时序仿真(后仿真)、配置下载、下载后板级调试检错这几个步骤。基于 FPGA 的验证既能加快设计的流程，降低开发成本，又能验证功能的正确性和完整性，确保设计质量。

Altera(阿尔特拉)公司推出了基于可编程芯片 SoPC(System on a Programmable Chip，可编程片上系统)的 Nios Ⅱ集成开发环境，提供了 64 位嵌入式微处理器 Nios Ⅱ的 IP 核和常用的硬件 IP 核，并配有 μC/OS-Ⅱ实时操作系统，可以进行 SoC 设计的 FPGA 级仿真验证。

Xilinx 公司的嵌入式开发套件 EDK(Embedded Development Kit)工具包，集成了硬件平台产生器、硬件仿真模型产生器、软件平台产生器、应用软件编译工具、软件调试工具等，为用户提供 IBM 的 PowerPC 处理器硬核、ARM 处理核和 MicroBlaze 处理器软核，支持基于 FPGA 的 SoC 设计的仿真验证。

2.2.4　总线架构技术

片上系统的处理核和各个功能模块采用单总线、多总线和片上网络等方式进行连接。片上系统所使用的总线结构及其互联技术直接影响片上系统总体性能的发挥。与传统的板级总线不同，片上系统总线的使用更加简单，不需要驱动板上的信号级连接器。片上系统总线规范一般需要定义各个模块之间的初始化、仲裁、请求传输、响应、发送接收等过程中的驱动、时序、策略等关系。它具有以下几个特点：

(1) 片上系统总线要尽可能简单。

① 结构要简单，以减少逻辑资源；

② 时序要简单，以提高片上总线的速度；

③ 接口要简单，以减少与处理核或功能模块连接的复杂度。

(2) 片上系统总线应具有较大的灵活性。不同的应用需求对总线的要求也不一样，片上总线需要有较强的灵活性(总线结构、数据和地址总线宽度可变)，以适应不同的应用需求。

(3) 片上系统总线的功耗要尽可能低。为了降低功耗，在实际应用中，片上总线的各种信号应当尽量保持不变，并且大部分信号应当采用单向信号传递。

片上系统总线的实现方案可以采用通用总线结构(AMBA(Advanced Microcontroller Bus Architecture，高级微控制器总线架构)、Wishbone 和 Avalon 等)或者自定义总线结构。

2.2.5 可测试性设计技术

SoC 可测试性设计技术是指在系统级芯片设计中，采用一系列技术手段来保证芯片的可测试性，即能够在生产和测试过程中对芯片进行有效的测试和诊断。由于片上系统的集成度高，结构和连接关系复杂，使得对片上系统进行测试的复杂度和难度越来越高。片上系统的测试成本几乎已占芯片成本的一半，所以片上系统的测试面临的最大挑战是在保持高故障覆盖率的情况下如何降低测试的总成本。一种可使用的方法是同时对不同的 IP 核进行测试，这样可以大幅度地缩减 SoC 的测试时间。但是需要其他方面的配合，在设计时必须事先考虑可测试性设计问题，要允许测试系统可以同时存取片上系统内的多个不同芯核，而且各个芯核之间的隔离要好，以减少彼此之间的干扰。

SoC 可测试性设计技术主要包括以下几个方面：

(1) 测试点的布置：在芯片设计过程中需要合理布置测试点，以便在测试过程中能够准确地获取芯片内部的信号和状态信息。

(2) 测试模式的设计：测试模式是指在测试过程中芯片需要进入的特殊模式。通过设计不同的测试模式，可以有效地测试芯片的各个功能模块。

(3) 测试控制器的设计：测试控制器是指用于控制测试模式的电路。通过设计高效的测试控制器，可以提高测试效率和准确性。

(4) 故障诊断技术：在测试过程中需要对芯片进行故障诊断，以便及时发现和修复芯片中的故障。

(5) 可编程测试技术：可编程测试技术是指通过编程方式对芯片进行测试，可以大大提高测试效率和灵活性。

通过采用上述技术手段，可以有效地提高 SoC 芯片的可测性，保证芯片的质量和可靠性。对片上系统上芯核的测试，可以使用以下三种方法：

(1) 并行直接接入：将芯核的 I/O 端直接连接至芯片的引出端，或者通过多路选择器实现芯核 I/O 端和芯片引出端的复用。

(2) 串行扫描链接入：在芯核的周围设置扫描链，使芯核的所有 I/O 都能间接地接通外围。通过扫描链，可以将芯核的测试问题传至测试点，也可以传出测试响应的结果。

(3) 针对芯核设置专门的测试结构：这是片上系统最普遍采用的方法，可以在芯核周围设置一些逻辑模块以产生或传播测试图像。

2.2.6 物理综合技术

由于片上系统主要采用深亚微米工艺进行制造，因此片上系统设计必须解决深亚微米工艺的自身及设计的一系列问题，如信号完整性、互连延迟增加、电压降与电迁移、天线效应等问题，这些问题给片上系统的物理综合设计带来新的挑战。在物理综合过程中，必须同时兼顾考虑高层次的功能问题、结构问题和低层次上的布局布线问题。下面对信号完整性问题和时序收敛性进行简要的分析说明。

1. 信号完整性问题

随着制造工艺的特征尺寸变小，为了获得高性能、低功耗的片上系统，其时钟频率越来越高而电压却越来越低，使得信号完整性问题变得越来越严重。SoC 信号完整性是指在片上系统中，信号在传输过程中保持稳定和准确的能力，这包括信号的时序、电压、噪声、抖动等方面的控制和优化。耦合电容的增大引起的不可忽视的串扰效应成为影响时序的主要因素。另外，天线效应、电迁移、自热问题及电压降等问题，同样需要进行详细分析和控制。在 SoC 设计中，信号完整性是一个非常重要的考虑因素，因为它直接影响系统的可靠性、性能和功耗。为了确保 SoC 的信号完整性，设计人员需要采取一系列措施，包括布线规划、信号层分离、电源噪声抑制、时钟分配和缓冲器选择等。此外，还需要进行严格的仿真和验证，以确保信号在实际使用中的稳定性和可靠性。

2. 时序收敛性

时序收敛是指保证各个时序信号在时钟的控制下按照设计要求进行传输和处理的过程。时序收敛性不好会导致系统出现时序错误、时序噪声、时序抖动等各种问题。随着制造工艺的特征尺寸缩小，互连线成为影响时序的主要因素。门延迟主要依赖其驱动的输出电容，而互连线的电容已成为输出电容的重要组成部分。长互连线的电阻和电容已使得互连的延迟大大超过门延迟，从而导致时序收敛成为片上系统的一个严重问题。

在芯片的设计中，时序与面积、面积与功耗等之间都存在相互依赖性。在深亚微米工艺中，时序与布局的相互依赖性最为明显。芯片的布局会影响布线，从而引起系统时序的改变。此外，面积和功耗与信号完整性之间的相互依赖也逐渐增大，必须权衡采用合理的方法来解决这些复杂的相互依赖性问题。

2.3 片上系统的设计方法与流程

2.3.1 片上系统的系统级设计

片上系统的系统级设计方法主要包括自顶向下、自底向上和上下结合三种方法。自顶向下设计方法是美国加州大学尔湾分校(UCI)嵌入式系统研究小组提出的基于 SpecC 的逐层细化求精设计方法。自底向上设计方法是法国集成系统架构的信息学和微电子技术(TIMA)实验室系统级综合小组提出的基于组件(Component Based Design，CBD)的多处理器核 SoC 设计方法。上下结合的设计方法是美国加州大学伯克利分校(UCB)计算机辅助设计(CAD)研究小组提出的基于平台的设计方法(Platform Based Design，PBD)。表 2.2 是三种方法优缺点的分析比较。

表 2.2　片上系统设计方法

系统级设计方法	设计模型的优点	局限性说明
自顶向下 (细化求精设计方法 UCI:SpecC)	符合软硬件开发者设计思路； 易于定义层次关系，明确层次行为、结构和语义；易于开发建模、划分、综合和仿真工具	依赖于某种系统级设计语言；设计重用率低，产品只能限于某一种应用
自底向上 (搭积木设计方法 TIMA:CBD)	简化设计流程，加快设计速度；遵循设计重用思路	系统集成难度大，通信接口综合困难；依赖于底层环境的支撑
上下结合 (分而治之设计方法 UCB:PBD)	遵循计算与通信、行为与结构分离设计原则，与设计语言无关，产品适用于某一类应用	平台定义较复杂；面向平台的自动化综合与验证难度大，缺乏灵活性和扩展性

2.3.2　片上系统的设计流程

在片上系统的设计过程中，应根据用户的应用需求确定片上系统实现的系统级功能和性能。SoC 的系统级设计流程如图 2.5 所示。

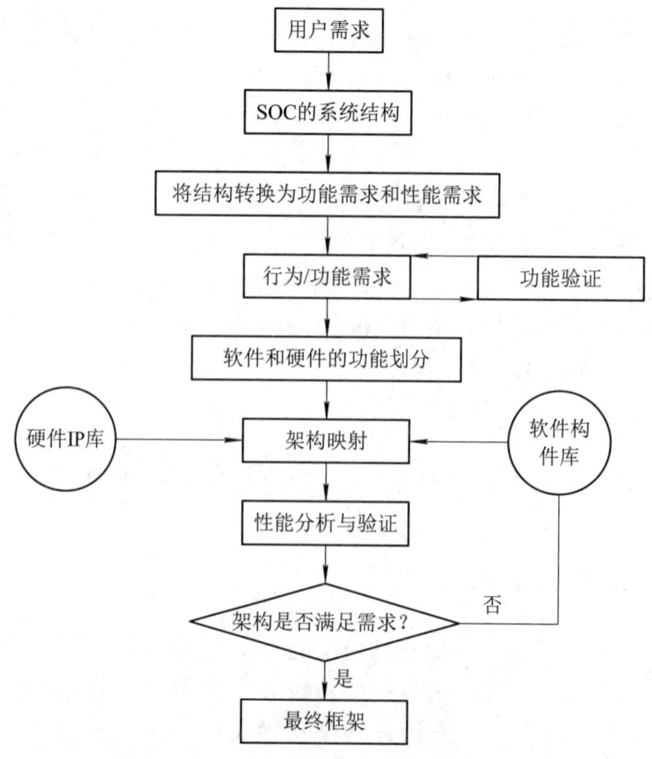

图 2.5　SoC 的系统级设计流程

根据用户的需求来设计片上系统的系统结构，并将结构转换为片上系统的功能需求与性能需求，完成系统结构说明和设计模型。通过行为/功能设计与分析来分解片上系统的系统级描述，包括对系统在不同模式下的处理要求及相应的数据流、控制流进行细致分析。完成行为和功能的实现验证后，进行软硬件的功能划分，将系统行为映射到已有的硬件 IP 库和软件构件库，构成一种备选架构映射方案。根据软硬件划分，确定相应的软硬件接口定义。然后验证该架构是否符合所设计的功能和性能需求。如果不符合，则重新修改架构。在架构映射和选择期间，将对各种架构设计方案和实例加以评估。

在设计系统功能时，需要对各个功能的数据处理、存储器和 I/O 等方面的需求进行分析，并将处理流程转换成独立于架构的数据流和控制流，作为后面选择架构的定量指标。

由于使用多种不同接口不兼容的软核、固核和硬核，片上系统设计可能会遇到集成难度大、综合接口复杂、时序同步、数据管理及设计验证等问题。因此，在片上系统设计过程中可以采用典型的片上系统结构和总线结构，例如 Motorola(摩托罗拉)公司 M-core 方法学中的 IP-bus 技术、ARM 公司的先进微控制器总线结构(Advanced Microcontroller Bus Architecture，AMBA)和先进高性能总线(Advanced High Performance Bus，AHB)、英国 LSILogic 公司的片上系统设计结构等。

2.4　片上系统的总线结构

为了降低设计风险，缩短设计周期，越来越多的片上系统设计采用 IP 核复用技术，进一步促进了芯核互连技术(片上总线)的迅速发展。片上总线主要包括共享总线、点对点连接、多总线等几种方式。点对点连接方式是一种将不同模块或组件直接连接起来的通信架构。在这种连接方式中，每个模块都有一个独立的连接，它可以与其他模块进行点对点的数据传输和通信。这种连接方式通常用于需要高带宽、低延迟、高效率通信的场景。

共享总线方式是通过不同地址的解码来完成不同主从部件的互连及总线复用。多外设片上系统对地址总线提出了较高的要求，过于复杂的解码逻辑会增加额外的时延。如果数据主要集中在一个主处理器与一个从外设交换数据，则其他的外设在此数据交换期间须处于空闲(IDLE)状态或高阻状态。带宽和时延问题可以通过增加总线的宽度、提高总线的时钟及采用多总线方案来解决。

多总线方式是片上系统常用的比较有效的模块互连方法。多总线有如下多种不同的实现形式：

(1) 分段总线：按不同速率对总线分段可以减少总线的竞争并提高总线利用率；

(2) 独立总线：采用独立的读写总线可以同时对从设备进行读写；

(3) 并行总线：采用多个并行的总线，在主从部件间进行点对点连接，实现主从模块高速互连；

(4) 其他总线：采用分层构架总线、交换矩阵或互联网络等方式实现多个主从部件的连接。

目前，比较典型的使用较广泛的 SoC 片上总线主要有 AMBA、Avalon、Wishbone、Core Connect 和 OCP 等 5 种总线，下面对它们分别进行介绍。

2.4.1 AMBA 总线

AMBA 是由 ARM 公司推出的片上总线，由于 ARM 处理器使用广泛，因此拥有众多的第三方支持，被 ARM 公司 90%以上的合作伙伴采用。

在 AMBA 总线规范中，定义了 3 种可以组合使用的不同类型的总线：先进高性能总线(Advanced High performance Bus，AHB)、先进系统总线(Advanced System Bus，ASB)和先进外设总线(Advanced Peripheral Bus，APB)。这里，高性能系统总线 AHB 或 ASB 主要用来连接 CPU、片内存储器和 DMA(Direct Memory Access，直接存储器访问)等高速设备，以满足 CPU 和存储器之间的带宽要求。系统的大部分低速外部设备则连接在低带宽总线 APB 上。系统总线和外设总线之间用一个桥接器进行连接。一种典型的基于 AMBA 总线结构的处理器连接如图 2.6 所示。

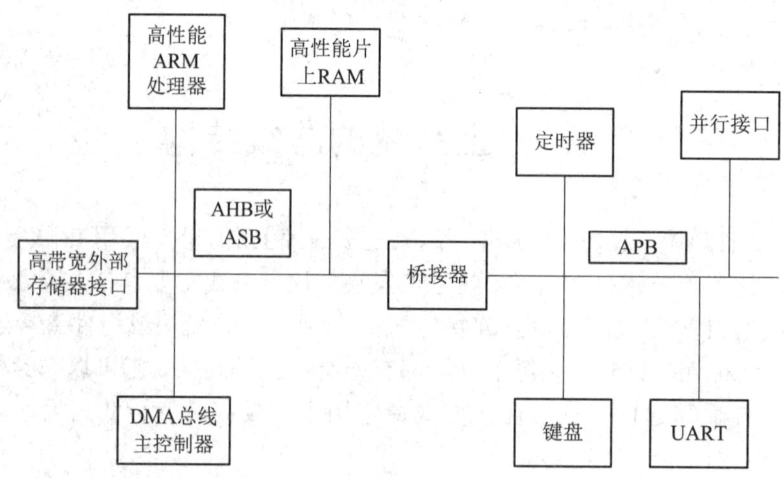

图 2.6 基于 AMBA 总线的微控制器

1. 先进高性能总线

1) AHB 的组成

AHB 作为高性能系统的主要总线，主要用于高性能和高吞吐量设备之间的连接，如 CPU、片上存储器、DMA 设备和 DSP 等设备。其主要特性包括：单个时钟边沿操作，非三态的实现方式，支持多个主控制器，支持突发传输，支持分段传输，可配置 32～128 位总线宽度，支持字节、半字和字的传输。

AHB 由主模块、从模块和基础结构等三部分组成。整个 AHB 总线上的传输都是由主模块发出从模块负责回应的。基础结构则由仲裁器、主模块到从模块的多路器，从模块到主模块的多路器、译码器、虚拟从模块、虚拟主模块组成。AHB 总线互连结构如图 2.7 所示。

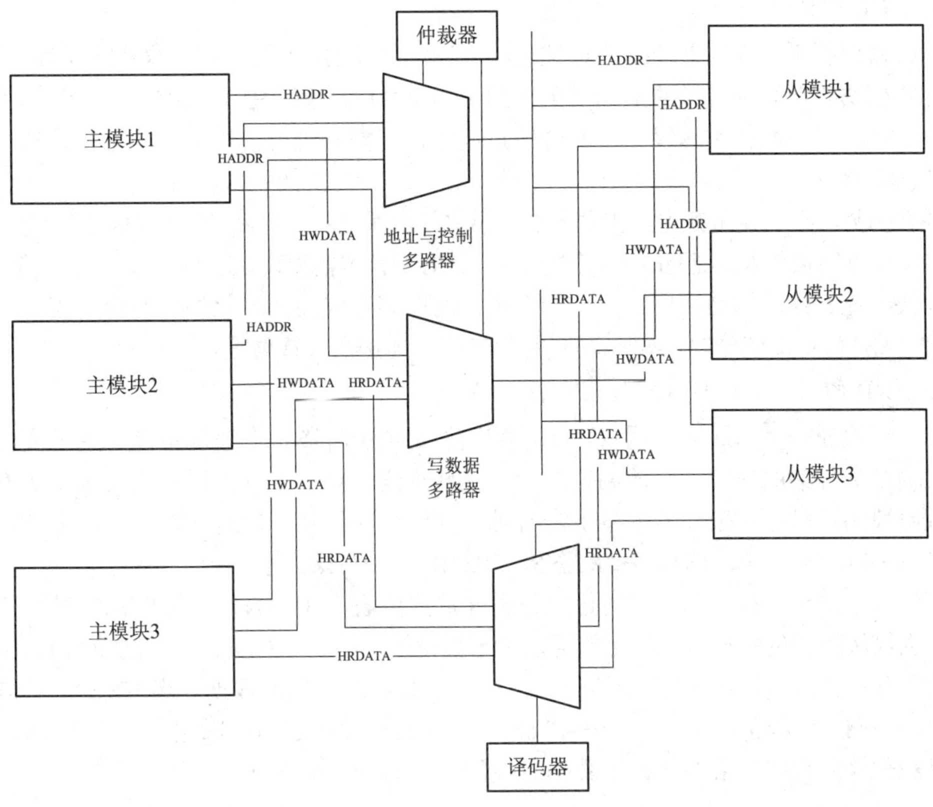

图 2.7　AHB 总线互连结构图

AHB 控制部分是由总线仲裁器、主从单元多路选择器、译码器等组成。仲裁器根据优先权原则授予总线控制权，一旦某个主单元获得授权，主单元的接口信号通过多路选择器复用到总线，该总线被所有从单元共享。该模块可以返回数据、指示操作完成的控制状态信号及数据操作的当前状态等信息。从单元信号通过多路选择器复用回送到主单元的读总线。此外，通过传送数据至总线译码单元，可以控制另一个多路复用器传送数据至从单元。

2) AHB 传输的三个阶段

AHB 传输分为仲裁、地址和数据三个阶段。这三个阶段采用流水线方式并行执行，如图 2.8 所示。如果等待状态被插入到数据阶段时，就会延迟地址阶段和仲裁阶段的执行。

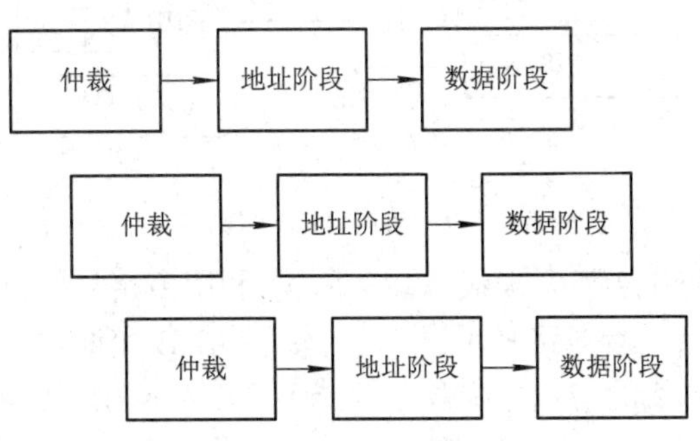

图 2.8　AHB 流水线的原理图

3) AHB的仲裁

仲裁器根据优先权原则授予总线控制权，通过使能HGRANT信号来授权总线的使用。对一个主模块，在时钟信号的上升沿采样到HGRANT信号和HREADY信号同时为高时，就表明它已经被授权使用总线了。在传输过程中，若数据阶段被终止，地址阶段和仲裁也会被依次终止。

仲裁的另一个功能是锁定，在主模块需要执行一系列不能中断的传输时使用，例如，执行信号量的读写操作及其他的一些基本操作。这时仲裁器需要确保当前总线已经被锁定，其他主模块不能获得总线的使用许可，直至锁定的序列完成为止。此外，仲裁器还可以通过使用HMASTLOCK信号向从模块表明所锁定的序列正在进行处理。

4) AHB的地址阶段与数据阶段

当主模块获得了总线的使用权，下一阶段便是地址阶段。在地址阶段，主模块会把地址和其他定义传输的属性一同放到总线上。地址阶段只有一个时钟信号的长度，从模块会对地址阶段的信号进行采样并准备下个时钟周期的响应信号。在地址阶段，由主模块驱动的信号有HPROT、HBURST、HTRANS、HWRITE、HSIZE等。

主模块和从模块在数据阶段通过总线进行数据传输。AHB采用单独的总线进行读数据和写数据，从而避免了对三态信号的需求。当主模块进行一个写操作时，它使用HWDATA信号写入数据；进行读操作时，从模块则使用HRDATA信号读数据。当HREADY信号为高时，在HCLOCK信号的上升沿进行数据传输。在一次特定的传输过程中由全部的32个地址位和传输的数据量来决定使用数据总线的哪一部分。

5) 多层AHB

如果一个AHB系统中有多个主模块，总线则有两种实现方式：单层AHB和多层AHB。单层AHB是在总线上有多个主模块和从模块，通过仲裁协议对请求进行控制，这类似于传统的总线结构。在单层AHB中，所有主模块共享总线的带宽，并且在任何时候主模块和从模块间只有一个数据通路。图2.9是单层AHB的一个例子，有两个主模块和三个从模块。

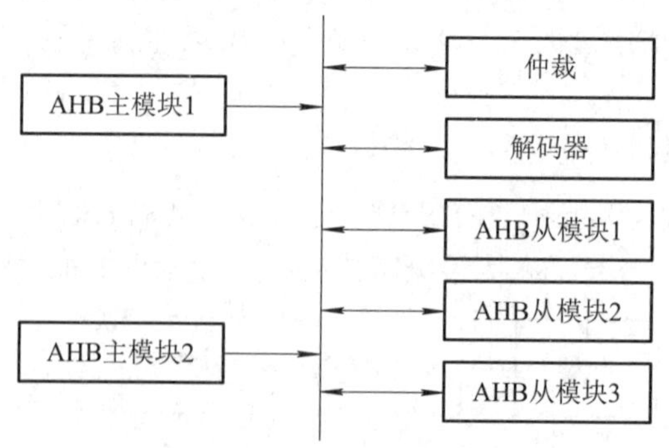

图2.9　单层AHB的例子

多层AHB是用一个互连阵列来代替共享总线，利用多路复用机制将主模块和从模块连接起来。互连阵列中包括一套多路复用器。这种多层AHB允许在主模块和从模块之间存在多个连接，因此增加了总线的带宽并提高了性能。在多层AHB中，不需要对主机进行仲裁，而改为对互连阵列的仲裁。图2.10是多层AHB的一个例子，有两个主模块和三个从模块。

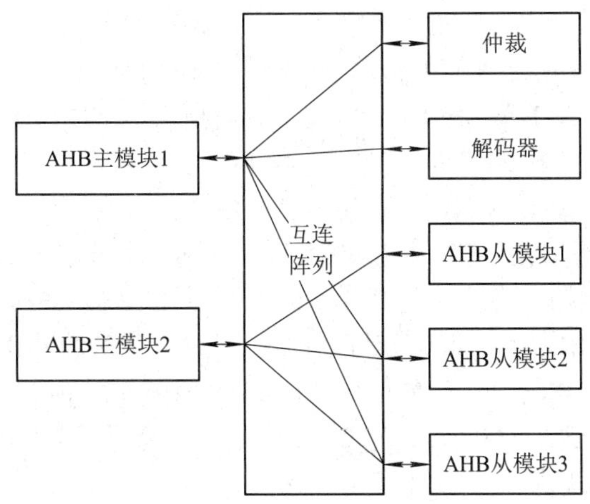

图 2.10　多层 AHB 的例子

2. 先进系统总线

AMBA 的先进系统总线(ASB)适合于高性能的系统功能模块。在没必要使用 AHB 的高速特性的场合，可以选择 ASB 作为系统总线，它同样支持处理器、片上存储器等与外部单元之间的连接。

ASB 具有以下特性：突发传送、流水方式工作、支持多总线主设备。一个典型的 ASB 系统包括一个或多个总线主设备，如微处理器、DMA 或 DSP 等。常用的 ASB 从设备包括存储器外接口、APB 桥接器和片上存储器。系统中的任何其他外围设备也可以作为 ASB 从设备，但一般情况下低带宽的外围设备是连在 APB 总线上的。

典型的 ASB 系统包括 ASB 主设备、ASB 从设备、ASB 译码器、ASB 仲裁器。其基本工作流程为：

(1) 主设备请求使用总线。

(2) 仲裁器决定授权哪个主设备占用总线。

(3) 主设备一旦被授权，则启动传输。

(4) 译码器用地址线的高位来选择从设备。

(5) 从设备返回传输响应给主设备，数据在主设备和从设备之间传输。

3. 先进外设总线

AMBA 的先进外设总线(APB)适合与任何低带宽、低性能的外围器件进行数据通信。APB 的 2.0 版本确保所有的信号跳变仅与时钟的上升沿有关。这种改进使得外围器件可以非常方便整合到任何设计中。APB 的这个特点同样使其与 AHB 的接口变得更加简单。APB 总线的状态图如图 2.11 所示，状态机的操作是通过 IDLE、SETUP 和 ENABLE 三个状态的转换来实现的。其中 IDLE 是外围总线的缺省状态，SETUP 是建立传输状态，ENABLE 是使能传输状态。

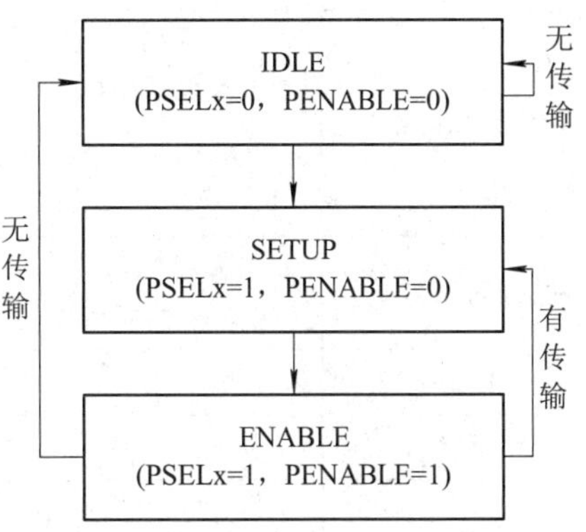

图 2.11　APB 总线的传输状态图

PSELx 为选择信号，PENABLE 为使能信号，PADDR 为地址总线。PCLK 为总线时钟信号，它的上升沿用来对 APB 上所有的传输进行时序控制。PWRITE 为传输方向信号，当为高电平时，这个信号指示 APB 写操作，为低电平时，指示一个读操作。

APB 总线上的数据传输过程如下：

(1) 系统初始化为 IDLE 状态，没有传输操作，也没有选中任何从模块。

(2) 当有传输要进行时，PSELx = 1，PENABLE = 0，系统进入 SETUP 状态，并只会在 SETUP 状态停留一个周期。当下一个 PCLK 的上升沿到来时，系统进入 ENABLE 状态。

(3) 系统进入 ENABLE 状态时，维持之前在 SETUP 状态的 PADDR、PSEL、PWRITE 不变，并将 PENABLE 置为 1。传输也只会在 ENABLE 状态维持一个时钟周期，在经过 SETUP 与 ENABLE 状态之后就已完成。之后如果没有传输要进行，就进入 IDEL 状态等待；如果有连续的传输，则进入 SETUP 状态。

4. AXI 总线

AXI(Advanced eXtensible Interface)总线是一种高性能、高带宽、低延迟的总线协议，是由 ARM 公司推出的新一代 AMBA3.0 标准总线，用于连接处理器、内存、外设等模块。AXI 总线支持多个主设备和多个从设备，并且具有高效的数据传输机制和灵活的地址映射机制，可以满足复杂系统的需求。

AXI 总线协议包括 AXI4、AXI4-Lite、AXI4-Stream 等多个版本，其中 AXI4 是最常用的版本。AXI4 协议定义了一组信号和交互规则，包括地址信号、数据信号、控制信号等，用于实现主设备和从设备之间的数据传输和控制。AXI4-Lite 是 AXI4 的简化版本，只支持简单的读写操作，适用于资源有限的系统。AXI4-Stream 则是一种流式传输协议，用于高速数据传输。

AXI 总线协议具有性能高、延迟低、可扩展性强、地址映射机制灵活等优点，使得它成为现代 SoC 设计中最常用的总线协议之一。AXI 总线与 AHB 总线的对比情况如表 2.3 所示。

表 2.3　AXI 总线与 AHB 总线的对比情况

总线名称	AMBA3.0 AXI 总线	AMBA2.0 AHB 总线
体系结构	多主/从设备、仲裁机制	多主/从设备、仲裁机制
地址宽度/位	32	32
数据宽度/位	8，16，32，64，128，256，512，1024	32，64，128，256
数据线协议	支持流水/分裂传输 支持猝发传输 支持乱序访问 字节/半字/字	支持流水/分裂传输 支持猝发传输 字节/半字/字
数据对齐方式	大端/小端对齐 支持非对齐操作	大端/小端对齐 不支持非对齐操作
时序	同步	同步
互接	多路	多路
支持互接	不支持三态总线 分开地读/写数据总线	不支持三态总线 分开地读/写数据总线

2.4.2 Avalon 总线

Avalon 总线是一种在可编程片上系统(System On Programmable Chip，SOPC)中连接片上处理器和其他 IP 模块的一种简单的总线协议，由 Altera 公司(已被 Intel 收购)开发，并规定了主/从设备之间的接口方式和通信时序。Avalon 总线具有高带宽、低延迟、高可靠性等特点，支持多个总线主设备，可以实现高效的数据传输和控制，并提供了一套标准的接口协议，使得不同厂商的 FPGA 芯片和外设也可以互相兼容。

基本的 Avalon 总线事务可以在主、从设备之间传送一个字节(8 位)、半字(16 位)或字(32 位)。当完成一次事务处理后，总线可以迅速地在下一个时钟到来的时候，在相同的主、从设备之间或其他的主、从设备之间开始新的事务。

Avalon 总线多主设备的结构为 SOPC 系统及高带宽外设在很大程度上增强了系统的稳定性，例如，主外设可以进行直接存储器访问，而不需要处理器在数据传输路径上从外设将数据读入存储器。在 Avalon 总线上，从设备仲裁决定了当多个主设备在同一时刻尝试连接同一个从设备的时候，哪个主设备获得从设备的控制权。

Avalon 总线具有以下主要特点：

(1) 开放性：Avalon 总线接口协议简单，容易学习，易于理解。

(2) 简单性：Avalon 总线提供一个易于理解的总线接口协议，使用独立的地址、数据、控制线，提供与片上逻辑的最简单的接口。

(3) Avalon 总线支持高达 128 位的数据宽度，支持 2 的非偶数次幂宽度的地址和数据通道。

(4) 支持同步操作：所有的 Avalon 外设接口与 Avalon 交换结构的时钟同步，不需要复杂的握手/应答机制。

(5) 支持动态地址对齐：Avalon 总线可处理具有不同数据宽度的外设之间的数据传输。资源占用少，减少片内逻辑资源的占用。

Avalon 总线在结构上与其他总线有着本质的不同，下面是它所使用的一些主要概念。

1. Avalon 外设

Avalon 外设是指连接到 Avalon 总线的一些片上的或者片外的逻辑器件，用来完成一些系统任务，并与其他外设通过 Avalon 端口进行通信。

Avalon 外设分为主外设和从外设两类。主外设能够在 Avalon 总线上发起总线传输，从外设只能响应 Avalon 总线传输而不能发起总线传输。一个主外设至少存在一个连接在 Avalon 交换结构上的主端口，主外设也可以拥有从端口，使得该外设可以响应 Avalon 总线上由其他主外设发起的总线传输。

Avalon 外设包括存储器和处理器，也包括传统的外设，如 UART、定时器等，任何用户自定义的逻辑只要提供了连接到 Avalon 交换结构的 Avalon 信号(如地址、数据和控制信号等)，就可以成为 Avalon 外设。

2. Avalon 总线模块

Avalon 总线模块是所有的控制、地址、数据信号及控制逻辑的总和，它将外设连接起来并构成系统模块，Avalon 总线模块实现了可配置的总线结构，可以根据外设之间的相互连接而改变。设计者对 Avalon 总线的注意力通常限于与用户 Avalon 外设相连接的具体端口上。

Avalon 总线规范规定了 Avalon 总线模块在 Avalon 端口上的行为方式，但是不涉及 Avalon 模块的内部实现。Avalon 总线模块为连接到 Avalon 总线的 Avalon 外设提供了以下服务：

(1) 地址译码：地址译码逻辑为每一个外设提供片选信号，这样单独的外设不需要对地址线进行译码来产生片选信号，简化了外设的设计。

(2) 数据通道多路转换：被选择的从外设可以通过 Avalon 总线模块的多路复用器向相关主外设传输数据。

(3) 产生等待状态：等待状态的产生拓展了一个或多个周期的总线传输，这有利于满足某些特殊的同步外设的需要。当从外设无法在一个时钟周期内应答时，产生的等待状态可以使主外设进入等待状态。此外，在读使能信号或写使能信号需要一定的建立时间或保持时间时，也可以产生等待状态。

(4) 动态总线带宽：动态总线带宽隐藏了窄带宽的外设与 Avalon 总线相连接方面的细节问题。

(5) 中断优先级：当一个或者多个从外设产生中断时，Avalon 总线模块根据相应的中断请求的编号及其优先级来确定应响应的中断。

(6) 延迟传输能力：在 Avalon 总线模块内部，主设备与从设备之间包含带有延迟传输的逻辑。

(7) 流式读写能力：在 Avalon 总线模块内部，主设备与从设备之间包含流式传输使能的逻辑。

3. Avalon 总线信号

Avalon 总线在 Avalon 端口上定义了一系列信号类型，如片选、读使能、写使能、地址、数据等，用于描述主/从外设上基于地址的端口读/写操作。Avalon 总线规范规定了 Avalon 信号的行为，Avalon 端口上的每一个信号都严格地对应一种 Avalon 信号类型。一个连接到 Avalon 总线模块的外设只需要保留此外设的内部逻辑与 Avalon 总线连接所需要的信号，冗余的信号将被裁剪掉。因此，一个 Avalon 外设只保留很少的信号就可以支持简单的数据传输，也可以使用较多的信号支持复杂的数据传输。

4. Avalon 端口

Avalon 端口就是一组 Avalon 信号所组成的用于 Avalon 总线模块和外设之间进行数据传输的信号接口，分为主端口和从端口。主端口在 Avalon 总线上发起数据传输，从端口在 Avalon 总线响应主端口发起的数据传输。主端口和从端口并不是直接相连的，所有的端口都与 Avalon 总线模块相连，Avalon 总线模块在主端口和响应的从端口之间传输信号。

Avalon 总线是一种同步总线，每个 Avalon 端口都与 Avalon 交换结构提供的时钟同步，所有传输都与 Avalon 交换结构的时钟同步进行，并在时钟上升沿启动。Avalon 外设可以在时钟上升沿处仅对此时刻保持稳定的信号做出响应，并产生稳定的输出信号。若将异步外设的信号直接与 Avalon 总线模块的输入信号相连，就必须保证信号在总线时钟周期的上升沿保持稳定。

Avalon 总线没有一个确定的或者最高的性能，它可以由 Avalon 总线模块提供的任意频率实现时钟驱动。最高性能取决于外设的设计与系统功能的实现。Avalon 总线规范对总线的电气特性和物理特性没有做任何的规定。

5. 主从端口对

主从端口对是指在数据传输的过程中，通过 Avalon 交换结构连接的一个主端口和从端口。在传输时，主端口的控制信号和数据信号经过 Avalon 交换结构并与从端口进行交互。交换结构与具有规定属性的各个端口进行通信，在需要的时候，Avalon 交换结构可以改变主端口到从端口的属性。

6. 数据传输

一次数据传输是指在 Avalon 主/从端口和 Avalon 交换结构之间进行的一次数据读或写操作，可能持续一个或多个总线周期。Avalon 总线所支持的传输位宽为一个字节(8 位)、半个字(16 位)或一个字(32 位)。在传输完成后的下一个时钟，Avalon 端口可用于其他处理。Avalon 总线拥有多种数据传输模式，如 Avalon 从端口传输、Avalon 主端口传输、流水线传输、流传输、三态传输、突发传输等。基本的模式是从端口传输和主端口传输。

(1) 从端口传输是指 Avalon 总线模块和从端口之间进行的数据传输。

(2) 主端口传输是指 Avalon 总线模块和主端口之间进行的数据传输。

(3) 流水线传输模式允许 Avalon 端口在返回有效数据之前开始下一次传输。可以把一次流水线读传输分为地址阶段和数据阶段。在地址阶段，一个主端口通过投递地址来发起一次传输，相应的从端口在数据阶段返回有效数据来响应这次传输。地址阶段所持续的时间决定了端口的吞吐量，地址阶段越长，吞吐量越小。而数据阶段只反映从端口返回第一个有效数据所需要的时间。

(4) 在流传输模式下，主端口与从端口之间的流量控制由从端口来负责。只有在从端口准备好返回的有效数据或准备好接收数据时才开始数据传输。这种流传输模式使得主端口与从端口两者之间的数据吞吐量可以达到最大，同时避免了外设的数据上溢或下溢。

(5) Avalon 总线的三态属性允许基于 Avalon 的系统能直接与存储器芯片或处理器等片外器件连接。使用这种三态属性使 Avalon 端口与许多标准的存储器或处理器总线接口进行连接成为可能。

(6) 在突发传输模式下，一次传输是由多次数据传输组成的。这样可以提高从端口的数据吞吐量，在主端口一次处理多个数据单元可以达到较高的效率。在突发传输的过程中必须保证主端口对从端口的访问不被中断，一旦在主端口和从端口之间开始了突发传输，则在突发传输结束之前，总线模块将禁止所有其他主端口访问这个从端口。

对于支持突发传输属性的端口，为支持主端口突发读传输，主端口必须具有流水线传输属性，因此主端口不能使用三态属性；为支持从端口突发读传输，从端口必须具有可变的等待周期属性，从端口也不能使用建立和保持时间。此外，从端口还必须具有可变延迟的流水线传输属性，因此该端口不能具有三态属性。

7. 总线时钟周期

总线时钟周期是总线传输过程中最小的时间单元，一个周期为从总线时钟的一个上升沿到下一个上升沿的时间。Avalon 传输所持续的最短时间为一个总线时钟周期。

2.4.3 CoreConnect 总线

CoreConnect 总线是 IBM 公司开发的一种高性能、低成本、可扩展的总线架构，用于连接处理器、存储器、外设和其他系统组件，主要由处理器局部(Processor Local Bus，PLB)、片上外设总线(Oregon Public Broadcasting，OPB)、设备控制寄存器总线(Device Control Register，DCR)及总线桥、仲裁器等组成。CoreConnect 总线规范为芯核及其互连定义了一种标准结构，如图 2.12 所示。

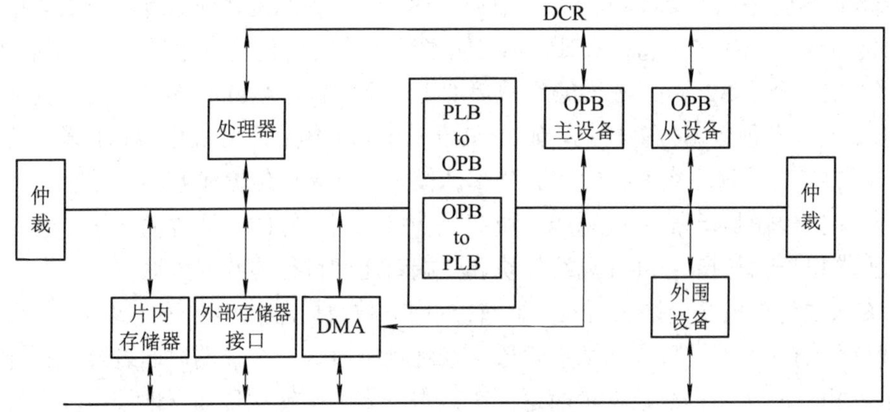

图 2.12 CoreConnect 总线结构

PLB 是高性能处理器内部总线，用于连接处理器、外部高速缓存和高速存储器，是解决处理器运算瓶颈的总线。处理核通过 OPB 访问低速和低性能的系统资源，该总线通过总线桥连接到处理核。DCR 用来规范 CPU 通用寄存器设备与控制存储器之间的数据传输。

1. PLB 总线

PLB 总线提供了一个标准的接口，此接口用于处理核与总线控制单元的互连，为总线传输的主要发出者和接受者之间提供高带宽、低延迟的连接。它是一个同步时钟总线，所有 PLB 上信号的时钟都由同一个时钟源提供，而且所有连接在 PLB 总线上的主设备和从设备共享同一时钟。PLB 可以支持 32 位、64 位和 128 位的总线，支持带有 PLB 接口的主设备和从设备之间的读写数据传输。

此外，每一个 PLB 主设备可以使用独立的地址、读数据线、写数据线，以及一些用于控制传输的指定信号线。每一个从设备可以使用共享的地址线、读数据线、写数据线，以及一些传输控制信号线与状态信号线。中央仲裁单元按特定的仲裁机制实现 PLB 使用权的控制，允许各个主设备竞争总线的使用权。

处理器局部总线的应用包含一个 PLB 核，系统中的所有主设备和从设备都连接到它上面，PLB 核内的逻辑模块主要包括一个中央总线仲裁单元和一个总线控制逻辑。

PLB 的数据传输由一个地址周期和一个数据周期组成。一个地址周期包括请求、传输和地址应答三个阶段。在地址周期的请求阶段，当一个主设备发送它的地址和传输限定信号时，一次总线传输就已经开始，并请求总线的使用权。一旦总线的使用权被授予，在地址周期的传输阶段，主设备的地址及传输限定信号被传输给从设备。在正常的操作过程中，地址周期由锁存从设备地址和传输信号的主设备终止。

在数据周期中，每个节拍数据都有数据传输和应答两个阶段。在数据传输阶段，主设备将进行一次读或写的数据传输操作。在数据周期中，每次数据都需要数据应答信号。

PLB 的特征主要包括高性能处理器内部总线、交叠的读写功能(最快每周期两次传输)，支持分段传输，支持 16～64 字节突发传输模式，支持字节使能(非对准和 3 字节传输)、32～64 位数据总线、32 位地址空间，支持仲裁和特殊 DMA 模式。

2. OPB 总线

OPB 主要用于连接低性能的设备。在 PLB 与 OPB 之间有一个总线桥，用来完成 PLB 主设备与 OPB 从设备之间的数据传输。处理核借助于 PLB 到 OPB 的桥，通过 OPB 访问低速的从外设。OPB 总线控制器的外设可以借助 OPB 到 PLB 的桥，通过 PLB 访问存储器。

3. DCR 寄存器

DCR 主要用于各种 PLB 和 OPB 的主设备和从设备中配置状态寄存器和控制寄存器，以减轻 PLB 的负荷，实现更有效地控制读写传输。DCR 在内存地址映射中取消了配置寄存器，增加了处理器内部总线的带宽，其主要特征有 10 位地址总线、32 位数据总线、同步和异步传输、分布式结构。

2.4.4　Wishbone 总线

Wishbone 总线是一种开放式的系统总线标准，旨在提供一种简单、通用、可扩展的总线架构，以便在不同的数字电路和芯片之间进行通信。它最早由 Silicore(芯谷科技)公司开发，现在已经移交给 OpenCores 组织维护。

Wishbone 总线标准定义了总线的物理、电气和协议规范，包括总线的时序、数据传输方式、总线控制信号等。它支持多主机和多从机的连接，可以实现高效的数据传输和控制。Wishbone 总线规范可用于软核、固核和硬核，对开发工具和目标硬件没有特殊要求，可以用多种硬件描述语言来实现。

Wishbone 总线主从设备通过接口网络 INTERCON 进行数据交互。INTERCON 内部逻辑可根据访问情况采用不同的互连方式。Wishbone 总线互连方式主要有点对点、数据流、共享总线、交叉开关等。在进行数据传输时，要求双方以从设备和主设备的方式进行，既可以是一个从设备和一个主设备进行通信，也可以是多个从设备与一个主设备同时进行通信。SYSCON 用于产生系统时钟和复位信号。Wishbone 总线结构如图 2.13 所示。

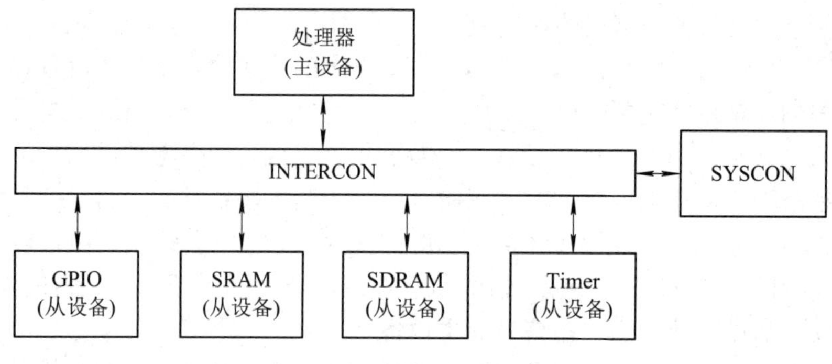

图 2.13　Wishbone 总线结构

2.4.5　OCP 总线

开放式核协议(Open Core Protocol，OCP)总线是由开放式内核协议国际同盟(Open Core Protocol International Partnership，OCP-IP)国际组织提出的一种开放的、可重用的、高性能的总线协议，用于连接芯片内部的不同模块。OCP 总线协议定义了一组规则和标准，用于描述芯片内部不同模块之间的通信方式和数据传输格式。与其他总线不同，OCP 不但规定了数据和控制信号，还规定了测试信号，OCP 使用同步的单向信号来简化系统的设计和时序分析。只要芯核和总线符合 OCP 规范，即使更换处理器核和总线，也不需要重新设计 IP 核，应用非常灵活。

OCP 协议可以提供简单的请求/响应到流水线及多线程对象的高性能数据传输。OCP 总线采用主从结构，通过线程标识符管理的方式实现并发传送，大大增加了数据吞吐率。OCP 数据传输的模型范围为从使用简单的通道到复杂的乱序操作。并且其数据总线和地址总线的宽度可以根据应用的需求进行修改。图 2.14 为 OCP 总线连接系统，包括一个 OCP 总线和三个芯核实体。

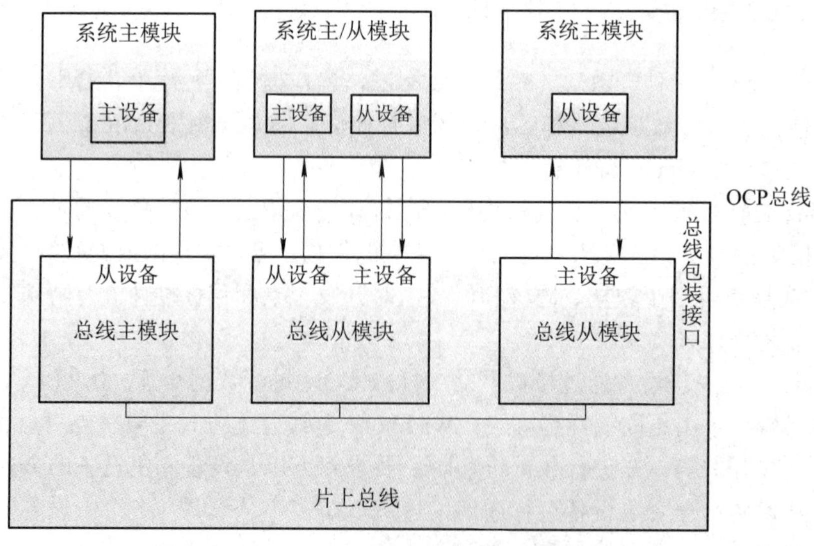

图 2.14　OCP 总线连接系统

OCP 总线系统的一次传输过程如下：首先，一个 OCP 主设备向它所连接的从设备发出命令、控制或者数据信息，接口模块便向片上总线系统提出请求；其次，在接收端的总线接口模块(OCP 的主外设)将嵌入式片上总线的操作转换成一个合法的 OCP 命令；最后，OCP 从设备接收并执行命令，从而完成一次传输过程。在此过程中，OCP 并没有实现嵌入式片上总线的功能，OCP 的请求是通过嵌入式片上总线的操作来完成的。

OCP 总线非常灵活，是不依赖于处理器内核的总线协议，可以根据需要设计定制灵活配置的 OCP 接口，实现片上系统 IP 核的即插即用。

2.4.6 五种片上总线比较

在五种 SoC 总线中，除了 Avalon 总线只适用 Altera 系列 PLD 器件外，其余四种都能适用 FPGA、PLD、ASIC 器件。Wishbone 总线和 OCP 总线是完全免费的总线协议，可以在高性能或小型嵌入式系统中应用。根据不同规范要求，可以得出片上总线的综合应用比较情况，如表 2.4 所示。

表 2.4　五种 SoC 总线综合应用比较

总线名称	AMBA	Wishbone	CoreConnect	Avalon	OCP
适用器件	FPGA、PLD、ASIC	FPGA、PLD、ASIC	FPGA、PLD、ASIC	Altera 系列 PLD	FPGA、PLD、ASIC
适用范围	高性能嵌入式系统	高性能或小型嵌入式系统	高性能嵌入式系统	用于 Altera 公司软核系统中	高性能或小型嵌入式系统
可用资源	彼此都提供了丰富的 IP 核				
使用条件	声称免费，但需要授权协议	完全免费	声称免费，但需要授权协议	声称免费，但需要授权协议	完全免费

在互连方式上，AMBA 总线、Wishbone 总线、CoreConnect 总线和 Avalon 总线都是共享总线，可以有多个主控制器，并且请求响应可以同步执行。此外，Wishbone 总线还能实现交叉总线和点对点总线的互连方式，可以根据用户需求选择合适的互连方式，而 OCP 总线采用的是点对点总线，只有一个主设备，通过异步方式响应请求。

在数据线宽度上，OCP 总线可以实现用户自定义，其他四种 SoC 片上总线的数据宽度最大为 512 位。在事务传输方式上，只有 OCP 总线不具有分离传输方式，其他四种总线都有流水、分离和突发三种传输方式。在仲裁机制上，Wishbone 总线可以由用户自己定义，而 OCP 总线不需要仲裁，其他三种总线通过系统定义。

根据以上分析，不同总线的工作原理、协议规范、时序关系也不同，具体如表 2.5 所示。

表2.5 五种SoC总线性能比较

总线名称	AMBA	Wishbone	CoreConnect	Avalon	OCP
互连方式	共享总线	共享总线 交叉总线 点对点总线	共享总线	共享总线	点对点总线
主控制器	多个	多个	多个	多个	单个
数据线宽度/位	32～512	32～512	32～512	32～512	用户可配置
地址空间/位	64	64	64	64	32
请求响应	同步	同步	同步	同步	异步
数据传输方式	都可以按字节、半字、字几种方式传输				
事务传输方式	流水/分离/突发	流水/分离/突发	流水/分离/突发	流水/分离/突发	流水/突发
数据对齐方式	都有大端对齐和小端对齐两种方式				
仲裁机制	系统定义	用户自定义	系统定义	系统定义	无仲裁

2.5 片上系统的发展趋势

随着技术的不断进步，SoC的发展趋势将会越来越多样化和复杂化，同时也会更加注重性能、功耗、安全性等方面的提高，以满足不断增长的应用需求。片上系统的发展趋势包括以下几个方面：

(1) 集成度不断提高：随着制造工艺的不断进步，芯片的集成度也在不断提高。现在的SoC可以集成更多的功能模块，包括控制、存储、通信、人工智能、图像处理、声音处理、传感器、安全等多种功能，从而实现更高的性能和更低的功耗。

(2) 多核处理器：随着应用场景的不断扩大，SoC的性能需求也在不断提高。多核和多线程技术成为现代SoC的重要特点。现在的SoC通常都采用多核处理器，加快数据处理和运算，可以提高处理器的性能和效率。多核处理器还可以实现更好的并行计算，从而提高系统的整体性能。

(3) 低功耗设计：随着移动设备和物联网设备的普及，SoC的节能需求也在不断提高，低功耗设计变得越来越重要。现在的SoC通常都采用在保证性能的前提下进行低功耗设计，从而延长设备的电池寿命。

(4) 集成AI功能：随着人工智能技术的发展，SoC也开始集成专门的人工智能处理器，如神经网络处理器(Neural Processing Unit，NPU)。这样可以实现更快的AI(Artificial Intelligence，人工智能)计算和更高的性能。这种SoC可以用于人工智能应用场景，如智能语音助手、自动驾驶等。

(5) 安全性提高：随着网络攻击和数据泄露的风险不断增加，SoC的安全性需求也在不断提高。SoC的安全性是指其对数据和系统的保护能力。现在的SoC通常都采用安全芯片设计，保护用户的隐私和数据安全，从而提高系统的安全性。

(6) 片上网络连接：随着SoC集成功能越来越多，传统片上总线连接方式引发的通信效率、功耗和面积问题日益突出。片上网络(Network on Chip，NoC)借鉴了分布式计算系统的通信方式，采用路由和分组交换技术替代传统总线，是最有希望解决复杂片上通信问题的新方法。

习　题

1. 请简述集成电路的设计流程。
2. SoC 系统级研究内容包括哪些方面？
3. 片上系统的关键技术有哪些？
4. 低功耗设计技术包括哪些方面？
5. 软硬件协同设计技术包括哪四个关键技术？
6. 请简述 SoC 的设计流程。
7. 典型的片上系统总线结构包括哪几种？
8. 请简述 AMBA 总线的基本结构和仲裁原理。
9. Avalon 总线和其他 SoC 系统总线相比有哪些优点？
10. 请简述 CoreConnect 总线的基本架构。
11. Wishbone 总线怎样实现 IP 核之间的互连？
12. 与其他总线技术相比，OCP 总线技术有什么优势？

第 3 章

硬件描述语言 VHDL

硬件描述语言是设计数字逻辑电路的基础，用于描述数字电路(包括逻辑门、寄存器、计数器、状态机等)的行为和结构，也可以用于描述系统级别的设计，如处理器、总线、存储器等。VHDL 具有严格的语法和语义规则，可以确保设计的正确性和可靠性。本章主要讲述 VHDL 的基本程序结构、语言元素、基本逻辑语句、描述方式等知识内容，使读者了解和掌握 VHDL 的基本语法结构和开发方法。

3.1 电子系统设计描述等级

电子系统开发流程包括系统描述、软硬件划分、软件和硬件综合及板级系统验证等步骤(见图 3.1)。在硬件综合部分，可以采用专用集成电路 ASIC、现场可编程门阵列 FPGA、可编程逻辑器件及标准元器件来实现。电子系统设计的描述等级包括行为级(Behavioral Level)、寄存器传输级(Register Transfer Level，RTL)、逻辑门级(Logic Level)、版图级(Layout Level)等四个等级。

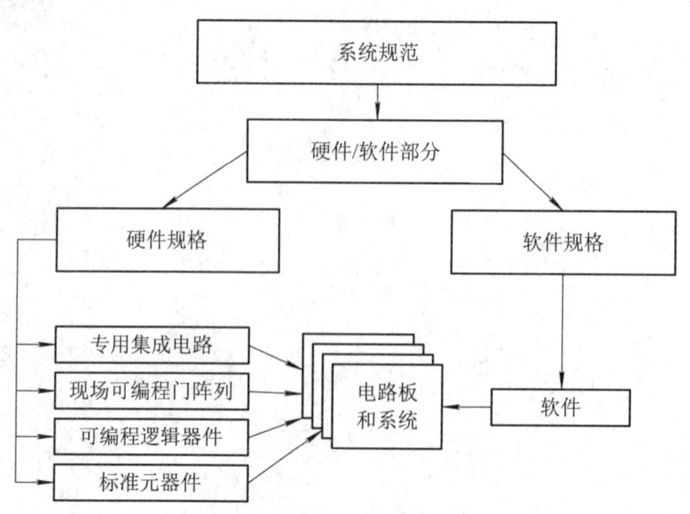

图 3.1 电子系统开发流程

(1) 行为级：描述电子系统的功能和行为，不考虑具体的硬件实现细节，通常使用高级编程语言(如 C、C++、SystemC 等)进行描述。

(2) 寄存器传输级：描述电子系统的数据流和控制流，包括寄存器、数据通路、控制器等，通常使用硬件描述语言(如 Verilog、VHDL 等)进行描述。

(3) 逻辑门级：描述电子系统的逻辑门电路实现，包括与门、或门、非门等，通常使用逻辑门电路图进行描述。

(4) 版图级：描述电子系统的物理实现，包括芯片布局、连线等，通常使用电路版图进行描述。

VHDL 可以描述以上四个等级。图 3.2 展示了电子系统设计的四个等级的描述。

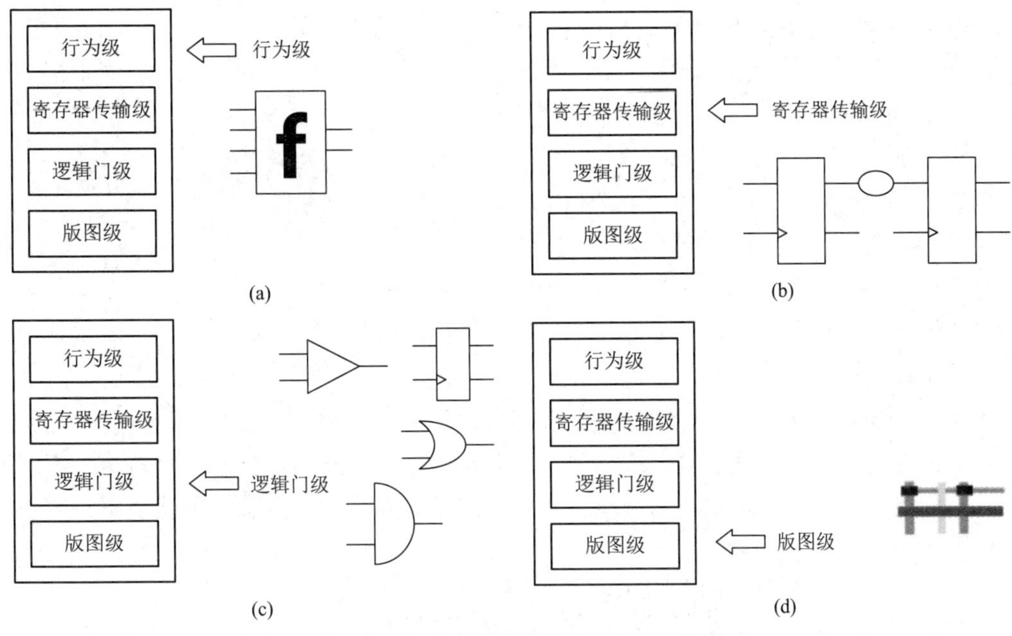

图 3.2　电子系统设计的四个等级的描述

3.2　VHDL 程序结构

一个完整的 VHDL 程序应当包括实体(Entity)、构造体(Architecture)、配置(Configuration)、程序包(Package)和库(Library)等部分。实体描述一个模块的输入和输出接口；构造体描述模块内部结构和功能；配置用于从库中选取所需元件安装到设计单元的实体中；程序包存放各设计模块能共享的数据类型、常数、子程序等；库用于存放已编译的实体、构造体、程序包和配置。其中，实体和构造体是 VHDL 设计文件的两个基本组成部分。例 3.1 以一个二输入与门为例说明 VHDL 程序的基本结构。注意：VHDL 程序不区分字母的大小写。

【例 3.1】 二输入与门的 VHDL 程序。

```
LIBRARY IEEE;                              --库说明语句
USE IEEE.STD_LOGIC_1164.ALL;               --程序包说明语句
ENTITY and2 IS                             --实体部分描述
  PORT(a, b: IN   STD_LOGIC;
        y: OUT   STD_LOGIC);
```

```
    END and2;
  ARCHITECTURE and2x OF and2 IS          --结构体部分描述
    BEGIN
      y<=a AND b;
    END and2x;
```

3.2.1 实体

实体定义了模块的名称和模块的接口。实体的格式定义如下：

```
  ENTITY  实体名  IS
    GENERIC (
      常数名称 1: 类型 [ := 缺省值];
          常数名称 2: 类型 [ := 缺省值]);
    PORT(端口名 1: 方向:类型;
      端口名 2: 方向: 类型);
  END ENTITY  实体名;
```

1. 类属说明

类属说明确定了实体或组件中定义的局部常数。类属说明常用于定义实体端口的大小、设计实体的物理特性、总线宽度、元件例化的数量等，在进行模块化设计时多用于不同层次模块之间的信息传递，可以从外部改变内部电路结构和规模。注意：类属说明必须放在端口声明之前。

【例 3.2】 二输入或门的 VHDL 实体定义程序。

```
  ENTITY or2 IS
      GENERIC(risewidth: time:= 1 ns;
                fallwidth: time:= 1 ns);
      PORT(a1: IN   STD_LOGIC;
            a0: IN   STD_LOGIC;
            z0: OUT   STD_LOGIC);
  END ENTITY or2;
```

注：数据类型 time 用于仿真模块的设计。综合器仅支持数据类型为整数的类属值。

2. 端口声明

端口声明主要用来确定输入、输出端口的数目和类型。IN 为输入端口，该端口为只读型；OUT 为输出端口，只能在实体内部对其赋值；INOUT 为输入输出端口，既可读，也可赋值；BUFFER 为缓冲型，与 OUT 类似，但是输出的数据可以反馈回输入端口，可以读出数据。

3. 数据类型

实体端口的数据类型是预先定义好的数据类型，用于指明端口上流动的数据的表达格式，具体包括 bit、bit_vector、integer、std_logic、std_logic_vector 等。详细的数据类型说明见 3.3.1 节。

3.2.2　构造体

构造体是模块功能的具体实现，包括构造体说明和构造体功能描述。构造体说明包括常数、数据类型、信号、例化元件和子程序等信息说明，构造体功能描述包括块语句、进程语句、信号赋值语句、子程序调用语句和元件例化语句等。构造体的格式定义如下：

```
ARCHITECTURE 构造体名 OF  实体名  IS
    [定义语句] 内部信号、常数、元件、数据类型、子程序等的定义
    BEGIN
        [并行处理语句:block / process /function / procedure]
  END 构造体名;
```

注：同一实体的构造体不能同名。定义语句中的常数、信号不能与实体中的端口同名。

并发处理语句位于 BEGIN 和 END 之间，这些语句具体地描述了构造体的行为。并发处理语句是模块功能描述的核心部分。并发处理语句可以使用赋值语句、进程语句、元件例化语句、块语句及子程序等。需要注意的是，这些语句都是并发(同时)执行的，与排列顺序无关。例 3.3 中，构造体采用信号赋值语句实现半加器功能。

【例 3.3】 半加器 half_adder 的构造体实现。

```
LIBRARY IEEE;
USE IEEE.STD_LOGIC_1164.ALL;
ENTITY half_adder IS
 PORT(in1, in2: IN STD_LOGIC;
         sum, carry: OUT STD_LOGIC);
END half_adder;
ARCHITECTURE behavioral OF half_adder IS
 BEGIN
  PROSESS (in1, in2)
    BEGIN
      sum <= in1 XOR in2;
      carry <= in1 AND in2;
    END PROCESS;
  END behavioral;
```

3.2.3　配置

当一个模块的实体有多种构造体实现时，可以通过配置从实体的多种结构体描述方式中选择一个。在仿真某一个实体时，可以通过配置来选择不同的构造体，进行性能对比试验，以得到性能最佳的构造体。配置的格式定义如下：

```
CONFIGURATION  配置名 OF  实体名  IS
    FOR    选配结构体名
    END  FOR;
END 配置名;
```

【例 3.4】 一个与非门不同实现方式的配置。

```
library ieee;
 use ieee.std_logic_1164.all;
 entity nand is
        port(a: in std_logic;
                 b: in std_logic;
                 c: out std_logic);
 end entity nand;
 architecture art1 of nand is
  begin
        c<=not (a and b);
  end architecture art1;
architecture art2 of nand is
  begin
      c<='1' when (a='0') and (b='0') else
         '1' when (a='0') and (b='1') else
         '1' when (a='1') and (b='0') else
         '0' when (a='1') and (b='1') else
         '0';
  end architecture art2;
configuration first of nand is
        for art1;
        end for;
 end first;
 configuration second of nand is
        for art2;
        end for;
end second;
```

3.2.4 程序包

VHDL 程序包是一种用于组织和管理 VHDL 代码的结构，它可以包含一个或多个 VHDL 实体、枚举类型、常量、变量、函数、过程等元素。程序包可以被其他 VHDL 代码引用和调用，使得代码的复用和维护更加方便。

程序包的结构包括了程序包说明(包首)和程序包主体(包体)。程序包说明包括常量说明、VHDL 数据类型说明、元件说明、子程序说明等内容。程序包主体(包体)包括主要的子程序的实现内容。

在例 3.5 中，程序包定义了一个常量 PI 和一个函数 square。程序包的主体部分实现了函数 square 的功能。其他 VHDL 代码可以通过引用 my_package 来使用其中定义的元素。

【例 3.5】 一个简单的 VHDL 程序包。

```
package my_package is
  constant PI : real := 3.14159;
  function square(x : integer) return integer;
end package my_package;
package body my_package is
  function square(x : integer) return integer is
  begin
    return x * x;
  end function square;
end package body my_package;
```

在例 3.6 中，通过 use 语句引用 my_package，my_entity 实体中使用了 my_package 中定义的函数 square。

【例 3.6】 程序包使用例子。

```
library ieee;
use ieee.std_logic_1164.all;
use work.my_package.all;
entity my_entity is
  port (
    input1 : in integer;
    output1 : out integer    );
end entity my_entity;
architecture rtl of my_entity is
begin
  output1 <= square(input1) + 1;
end architecture rtl;
```

3.2.5 库

VHDL 库是一组预定义的 VHDL 模型和子程序，用在 VHDL 设计中以实现常见的功能和操作。VHDL 库包含了各种类型的程序包、实体和构造体，如逻辑门、寄存器、计数器、时钟等。VHDL 库通常包括以下 5 种库：

(1) IEEE 标准库。IEEE 标准库含有 IEEE 的标准程序包集合“STD-LOGIC-1164”及一些大公司提供的包集合。库里面包含了 VHDL 语言的基本元素，如逻辑门、算术运算符、比较器等。在使用 IEEE 标准库前必须说明 library ieee。

(2) STD 库。STD 库是 VHDL 标准库，含有“STANDARD”包集合和“TEXTIO”包集合。STD 库定义最基本的数据类型 bit、bit_vector、boolean、integer、real 和 time。使用 STANDARD 包集合时不需要说明。

(3) ASIC 库。ASIC 库包含了与特定设备相关的模型和子程序，如 FPGA、ASIC、微控制器等，由各公司提供，用于 ASIC 设计的门级仿真，使用时需加以说明，如 library altera

和 use altera.maxplus2.all。

(4) WORK 库。WORK 库是现行作业库，位于当前工程，使用时需要指定保存目录。WORK 库在使用时通常无须说明，但在结构设计中进行元件调用时需要说明，如 use work.all。

(5) 用户库。用户库包含了用户自定义的模型和子程序，用于实现特定的功能和操作。使用用户库时需说明(指定库所在的路径)。

可以在 VHDL 代码中引用库中的模型和子程序来使用 VHDL 库。例如，可以使用以下语句引用 IEEE 标准库中的逻辑门模型：

```
library IEEE;
use IEEE.std_logic_1164.all;
```

因此，在代码中可以使用标准逻辑门模型，如 AND、OR、NOT 等。使用这些库可以简化 VHDL 设计的开发过程，提高设计的可重用性和可维护性。

3.3 VHDL 语言元素

3.3.1 VHDL 数据类型

VHDL 数据类型分为标准数据类型(预定义数据类型)和用户自定义数据类型。预定义数据类型分为 VHDL 预定义数据类型和 IEEE 预定义数据类型。

1. 预定义数据类型

VHDL 预定义数据类型包括布尔量、位、位矢量、字符、整数、自然数、正整数、实数、字符串、时间、错误等级等类型。各种数据类型的使用说明如表 3.1 所示。

表 3.1 VHDL 预定义数据类型

数据类型	标 识	使 用 示 例	备 注 说 明
布尔量	boolean	boolean flag :=(bit_var = '1');	逻辑“真”或“假”，true 和 false
位	bit	signal var_bit: bit;	‘0’ 或 ‘1’，用单引号标出
位矢量	bit_vector	signal abus: bit_vector(3 downto 0);	bit 的组合，用双引号标出
字符	character	variable ch_var : character;	ASCII 字符，用单引号标出
整数	integer	signal sum0 : integer range 0 to 31;	$-(2^{31}-1)\sim+(2^{31}-1)$
自然数	natural	signal sum1 : natural range 0 to 10;	非负整数：$0\sim2^{31}-1$
正整数	positive	signal sum2 : positive range 1 to 100;	正整数：$1\sim2^{31}-1$
实数	real	variable sum : real range −1.0 to +1.0;	−1.0E + 38～+1.0E + 38
字符串	string	variable str_var : string(1 to 7);	字符向量，用双引号标出
时间	time	risewidth: time:= 1 ns;	时间单位 fs、ps、ns、us、ms、sec、min、hr
错误等级	severity_level	NOTE(注意)、WARNING(警告)、ERROR(出错)、FAILURE(失败)	仿真中用来指示系统的工作状态

IEEE 预定义数据类型是指 ieee.std_logic_1164 程序包定义的逻辑位和逻辑矢量类型。

STD_LOGIC 类型的数据可以有 9 种取值，包括“U”(未初始化值)、“X”(强未知值)、“0”(强 0)、“1”(强 1)、“Z”(高阻态)、“W”(弱未知值)、“L”(弱 0)、“H”(弱 1)和“_”(可忽略值)。其中，“X”主要用于系统仿真，“Z”用于实现三态总线的描述。

STD_LOGIC_VECTOR 类型定义为 TYPE STD_LOGIC_VECTOR IS ARRAY(NATURAL RANGE< >)OF STD_LOGIC。例 3.7 是使用 STD_LOGIC_VECTOR 和 STD_LOGIC 类型的例子。赋值操作要求左右两侧数据的类型和宽度相同，而且赋值语句中的方向应和声明中的方向一样。

【例 3.7】 VHDL 逻辑信号的使用。

```
signal zbus:std_logic_vector(3 downto 0);
signal abus:std_logic_vector(1 to 4);
signal a, b:std_logic;

zbus <= abus;---等价于    zbus(3) <= abus(1);
                          zbus(2) <= abus(2);
                          zbus(1) <= abus(3);
                          zbus(0) <= abus(4);
abus(2 to 3) <= zbus(3 downto 2);
zbus(1) <= a;
zbus(0) <= b;
```

2. 用户自定义数据类型

用户可以定义的数据类型包括枚举类型(enumberated)、整数类型(integer)、实数类型(real)、数组类型(array)、记录类型(record)、时间类型(time)和子类型(subtype)。具体的使用方法见表 3.2。

表 3.2　VHDL 用户自定义数据类型

数据类型	标　识	使 用 示 例
枚举类型	—	type arith_op is (add, sub, mul, div);
整数类型	integer	type digit is integer range 0 to 9;
实数类型	real	type myreal is real range –1e5 to 1e5;
数组类型	array	type fourword is array (0 to 31) of bit;
记录类型	record	type instruction is record operator : arith_op; op1 : integer; op2 : integer; end record;

时间类型	time	type time is range -1E18 to 1E18
		units
		us;
		ms=1000 us;
		sec=1000 ms;
		min=60 sec;
		end units;

子类型	subtype	subtype databus is std_logic_vector(7 downto 0);

3. 数据类型转换

VHDL 对数据操作的要求比较严格，必须是相同类型的数据才能进行赋值操作。不同类型的数据对象必须经过类型转换，才能相互操作。VHDL 有两种数据类型转换方法：直接类型转换方法和类型转换函数方法。

1) 直接类型转换方法

对于关系密切的标量数据类型(如整数、浮点数)，可以直接采用数据类型名称来实现类型转换。

```
VARIABLE   x:INTEGER;
VARIABLE   y:REAL;
x :=INTEGER(y);          y :=REAL(x);
```

2) 类型转换函数方法

类型转换函数方法是通过调用类型转换函数实现数据类型的转换，使得相互操作的数据对象的类型一致。在使用某个类型转换函数时，必须先打开该函数所在的库和相应的程序包。VHDL 类型转换函数及对应的程序包如表 3.3 所示。

表 3.3　VHDL 类型转换函数

函数名称	函 数 说 明	对应程序包
CONV_INTEGER	将 STD_LOGIC_VECTOR 转换为 INTEGER	STD_LOGIC_UNSIGNED
CONV_STD_LOGIC_VECTOR	将 INTEGER、UNSIGNED、SIGNED 转换成 STD_LOGIC_VECTOR	STD_LOGIC_ARITH
CONV_INTEGER	将 SIGNED、UNSIGNED 转换成 INTEGER	STD_LOGIC_ARITH
CONV_UNSIGNED	将 SIGNED、INTEGER 转换成 UNSIGNED	STD_LOGIC_ARITH
TO_BIT	将 STD_LOGIC 转换成 BIT	STD_LOGIC_1164
TO_BIT_VECTOR	将 STD_LOGIC_VECTOR 转换成 BIT_VECTOR	STD_LOGIC_1164
TO_STD_LOGIC	将 BIT 转换成 STD_LOGIC	STD_LOGIC_1164
TO_STD_LOGIC_VECTOR	将 BIT_VECTOR 转换成 STD_LOGIC_VECTOR	STD_LOGIC_1164

3.3.2　VHDL 数据对象

VHDL 数据对象有常量(Constant)、信号(Signal)、变量(Variable)和文件(File)等 4 种。

1. 常量

常量是一种不可修改的数据对象，在程序执行期间保持不变。常量可以是任何 VHDL 数据类型，如整数、实数、布尔量等。常量的定义格式如下：

```
Constant  常量名称:数据类型 := 设置值;
CONSTANT set_bit: BIT := '1' ;
```

常量可以在包集、实体或者构造体中声明。在包集中声明的常量是真正全局的，可以被所有调用该包集的实体使用。定义在实体中的常量对于该实体的所有结构体而言是全局的。同样，定义在结构体中的常量仅仅在该结构内部是全局的。

2. 信号

VHDL 的信号代表的是逻辑电路中的“硬”连线，既可以表示电路单元的输入/输出端口，也可以表示电路内部各单元之间的连接，代表电路的寄存器。实体的所有端口都默认为信号。信号可以是标量(单个值)或矢量(多个值)类型，也可以是任何 VHDL 数据类型。信号的一般定义格式如下：

```
Signal  信号名称:数据类型:=设置值;
SIGNAL control: STD_LOGIC:= '0';
SIGNAL count: INTEGER RANGE 0 TO 100;
```

当信号用在顺序描述语句(如 PROCESS 内部)中时，信号值不是立即更新的，而是在相应的进程、函数或过程完成之后才更新的。

对于信号，采用的赋值符号是“<=”。在上面进行信号定义的语法结构中，对信号赋初值的操作是不可综合的，只能用在仿真中。

3. 变量

变量是一种临时存储数据的数据对象，仅用于局部的电路描述，它并不代表实际电路的某一组件，仅仅是一条信号线的物理意义。变量只能在 PROCESS、FUNCTION 和 PROCEDURE 内部使用，而且对它的赋值是立即生效的，所以新的值可以在下一行代码中立即使用。变量声明的格式如下：

```
VARIABLE  变量名称:数据类型:=设置值;
VARIABLE flag:BIT := '0';
```

变量赋值使用的符号是“:=”。与信号一样，对变量赋初值的操作是不可综合的，仅能用在仿真中。

4. 文件

通常文件对象不能被赋值，但是它可以作为参数向过程和函数传递，即通过规定的过程和函数对文件对象读出和写入操作。文件声明的格式如下：

```
TYPE  文件类型名   IS FILE OF  数据类型;
TYPE filetype IS FILE OF STD_LOGIC_VECTOR;
FILE example : filetype IS IN "C:/example.dat";
```

在实际的应用过程中，文件数据对象常常在测试平台中使用。VHDL 提供了一个预先定义的程序包 TEXTIO，包含了为文本文件进行读写操作的过程和函数。例 3.8 是文件读写操作的具体实例。

【例 3.8】 VHDL 文件读写操作。

```
USE std.textio.all;
FILE input_file: TEXT IS IN "in.dat";
FILE output_file:TEXT IS OUT "out.dat";
VARIABLE line1, line2:LINE;
VARIABLE test:bit_vector(7 downto 0);
WHILE NOT(ENDFILE(input_file));
        LOOP
```

```
        READLINE(input_file, line1);
        READ(line1, test);
        WRITE(line2, test);
        WRITELINE(out_file, line2);
    END LOOP;
```

不同的数据对象使用的场合不同。信号和文件是全局变量，可以在程序包、实体和构造体内全局使用，而变量是局部变量，只能在过程、函数和进程里面使用，常量则是任何场合都可以使用。表 3.4 给出了各种数据对象的含义和声明场合。

表 3.4　VHDL 数据对象的含义和声明场合

对象类型	含　义	声 明 场 合
常量	常量说明，全局变量	architecture, package, entity, process, function, procedure
信号	信号说明，全局变量	architecture, package, entity
变量	变量说明，局部变量	process, function, procedure
文件	文件说明，全局变量	architecture, package, entity

3.3.3　VHDL 操作符

VHDL 的操作符包括二元算术运算符、一元算术运算符、关系运算符、二元逻辑运算符、一元逻辑运算符、并置运算符、赋值运算符等，其运算符号及功能如表 3.5 所示。

表 3.5　VHDL 操作符

分　类	运算符	功　能	分　类	运算符	功　能
二元算术运算符	+	加	关系运算符	>	大于
	–	减		<=	小于等于
	*	乘		>=	大于等于
	/	除	二元逻辑运算符	and	与
	mod	求模		or	或
	rem	求余		nand	与非
	**	乘方		nor	或非
一元算术运算符	+	正号		xor	异或
	–	负号	一元逻辑运算符	not	求反
	abs	绝对值	并置运算符	&	连接
关系运算符	=	相等	赋值运算符	<=	信号赋值
	/=	不相等		:=	变量赋值
	<	小于		=>	结合

这些操作符可以用于 VHDL 代码中的信号赋值、条件语句、循环语句、函数和过程等。在使用操作符的时候要注意操作符的优先级，运算符优先级如表 3.6 所示。此外，在编写

VHDL 程序时需要注意，必须保证操作数的数据类型与运算符所要求的数据类型一致。

表 3.6　运算符优先级

操　作　符	优先级
NOT、ABS、**、REM、MOD、/、*	高 ↓ 低
－(负)、＋(正)	
&、－(减)、＋(加)	
>=、<=、>、<、/=、=	
XOR、NOR、NAND、OR、AND	

“<=”赋值符用于将数据传给信号。“:=”赋值符用于将数据传给变量，该赋值符也可用于为信号、变量、常量等指定初值。“=>”符号一般在 WHEN 语句中出现，其含义是“THEN(则)”。

为了方便读者了解和掌握 VHDL 操作符的具体使用方法，下面通过具体例子进行说明。

【例 3.9】 连接操作符&的使用。

```
signal dbus      : bit_vector(3 downto 0);
signal a, b, c, d    : bit;
signal byte_bus : bit_vector(7 downto 0);
signal abus      : bit vector(3 downto 0);
signal bbus      : bit vector(3 downto 0);

dbus<=a & b & c & d;
byte_bus <= abus & bbus;
```

【例 3.10】 集合操作——采用()。

```
signal Z_BUS : bit_vector(3 downto 0);
signal A, B, C, D : bit;
Z_BUS <= (A, B, C, D);--  等同于  Z_BUS(3)<=A;
                                  Z_BUS(2)<=B;
                                  Z_BUS(1)<=C;
                                  Z_BUS(0)<=D;
```

【例 3.11】 集合操作——采用序号。

```
signal X : bit_vector(3 downto 0);
signal A, B, C, D : bit;
X <= (3=>'1' , 1 downto 0=>'1' , 2=>C);
```

【例 3.12】 集合操作——采用 others。

```
signal X : bit_vector(3 downto 0);
signal A, B, C, D : bit;
X <= (3=>'1', 1 =>'0', others =>D);
```

【例 3.13】 逻辑操作符。

```
signal abus, bbus, cbus, dbus, Z_BUS: std_logic_vector(3 downto 0);
    cbus    <= abus and bbus;
    dbus    <= abus or bbus;
    Z_BUS <= cbus and dbus;
```

注意：在使用数学运算符(+、−、*、/、**、abs、mod 和 rem)时，这些运算符只能应用于 integer、real、time 类型，不能用于 vector 类型。如果希望用于 vector 类型，可以使用 IEEE 库的 std_logic_unsigned 程序包。该程序包对算术运算符进行了扩展。

3.4 VHDL 基本逻辑语句

VHDL 基本逻辑语句包括并行处理(concurrent)语句和顺序处理(sequential)语句。并行处理语句用于描述并行电路的行为，其执行与语句的先后顺序无关，并行块内的语句同时执行。顺序处理语句用于描述时序电路的行为，包括赋值语句、条件语句、循环语句等的执行，根据语句的先后次序按从上到下的顺序执行。

在不同的模块中，语句处理的顺序也不一样。构造体内的语句及子模块之间是并行处理的，block 块内的语句是并行执行的，而进程 process、函数 function 和过程 procedure 里面的语句是顺序执行的。

3.4.1 块语句

VHDL 中的 block 块语句是一种结构化语句，用于将一组语句组合在一起，并将其视为单个模块。block 块语句可以包含任意数量的语句和其他块语句，并且可以具有自己的变量和信号声明。需要注意的是，block 块语句不会创建新的硬件实体，而只是将一组语句组合在一起。因此，block 块语句通常用于组织复杂的行为或控制结构，以提高代码的可读性和可维护性。

(1) 普通 block 的定义格式及用例如下。在 myblock1 块的内部完成了任意时刻都可以进行数据赋值的操作。

```
块名:                                         myblock1:
block                                            block
[定义语句]                                       begin
begin                                                qout<=ain;
[并行处理语句 concurrent statement]              end block myblock1
end block   块名
```

(2) 条件 block 的定义格式及用例如下。在 myblock2 块中，当 clk 等于 1 时，确保 5 ns 后完成数据赋值操作。

```
块名:                                         myblock2:
block [(布尔表达式)]                            block (clk= '1')
```

```
[定义语句]                                   signal:qin:bit:= '0';
begin                                          begin
[并行处理语句 concurrent statement]              qout<=   guarded qin after 5ns ;
[信号]<= guarded    [信号，延时] ;                end block myblock2
end block   块名
```

3.4.2　进程

VHDL 进程是一种描述硬件行为的方式，由 process 关键字定义。进程语句包含在构造体中，其内部所有语句都是顺序执行的。一个构造体可以有多个进程语句，多个进程语句间是并行的，进程之间通过信号进行参数传递。进程语句通过敏感信号表中所标明的敏感信号触发来启动进程。敏感信号表中的信号无论哪一个发生变化(如由“0”变“1”或由“1”变“0”)都将启动该 process，从进程的第一条语句逐行执行直至最后一条语句。进程 process 的定义格式如下：

```
[进程名:]
        process   [(触发信号列表)]
            [定义语句; ]
        begin
            [串行处理语句 sequential statement; ]
        end process
```

例 3.14 定义了 P1 和 P2 两个进程。P1 进程有时钟信号(clk)和复位信号(reset)两个输入敏感信号。如果复位信号为高电平，计数器(count)将被清零。如果时钟信号上升沿到达，计数器小于 5 时进行加 1 操作，否则计数器清零。P2 进程根据计数器变化启动进程，在计数器小于 3 时，时钟分频输出(clkout)为低电平，否则输出为高电平。

【例 3.14】 多进程通信。

```
P1:process (clk, reset)
begin
   if reset = '1' then
      count <= 0;
   elsif rising_edge(clk) then
         if count <5 then
            count <= count + 1;
         else
            count <=0;
         end if;
   end if;
end process;
```

```
P2: process (count)
begin
  if count <3 then
      clkout <= '0';
  else
      clkout <= '1';
  end if;
end process;
```

3.4.3 子程序

VHDL 子程序包括过程(procedure)和函数(function)。过程和函数都可以带有输入和输出参数，并完成一系列的操作，函数可以在任何地方被调用。两者的区别在于：过程不返回任何值，输出参数必须通过引用传递；函数有一个返回值，输出参数必须通过返回值传递。

过程和函数的定义格式如下。

```
procedure  过程名(参数 1，参数 2，…)is
     [定义语句]
   begin
      [顺序执行语句]
     end  过程名
```

```
function  函数名(参数 1，参数 2，…)
     [定义语句]
     return 数据类型名 is   [定义语句]
   begin
      [顺序执行语句]
     return [返回变量名]
   end 函数名
```

【例 3.15】 求两个整数中最大值的过程。

```
PROCEDURE max(a, b:      IN   INTEGER;
                         y:OUT   INTEGER)  IS
    BEGIN
        IF (a<b) THEN
            y<=b;
        ELSE
            y<=a;
        END IF;
    END  max;
```

【例 3.16】 求两个数中最大值的函数。

```
FUNCTION max(a:std_logic_vector; b:std_logic_vector)
    RETURN std_logic_vector IS
    VARIABLE    tmp :std_logic_vector(a'range);
      BEGIN
        IF (a>b) THEN
              tmp:=a;
        ELSE
              tmp:=b;
        END IF;
    RETURN tmp;
      END max;
```

例 3.15 的过程可以通过 max(x，y，maxint)语句调用，maxint 为输出的最大值。例 3.16 的函数可以通过 maxstd=max(a, b)语句调用，maxstd 为函数返回的最大值。

3.4.4 顺序执行语句

VHDL 顺序执行语句按照语句书写的顺序依次逐条执行，包括 wait、if、case、for loop 和 while 等语句。

1. wait 语句

wait 语句使系统暂时挂起(等同于 end process)，此时，信号值开始更新。条件满足后，系统将继续执行后续语句。wait 语句的定义格式如下：

```
wait;                          --无限等待
wait on [信号列表];            --等待信号变化
wait until [条件];             --等待条件满足
wait for [时间值];             --等待时间到
```

【例 3.17】 使用 wait 语句的例子。

```
Process                                  process(a，b)
     begin                                   begin
       wait on a, b;                               y<=a and b;
       y<=a and b;                           end process;
end process;
```

该例中，process 不带敏感信号表，通过等待 wait 后面的信号变化执行后续操作，与右侧带敏感信号列表的进程作用相同。

2. if 语句

VHDL 中的 if 语句用于在特定条件下的分支中执行不同的操作。if 语句包括单 if 和多 if 两种不同的语法结构。if 语句的定义格式如下：

```
if 条件 then
      [顺序执行语句];
[else]
  [顺序执行语句];
end if;
```

```
if 条件 1 then
   [顺序执行语句];
[elsif 条件 2 then]
  [顺序执行语句];
      …
[else]
end if;
```

如果条件值为true，则执行if下面的语句。如果条件值为false，则if语句将被跳过。else和elsif是可选项，用于在条件不满足时执行另一组语句。

【例3.18】 使用if语句的例子。

```
signal a, b, c : std_logic;
...
if a = '1' and b = '0' then
      c <= '1';
else
c <= '0';
end if;
```

该例中，如果a为1且b为0，则c将被赋值为1。如果条件不满足，则c将被赋值为0。

3. case语句

VHDL中的case语句是一种条件语句，用于根据不同的条件执行不同的操作。case语句的定义格式如下：

```
Case 表达式   is
     when   数值 1=> 顺序处理语句 1;
     when   数值 2=> 顺序处理语句 2;
   …
   when   others=> 其他顺序处理语句;
end case;
```

当表达式等于某个值时，执行对应值分支里面的顺序处理语句。当表达式不等于任何一个值时，则执行others对应的顺序处理语句。

【例3.19】 使用case语句的例子。

```
signal sel : std_logic_vector(1 downto 0);
signal out : std_logic;
process(sel)
begin
  case sel is
    when "00" =>
```

```
        out <= '0';
      when "01" =>
        out <= '1';
      when "10" =>
        out <= '0';
      when "11" =>
        out <= '1';
      when others =>
        out <= 'X';
    end case;
  end process;
```

该例中，sel 是一个 2 位的 std_logic_vector 信号，根据不同的值，out 信号会被赋予不同的值。当 sel 等于“00”或“10”时，out 等于“0”；当 sel 等于“01”或“11”时，out 等于“1”；当 sel 不等于任何一个值时，out 等于“X”。如果对 others 情况不做任何处理的话，可以使用空语句(Null)。

4. for loop 语句

VHDL 中的 for loop 语句用于重复执行一段代码，类似于其他编程语言中的 for 循环。for loop 语句的定义格式如下：

```
for   循环变量   in   范围    loop
[顺序处理语句];
end loop;
```

【例 3.20】 使用 for loop 语句的例子。

```
for   i    in 1 to 10   loop
    sum=sum+1;
end loop;
```

注意：循环变量不需要定义或声明，因此本例中 i 不需要定义。范围可以是数字范围或枚举类型，循环变量 i 的范围是 1～10，每循环一次，循环变量 i 自动加 1。执行的代码位于 loop 和 end loop 之间会被重复执行。

5. while 语句

VHDL 中的 while 语句用于在满足一定条件情况下循环执行一段代码。while 语句的定义格式如下：

```
while   条件   loop
[顺序处理语句];
end loop;
```

其中，条件是一个布尔表达式，如果为 true，则执行循环体中的语句，否则跳出循环。循环体中的语句可以是任何有效的 VHDL 语句，包括其他循环语句、条件语句、过程调用等。

【例 3.21】 使用 while 语句的例子。

```
signal i : integer := 1;
signal sum : integer := 0;
 …
while i <= 10 loop
        sum <= sum + i;
     i <= i + 1;
end loop;
```

本例利用 while 循环来计算 1～10 的和。循环体中的语句是将 i 加到 sum 中，并将 i 加 1。当 i 大于 10 时，循环结束。最终，sum 的值将是 1～10 的和，即 55。

3.4.5 并行执行语句

VHDL 并行执行语句是指在 VHDL 设计中可以同时执行的语句。VHDL 中的并行执行语句包括直接信号赋值语句、条件式信号赋值语句和选择式信号赋值语句。

1. 直接信号赋值语句

使用"<="信号指定运算符，能够让电路具有并行处理的能力。符号<=右边的值是此条语句的敏感信号，即符号<=右边的值发生变化就会重新激发此条赋值语句。

【例 3.22】 直接信号赋值语句在 block 和 process 里面的应用例子。

```
myblock: block                              process
    begin                                       begin
        clr<='1' after 10 ns;                     clr<='1' after 10 ns;
        clr<='0' after 20 ns;                     clr<='0' after 20 ns;
    end block myblock;                        end process;
```

左侧的 block 程序为并行执行程序。程序执行 10 ns 后 clr 为 1，又过 10 ns 后 0 赋给了 clr，此时 clr 以前的值 1 并没有清掉，则 clr 将出现不稳定状态。

右侧的 process 程序为顺序执行程序。程序 10 ns 后 clr 为 1，又过 20 ns 后 clr 的值变为 0。

2. 条件式信号赋值语句

条件式信号赋值语句 when-else 是同时并行执行的语句，它的语法格式如下：

```
目的信号量<= 表达式 1   when  条件 1
    else   表达式 2   when  条件 2
    else   表达式 3   when  条件 3
                    …
    else   表达式 n-1   when  条件 n-1
    else   表达式 n
```

【例 3.23】 使用 when-else 语句的例子。

```
block
  begin
   sel<=b & a;
   q<=     ain   when sel="00"
        else bin   when sel="01"
        else cin   when sel="10"
        else din   when sel="11"
        else '0';
  end block;
```

当满足某个条件时，将对应的表达式赋值给目标信号。注意：为了充分考虑所有可能出现的条件，最后的 else 项是必须的，以满足程序的完全性。

3. 选择式信号赋值语句

选择式信号赋值语句 with-select 是 VHDL 中的一种条件语句，它可以根据不同的条件执行不同的操作。它的语法格式如下：

```
with  表达式  select
目的信号量<= 表达式 1   when  条件 1，
            表达式 2   when  条件 2，
                         …
            表达式 n   when  条件 n，
              其他值     when others;
```

【例 3.24】 使用 with-select 语句的例子。

```
block                                                   begin
 with  sel select
   q<=     ain   when sel="00",
           bin   when sel="01",
           cin   when sel="10",
           din   when sel="11",
                '0' when others;
end block;
```

当表达式的值等于某个条件值时，对应的语句会被执行；当表达式的值不等于任何一个条件值时，则 others 对应的语句会被执行。注意：当使用 with-select 时，必须要考虑所有可能出现的条件，所以必须要加上 others 分支。

3.4.6　元件调用

在 VHDL 中，元件调用是指在设计中使用已经定义好的模块或子程序。这些模块或子程序可以是标准的 VHDL 库元件，也可以是自定义的元件。元件调用包含元件说明和元件例化两个步骤。

1. 元件说明

元件说明一般出现在 architecture 和 begin 之间，对需要调用的模块进行说明。使用关键字 component 进行定义，即将所调用模块的实体部分 entity 替换为 component，其他端口定义部分保留，其具体定义格式如下：

```
component <实体名>
    [generic(<类属表>) ; ]
    port(<端口名>);
end component;
```

2. 元件例化

元件例化语句在构造体里包括参数映射和端口映射两部分内容，其具体定义格式如下：

```
<标号名>:<元件名>
[ generic map(<类属关联表>)]
  port map(<端口关联表>);
```

1) 参数映射语句(generic map)

假设 and2 元件是一个带传输延迟时间参数的二输入与门电路，其逻辑实现电路 VHDL 代码如下：

```
entity and2 is
    generic (delay:time := 10ns);
    port(a, b:in bit;c:out bit);
end and2;
architecture behav of and2 is
begin
    c  <= a and b after delay;
end behav;
```

现要调用 u1、u2、u3 共 3 个与门，且它们的传输延迟时间要求分别为 5 ns、10 ns、12 ns。

【例 3.25】 参数映射的元件调用例子。

```
entity exam is
    port(ina, inb, inc, ind:bit;q:out bit);
end exam;
architecture behav of exam is
   component and2
     generic (delay:time);
     port(a, b:in bit;c:out bit);
   end component;
   signal sl, s2:bit;
begin
    u1:and2 generic map(5ns)   port map(ina, inb, sl);
```

```
        u2:and2 generic map(10ns) port map(inc，ind，s2);
        u3:and2 generic map(12ns) port map(s1，s2，q);
    end behav;
```

2) 端口映射语句(port map)

端口映射包括位置映射和名称映射两种方式。

(1) 位置映射方式。位置映射方式是按照元件模块的端口顺序依次对应调用模块的信号。对前面 and2 进行位置映射方式元件例化，可以使用“u1:and2 port map(ina，inb，s1);”语句实现，即在 u1 中，ina、inb 和 s1 分别对应 a、b 和 c。

(2) 名称映射方式。名称映射方式是按照元件模块的端口名称将调用模块的信号与之匹配，即需要写出信号和端口的对应关系。对前面 and2 进行名称映射方式元件例化，可以使用“u1:and2 port map(a=>ina，b=>inb，c=>s1);”或“u1:and2 port map(b=>inb，a=>ina，c=>s1);”语句实现。

3.5　VHDL 描述方式

根据结构体对基本设计单元的输入、输出关系，VHDL 结构体具有行为描述、RTL 描述和结构描述等三种不同的描述方式。

3.5.1　行为描述方式

行为描述方式是指对系统数学模型的抽象描述，只描述电路的功能，不直接指明或涉及这些行为的硬件结构。行为级描述的设计模型定义了系统的行为，通常由一个或多个进程构成，每一个进程又包含了一系列的顺序语句。

根据 1 位全加器真值表(见表 3.7)，采用行为描述方式进行设计，具体的 VHDL 代码如例 3.26 所示。

表 3.7　1 位全加器真值表

输　入			输　出	
c_in	x	y	c_out	sum
0	0	0	0	0
0	0	1	0	1
0	1	0	0	1
0	1	1	1	0
1	0	0	0	1
1	0	1	1	0
1	1	0	1	0
1	1	1	1	1

【例 3.26】 1 位全加器 VHDL 行为级描述代码。

```
LIBRARY IEEE;
USE IEEE.STD_LOGIC_1164.ALL;
ENTITY full_adder IS
  GENERIC(tpd : TIME := 10 ns);
  PORT(x，y，c_in : IN STD_LOGIC;
        Sum, c_out : OUT STD_LOGIC);
END full_adder;
ARCHITECTURE behav OF full_adder IS
BEGIN
 PROCESS (x, y, c_in)
VARIABLE   n: INTEGER;
CONSTANT sum_vector: STD_LOGIC_VECTOR (0 TO 3) := "0101";
CONSTANT carry_vector: STD_LOGIC_VECTOR (0 TO 3) := "0011";
BEGIN
        n := 0;
        IF x = '1'   THEN
           n := n+1;
        END IF;
        IF y = '1'   THEN
           n:=n+1;
        END IF;
        IF c_in = '1'   THEN
           n:=n+1;
        END IF;                       --   (0 TO 3)
        sum <= sum_vector (n);        -- sum_vector 初值为"0101"
        c_out <= carry_vector (n);    -- carry_vector 初值为"0011"
    END PROCESS;                      -- (0 TO 3)
END behav;
```

由例 3.26 可以得到，采用行为描述方式的程序不是从设计实体的电路组织和门级实现完成设计的，而是着重设计正确的实体行为、准确的函数模型和精确的输出结果。在行为描述方式的程序中，大量采用了算术运算、关系运算、惯性延时、传输延时等难以进行逻辑综合和不能进行逻辑综合的 VHDL 语句，在一般情况下只能用于行为层次的仿真，而不能进行逻辑综合。随着设计技术的发展，Cadence、Synopsys 等 EDA 工具能够自动完成行为综合，可以把行为描述转换为数据流描述方式。

3.5.2 RTL 描述方式

RTL(寄存器传输)描述又称为数据流描述，采用寄存器与硬件一一对应的直接描述，或者采用寄存器之间的功能描述。RTL 描述方式建立在并行信号赋值语句描述的基础上，描述数据流的运动路径、运动方向和运动结果。RTL 描述方式既可描述时序电路，又可描述组合电路。RTL 描述方式是真正可以进行逻辑综合的描述方式。

RTL 描述方式能比较直观地表述底层逻辑行为。对于全加器，其逻辑功能用布尔方程描述如下：

```
s = x XOR y
sum = s XOR c_in
c_out = (x AND y) OR (s AND c_in)
```

【例 3.27】 基于上述布尔方程的 VHDL RTL 描述方式的代码。

```
LIBRARY IEEE;
USE IEEE.STD_LOGIC_1164.ALL;
ENTITY addr1b IS
PORT(x，y，c_in:IN BIT;
       sum，c_out:OUT BIT);
END addr1b;
ARCHITECTURE art OF addr1b IS
sum<= x XOR y XOR c_in;
c_out<=(x AND y)OR (x AND c_in) OR (y AND c_in);
END art;
```

使用 RTL 描述方式应注意“X”状态的传递和寄存器描述的限制两个方面的问题。

1. “X”状态的传递

“X”状态的传递是指不确定信号的传递，它将使逻辑电路产生不确定的结果。“不确定状态”在 RTL 仿真时是允许出现的，但在逻辑综合后的门级电路仿真中是不允许出现的。下面两个程序中，当 sel='X'时，前一个输出的 y 值为 1，后一个却变成了 0。

```
PROCESS (sel)
  BEGIN
    IF(sel='1')THEN
      y<='0';
    ELSE
      y='1' ;
    END IF;
END PROCESS;
```

```
PROCESS (sel)
  BEGIN
    IF(sel='0')THEN
      y<='1' ;
  ELSE
      y='0';
  END IF;
END PROCESS;
```

采用以下程序结构可避免“X”状态的传递。具体通过增加 else 分支，即在确定性分支之外增加其他不确定信息的处理，避免不确定状态的传递。

```
PROCESS (sel)
    BEGIN
        IF (sel='1')THEN
              y<='0';
        ELSIF (sel='0')THEN
              y<='1' ;
        ELSE
              y<='X';
        END   IF;
    END   PROCESS;
```

2. 寄存器描述的限制

(1) 禁止在一个进程中存在两个边沿检测的寄存器描述，即在同一个进程里面只能存在一个边沿检测语句。因此下面代码的描述方法是不正确的。

```
PROCESS (clk1, clk2)
    BEGIN
        IF (clk1 'EVENT AND clk1='1') THEN
            y<=a;
        END IF;
        IF (clk2 'EVENT AND clk2='1') THEN
            z<=b;
        END IF;
    END PROCESS;
```

(2) 禁止边沿检测 IF 语句中的 ELSE 选项，因为没有这样的硬件电路与之对应。

```
PROCESS(clk)
    BEGIN
        IF (clk'EVENT AND clk='1') THEN
            y<=a;
        ELSE                                        -- 禁止使用
            y<=b;
        END IF;
    END PROCESS;
```

(3) 寄存器描述中必须代入信号值。在边沿检测里面必须使用信号量，不能使用局部的变量。因此下面的代码描述是错误的。

```
PROCESS (clk)
    VARIABLE   tmp: STD_LOGIC;
    BEGIN
```

```
        IF (clk'EVENT AND clk= ' 1') THEN
            tmp:=a;
        END IF;
            y<=tmp;
    END PROCESS;
```

3.5.3　结构描述方式

结构描述方式是描述该设计模块的硬件结构。在多层次的设计中，常采用结构描述方式在高层次的设计模块中调用低层次的设计模块，或者直接用门电路设计单元构造一个复杂的逻辑电路。编写结构描述程序可模仿逻辑图的绘制方法。结构描述方式通常采用元件例化语句和生成语句编写程序。编写结构描述程序的主要步骤如下：

(1) 绘制框图。先确定当前设计单元中需要用到的子模块的种类和个数。对每个子模块用一个图符(称为实例元件)来代表，只标出其编号、功能和接口特征(端口及信号流向)，而不关心其内部细节。

(2) 元件说明。每种子模块分别用一个元件声明语句来说明。

(3) 信号说明。为各实例元件之间的每条连接线都起一个单独的名称，称为信号名称。利用 SIGNAL 语句对这些信号分别予以说明。

(4) 元件例化。根据实例元件的端口与模板元件的端口之间的映射原理，对每个实例元件均可写出一个元件例化语句。

(5) 添加必要的框架，完成整个设计文件。

对于图 3.3 给出的全加器结构，可以认为它是由 2 个半加器和 1 个或门组成的。首先设计 1 位半加器，具体的 VHDL 代码如下：

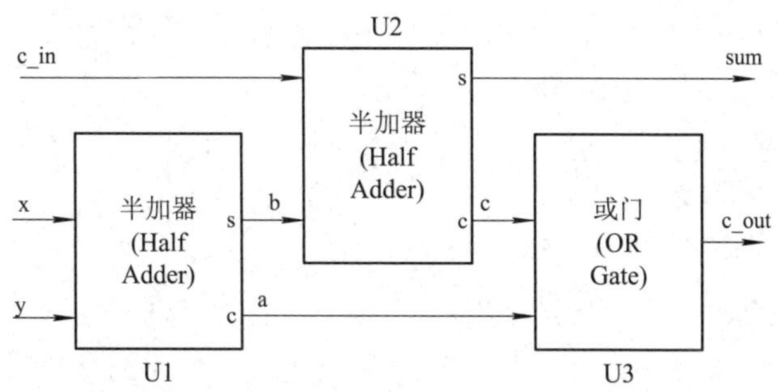

图 3.3　结构描述方式的全加器

```
LIBRARY IEEE;
USE IEEE.STD_LOGIC_1164.ALL;
ENTITY half_adder IS
  GENERIC(tpd:TIME:=10 ns);
PORT(in1, in2: IN STD_LOGIC;
        sum, carry: OUT STD_LOGIC);
END half_adder;
```

```
ARCHITECTURE behavioral OF half_adder IS
BEGIN
PROSESS (in1, in2)
BEGIN
 sum <= in1 XOR in2;
 carry <= in1 AND in2;
END PROCESS;
END behavioral;
```

然后设计 2 输入或门逻辑，具体的 VHDL 代码如下：

```
LIBRARY IEEE;
USE IEEE.STD_LOGIC_1164.ALL;
ENTITY or_gate IS
  GENERIC(tpd:TIME:=10 ns);
  PORT (in1, in2: IN STD_LOGIC;
          out1: OUT STD_LOGIC);
END or_gate;
ARCHITECTURE structural OF or_gate IS
BEGIN
          out1 <= in1 OR in2 AFTER tpd;
END structural;
```

【例 3.28】 设计 1 位全加器 VHDL 结构描述方式的代码(见图 3.3)。在构造体内部首先声明需要调用的半加器和或门元件。然后定义模块间参数传递需要的信号。根据结构描述方法对调用的元件进行例化。

```
LIBRARY IEEE;
USE IEEE.STD_LOGIC_1164.ALL;
ENTITY full_adder IS
GENERIC(tpd:TIME:=10 ns);
  PORT(x, y, c_in: IN STD_LOGIC;
          sum, c_out: OUT STD_LOGIC);
END full_adder;
ARCHITECTURE structural OF full_adder IS
  COMPONENT half_adder
     PORT(in1, in2: IN STD_LOGIC;
           sum, carry: OUT STD_LOGIC);
 END COMPONENT;
 COMPONENT or_gate
  PORT(in1, in2: IN STD_LOGIC;
        out1: OUT STD_LOGIC);
END COMPONENT;
```

```
SIGNAL a, b, c:STD_LOGIC;
BEGIN
   u1: half_adder PORT MAP (x, y, b, a);
   u2: half_adder PORT MAP (c_in, b, sum, c);
   u3: or_gate PORT MAP (c, a, c_out);
END structural;
```

由例 3.28 可得，对于一个复杂的电子系统，可以将其分解为若干个子系统，每个子系统再分解成模块，形成多层次设计。在多层次设计中，每个层次都可以作为一个元件，再构成一个模块或系统，可以先分别仿真每个元件，然后再整体调试。所以说结构化描述不仅是一种设计方法，而且是一种设计思想，是大型电子系统高层次设计的重要手段。

表 3.8 对结构体的三种描述方式进行了比较，总结了三种描述方式的优缺点及适用场合。

表 3.8　结构体三种描述方式的比较

描述方式	优　点	缺　点	适用场合
行为描述方式	电路特性清楚	综合效率低	大型复杂电路设计
RTL 描述方式	布尔函数定义清楚	不易描述复杂电路，修改困难	少量门数模块设计
结构描述方式	连接关系清晰，电路模块化清晰	电路烦琐、复杂，不易理解	电路层次化设计

习　　题

1. VHDL 的数据对象包括哪些？
2. VHDL 的数据类型包括哪些？
3. 哪些语句是顺序语句？哪些语句是并行语句？
4. VHDL 的描述方式包括哪三种？具体有哪些区别？
5. 信号与变量的区别有哪些？
6. 进程和子程序之间的区别是什么？
7. 简述 VHDL 程序设计的基本结构。
8. 简述 VHDL 如何实现数据位的拼接。

第 4 章

FPGA 设计开发技术

本章主要介绍 FPGA 的设计与开发技术。首先，对 FPGA 的原理和结构进行分析，使读者了解 FPGA 的内部结构及工作原理；然后，描述 FPGA 的开发流程，读者根据开发流程的步骤可完成 FPGA 的应用开发；最后，详细介绍 FPGA 的集成开发环境——Vivado 软件的操作和使用。

4.1 FPGA 结构分析

4.1.1 PLD 原理与结构

PLD(Programmable Logic Devices，可编程逻辑器件)是厂家作为一种通用型器件生产的半定制电路。用户利用软、硬件开发工具对器件进行设计和编程，通过配置、更改器件内部的逻辑单元和连接结构，从而可以实现所需要的逻辑功能。

PLD 的基本原理是任何组合逻辑均可化为与或表达式，从而用与门-或门电路来实现；任何时序电路可由组合电路加上存储元件(触发器)构成。理论上，PLD 器件采用与或阵列、寄存器及可灵活配置的互连线实现任何数字的逻辑电路。

图 4.1 是 PLD 的基本结构图，包括输入缓冲电路、与阵列、或阵列、输出缓冲电路。与阵列和或阵列为主体，实现各种逻辑函数和逻辑功能；输入缓冲电路用于增强输入信号的驱动能力，产生输入信号的原变量和反变量；输出缓冲电路可以对输出信号进行处理，能输出组合逻辑信号和时序逻辑信号。输出缓冲一般含有三态门和寄存器单元。

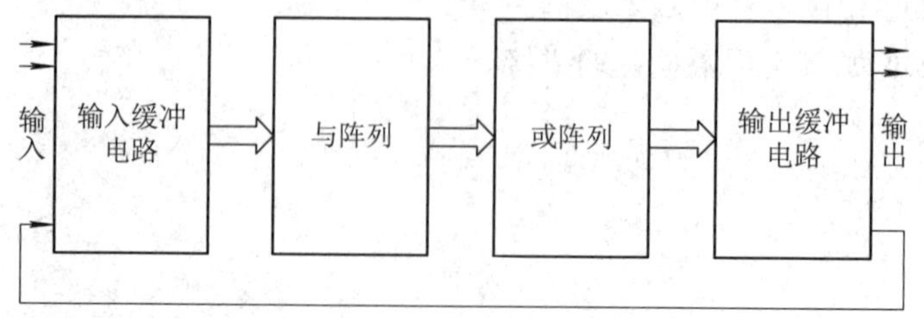

图 4.1　PLD 的基本结构图

4.1.2 CPLD 原理与结构

CPLD(Complex Programmable Logic Device，复杂可编程逻辑器件)是阵列型高密度可

编程控制器，由宏功能模块、I/O 控制块、连线阵列三部分组成，如图 4.2 所示。

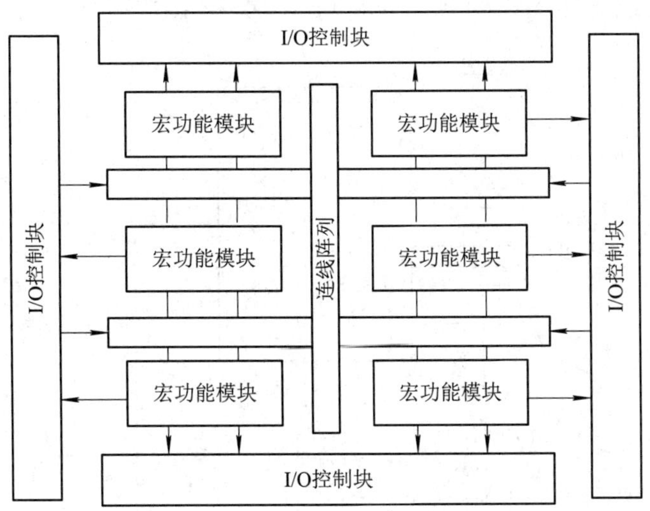

图 4.2　CPLD 结构图

1. 宏功能模块

宏功能模块(宏单元)一般包含逻辑阵列(可编程的与阵列、固定的或阵列)、可编程寄存器、数据选择器、异或门、三态门等。图 4.3 所示为宏功能模块结构图。

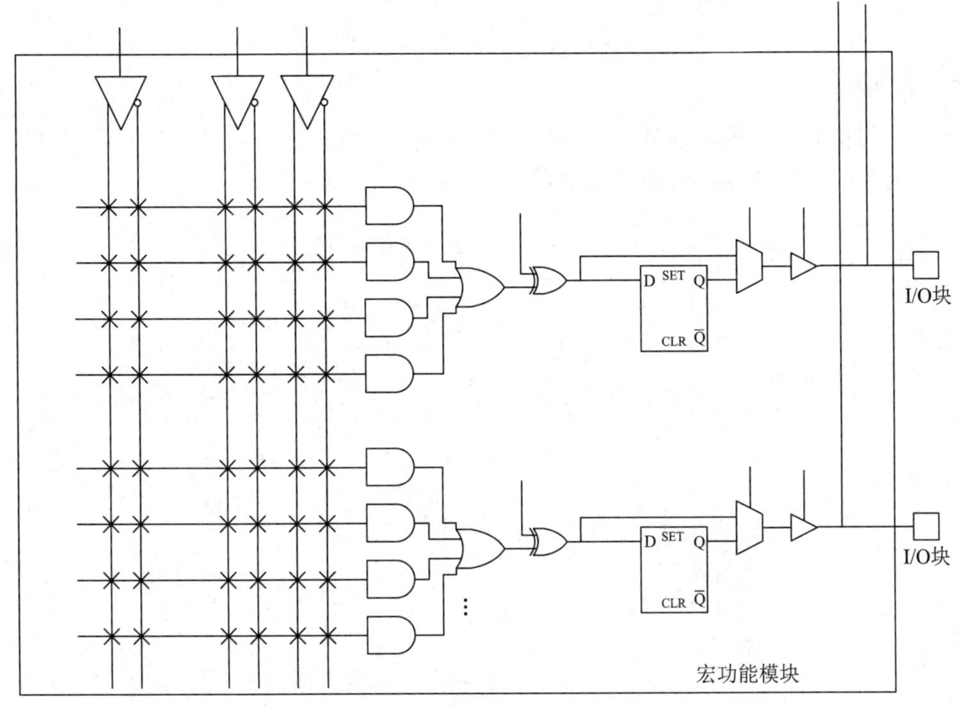

图 4.3　宏功能模块结构图

2. I/O 控制块

I/O 控制块的作用是以合适的电平(如 TTL、CMOS、ECL、PECL 或 LVDS)把内部信号驱动到 CPLD 器件的外部引脚上，或将外部来的信号送到器件内部。每个 I/O 可被独立地配置为输入、输出或双向。图 4.4 所示为 I/O 控制块基本结构图。

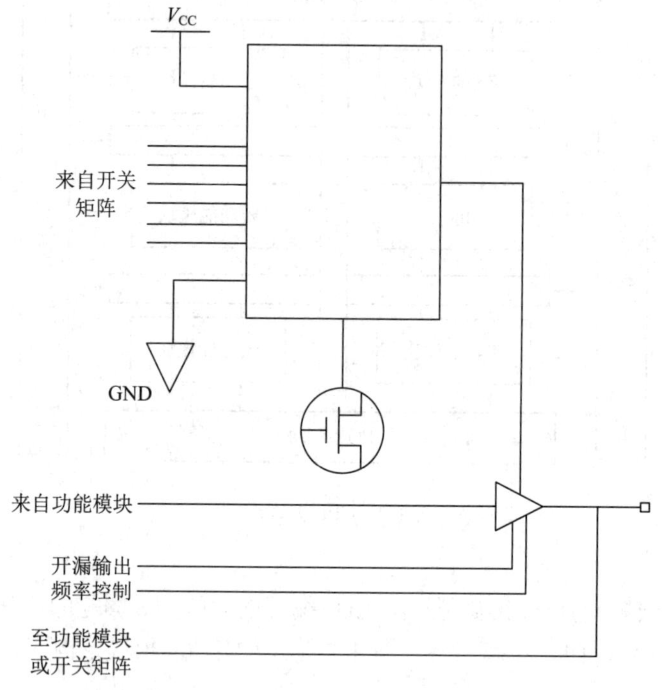

图 4.4　I/O 控制块基本结构图

3. 连线阵列

连线阵列将信号从器件的各个部分传递到器件的其他部分，如图 4.5 所示。信号通过芯片的延迟时间可通过连接线的长度确定。

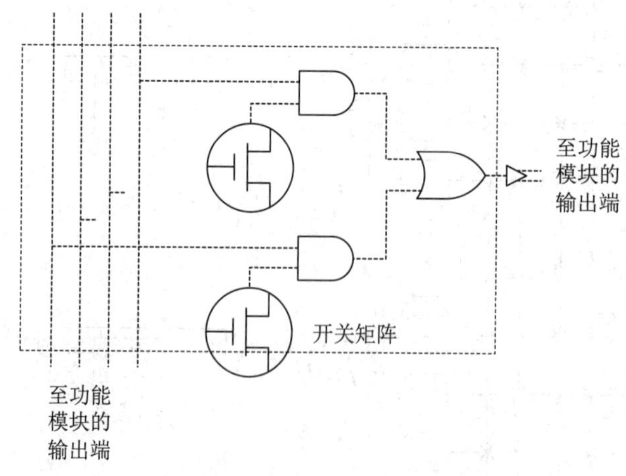

图 4.5　连线阵列

4.1.3 FPGA 原理与结构

FPGA 的基本结构包括可编程逻辑模块(Configurable Logic Block，CLB)、可编程输入/输出模块(Input Output Block，IOB)、可编程互连资源(Interconnect Resource，IR)，如图 4.6 所示。

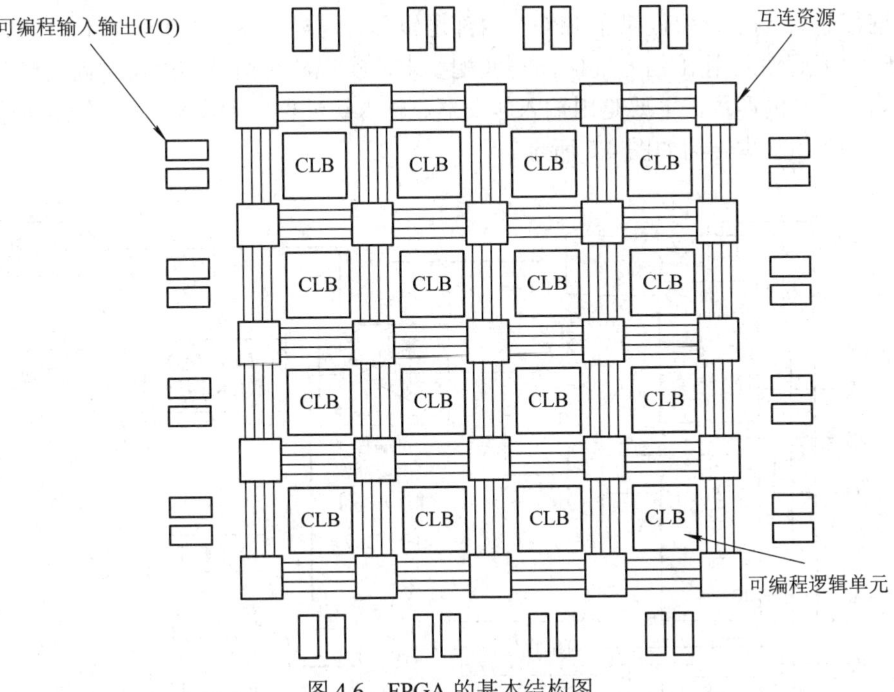

图 4.6　FPGA 的基本结构图

1. 可编程逻辑模块

可编程逻辑模块由若干基本逻辑单元(Basic Logic Element，BLE)通过门电路串联而成。BLE 是 FPGA 的基本结构单元，由一个基于查找表 (Look Up Table，LUT)结构的 K 输入逻辑函数发生器和一个 D 触发器构成。

输出连接到多路选择器 MUX 以决定是组合输出还是时序输出：与寄存器相连的输出是时序输出，直接连接多路选择器的输出则是组合输出。

LUT 本质上就是一个 RAM。每一个 LUT 可以看成一个有 4 位地址线的 16 × 1 的 RAM。目前，FPGA 中多使用 4 输入的 LUT，具体结构如表 4.1 所示。

表 4.1　输 入 与 门

实际逻辑电路		查找表(LUT)实现方式	
A B C D & F		A B C D 16 × 1的RAM LUT F	
输入 ABCD	输出 F	地址	RAM 中的内容
0000	0	0000	0
0001	0	0001	0
0010	0	0010	0
…	0	…	0
1111	1	1111	1

2. 可编程输入/输出模块

可编程输入/输出模块提供了 FPGA 内部逻辑阵列与外围器件之间的接口连接，完成不同电气特性下对输入/输出信号的驱动与匹配要求，实现芯片内部与外围电路的通信。IOB 通常排列在芯片的四周，主要是由输入触发器、输入缓冲器、输出触发/锁存器和输出缓冲器组成。IOB 的基本结构如图 4.7 所示。

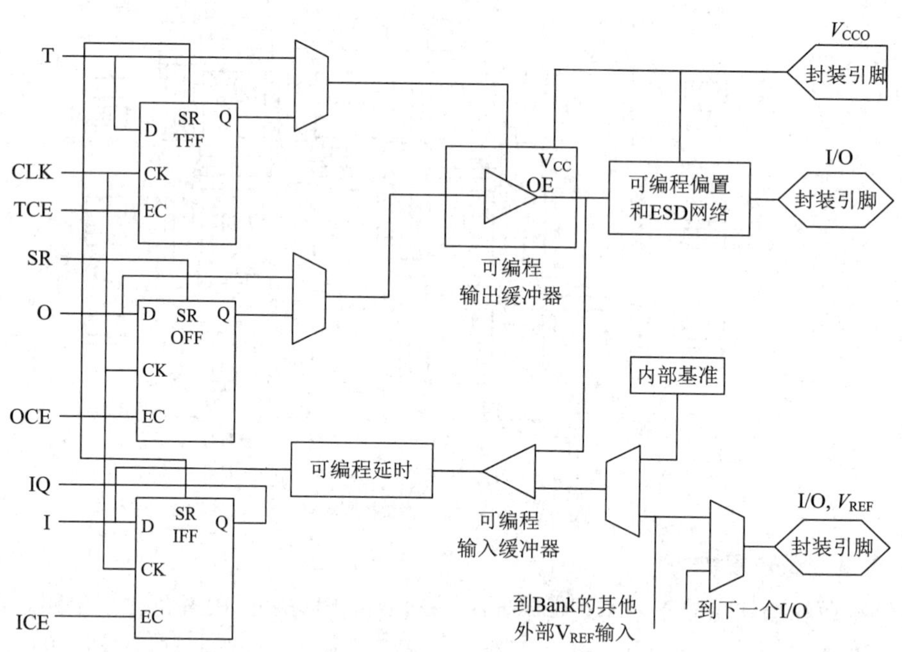

图 4.7　IOB 的基本结构图

3. 可编程互连资源

可编程互连资源包括各种长度的连线线段和一些可编程连接开关。连线通路的数量与器件内部阵列的规模有关，阵列规模越大，连线数量越多。互连线按相对长度分为单线、双线和长线三种。IR 的基本结构如图 4.8 所示。

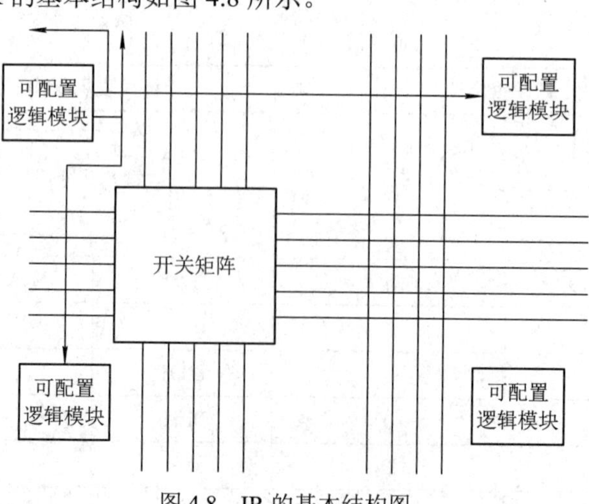

图 4.8　IR 的基本结构图

4.2　FPGA 开发流程

基于 FPGA 的开发流程图如图 4.9 所示。首先设计者需要进行 FPGA 功能的需求分析，然后进行电路功能设计。根据任务需求和设计方案，设计者进行设计开发。利用 EDA(Electronic Design Automation，电子设计自动化)开发工具完成设计输入、逻辑综合、布局布线、FPGA 编程调试等步骤。在完成设计输入后便可进行仿真验证。为了确保功能的完整性和可靠性，设计者需要在每个步骤都进行仿真验证和设计优化。经过仿真验证正确后，则生成下载配置文件烧录到实际 FPGA 器件中，进行板级的调试工作。各级仿真验证不是 FPGA 开发过程中的必需步骤，但是要设计出满足系统功能和性能需求的 FPGA 系统，仿真验证却是比较关键的一步。整个 FPGA 开发过程是不断迭代优化过程，其开发流程图如图 4.9 所示。

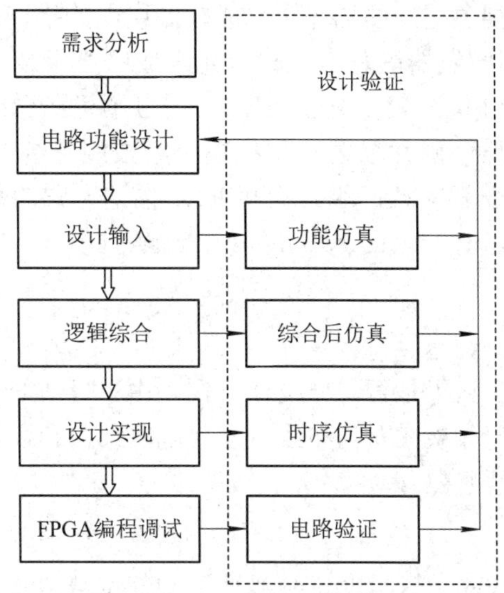

图 4.9　基于 FPGA 的开发流程图

1. 需求分析

在 FPGA 设计之前首先要分析系统任务的需求，了解系统功能需求和性能要求，明确所要设计系统的功能要求以及要达到的技术指标。

2. 电路功能设计

根据需求分析结果，对系统工作速度和 FPGA 器件本身的各种资源、成本等方面进行权衡，选择合适的 FPGA 器件。根据系统要求进行系统电路方案设计，将整个系统分解为多个功能模块，考虑模块之间的参数及信号传递关系。

3. 设计输入

设计输入是将所设计的系统电路按照 FPGA 开发软件要求输入到 FPGA 开发软件的过程。不同厂家的 FPGA 芯片使用的开发工具也不同。常用的 FPGA 开发软件是 Intel 公司的 Quartus Prime 软件和 Xilinx(赛灵思)公司的 Vivado 软件。常用设计输入的方式是硬件描述语言和原理图输入。原理图输入方式从 FPGA 支持的元件库或用户自定义元件库里面调用所需的器件 IP 核进行电路原理图设计。这种方式以图形化方式表示电路逻辑结构，比较直观，但是可移植性差，模块难以重用。目前，主流的硬件描述语言是 Verilog HDL 和 VHDL。硬件描述语言与芯片工艺无关，具有可移植性强和开发效率高等优点。

4. 功能仿真

功能仿真也称前仿真，指在逻辑综合之前对用户所设计的电路进行逻辑功能验证。仿真前需要建立测试向量(即所需输入信号组合成的测试序列)，仿真结果将输入信号和输出信号的波形显示出来，并生成相应的报告文件，可以观测输出信号是否满足功能需求。如果发现输出信号不满足要求，则返回设计输入或电路功能设计阶段进行修改。常用仿真工具有明导国际(Mentor Graphics)公司的 ModelSim 和新思科技(Synopsys)公司的 VCS 等仿真软件。

5. 逻辑综合

逻辑综合是将较高级抽象层次的描述转化成较低层次的描述，将设计输入转化成由与门、或门、非门、RAM、触发器等基本逻辑单元组成的逻辑连接网表。并不是所有的设计输入都可以综合成门级结构网表，关于 VHDL 语言不可综合的用法见第三章。为了能转换成标准的门级结构网表，硬件描述语言程序必须按照符合特定综合器所要求方式进行设计。所有厂家的综合器都支持门级结构和 RTL 描述方式的硬件描述语言程序。常用的综合工具有 Synplicity 公司的 Synplify/Synplify Pro 软件以及各个 FPGA 厂商的综合开发工具。

6. 综合后仿真

综合后仿真是检查综合结果是否与原设计一致。由于目前的综合工具较为成熟，一般的设计可以省略这一步，但如果在布局布线后发现电路结构和设计意图不相符，则需要回溯到综合后仿真来确认问题所在。

7. 设计实现

设计实现是将综合生成的逻辑网表映射到目标 FPGA 结构资源，通过开发工具集成的布局优化算法选择最优的逻辑布局，利用布线优化算法和 FPGA 连线资源实现功能模块的逻辑连接。布局布线必须采用芯片开发商提供的实现工具。布局布线结束后，EDA 软件工具会自动生成设计实现的相应报告，包括各部分资源的使用情况、时序逻辑关系、功耗信息等内容。

8. 时序仿真

时序仿真也称后仿真，是指将布局布线的延时信息反标注到设计网表中来检测有无时序违规(即不满足 FPGA 器件固有的时序规则或时序约束条件，如信号的建立时间或保持时间等)现象。通过时序仿真，分析系统的逻辑时序关系，可以对系统的性能进行有效评估。根据时序仿真结果进行系统优化，可以提高系统的性能和可靠性。

9. FPGA 编程调试

FPGA 编程调试是产生 FPGA 使用的位数据流文件(后缀为.bit 或.bin)，并将该文件编程下载到 FPGA 芯片中。根据设计需求进行调试测试。

10. 电路验证

电路验证也称板级验证，利用板上的外围电路资源(按键、LED、LCD 等输入/输出设备)辅助测试所设计的系统逻辑电路功能。逻辑信号的监测可以通过外接的逻辑分析仪(Logic Analyzer，LA)或者内嵌的在线逻辑分析仪(如 Vivado 软件中的 ILA 或者 Quartus Prime 软件中的 SignalTap Ⅱ)。如不满足系统设计需求，则需要重新设计电路功能，修改设计输入，重复上面的各个步骤。

4.3 Vivado 集成开发环境使用

Vivado 是一款由 Xilinx 公司开发的综合性设计软件，用于 FPGA 与 SoC 的设计、仿真和实现。它提供了一整套的设计工具，包括设计输入、综合、仿真、布局布线、时序分析、调试和验证等功能。Vivado 软件支持多种编程语言，包括 Verilog、VHDL 和 SystemVerilog 等，并且可以与其他 EDA 工具集成使用。Vivado 软件还提供了一些高级功能，如 IP 集成、高层次综合、部分重构和动态功耗分析等，可以帮助设计人员更快速、更高效地完成复杂的 FPGA 和 SoC 设计。

4.3.1 Vivado 软件使用

1. 新建工程

首先打开 Vivado 2018.3，点击“Create Project”创建新工程，如图 4.10 所示。

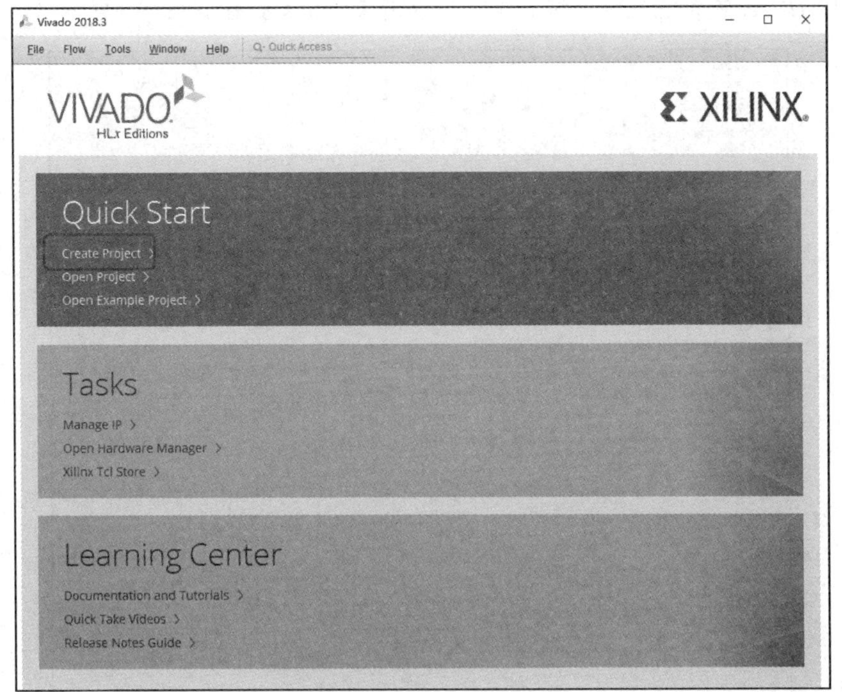

图 4.10　创建新工程

为新建的工程命名，注意工程路径和工程名称不能是中文，否则可能会引起编译综合错误，如图 4.11 所示。完成后点击【Next】按钮。

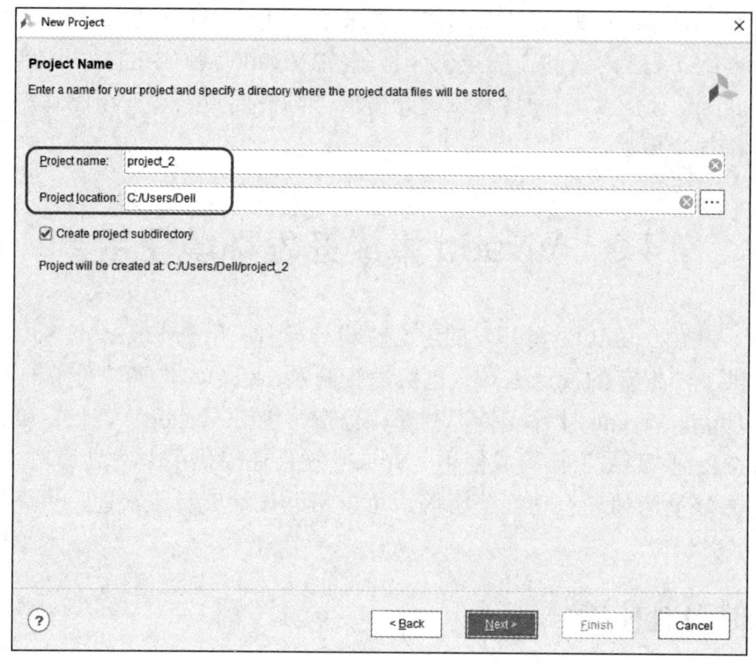

图 4.11　新工程命名

选择“RTL Project”，勾选“Do not specify sources at this time”选项，如图 4.12 所示，该选项表示以后再配置资源文件。选好了之后点击【Next】按钮。

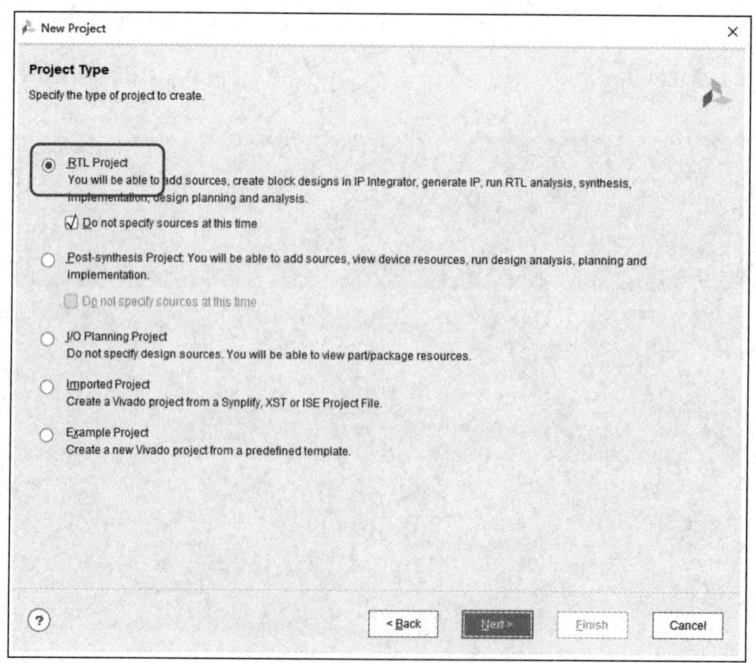

图 4.12　工程类型

可以通过 FPGA 芯片系列(Family)、封装(Package)和速率(Speed)筛选实验板对应的 FPGA 型号，或者直接输入“xc7k160tfbg676”搜索 FPGA 器件，如图 4.13 所示，然后点击【Next】按钮。

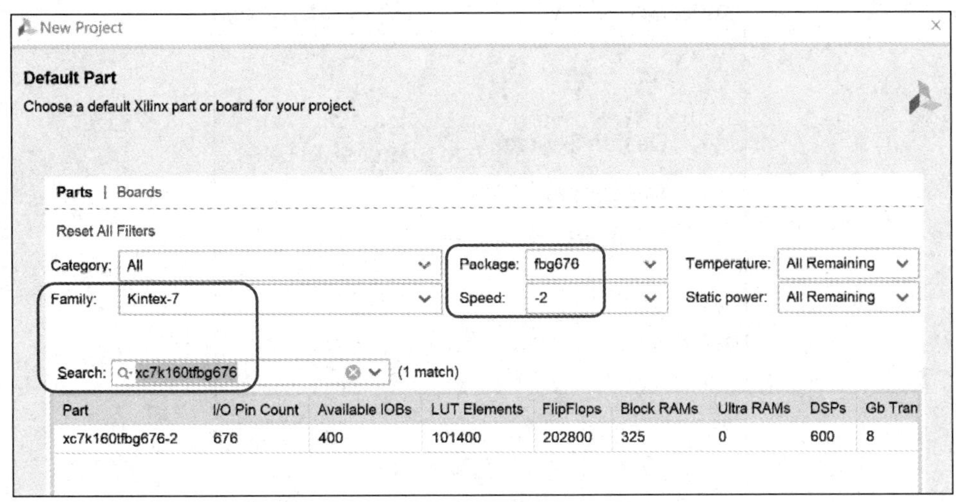

图 4.13　器件选型

点击【Finish】按钮即可完成工程的创建，如图 4.14 所示。

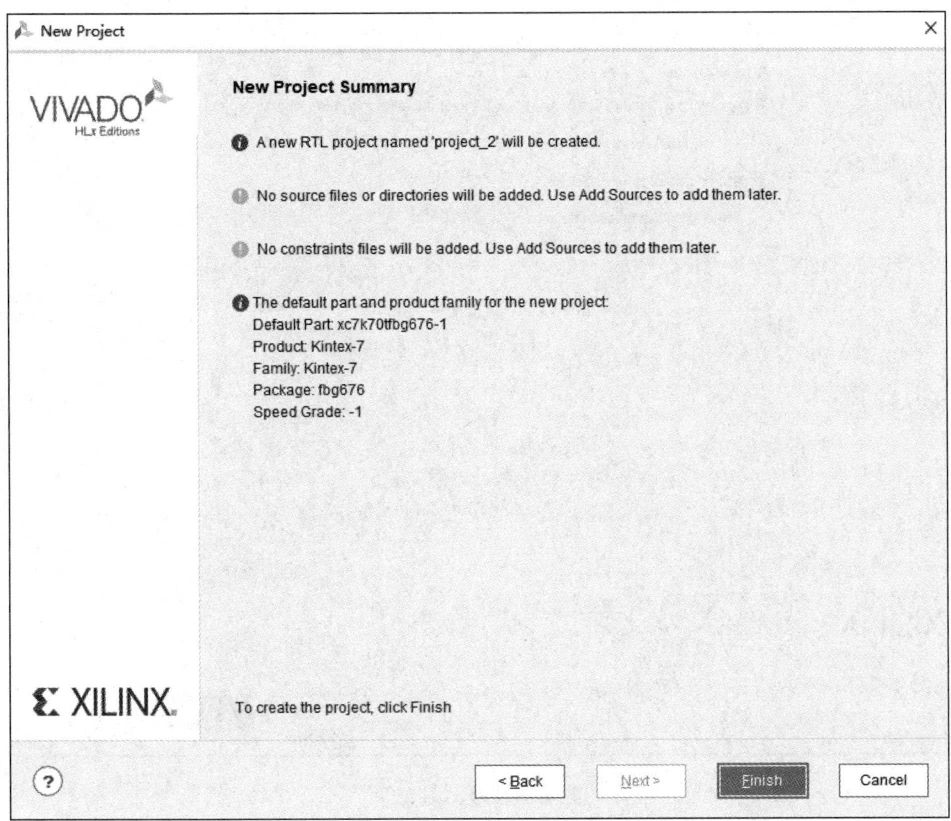

图 4.14　完全工程创建

2. 新建源文件

在新建的工程里可以进行设计开发。首先点击“+”新建/添加文件，如图 4.15 所示。

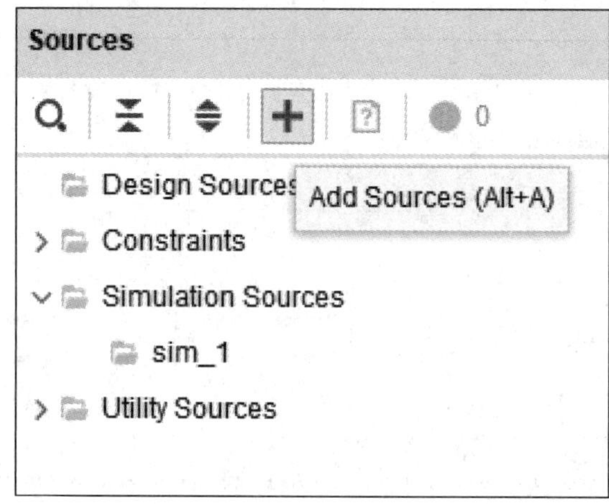

图 4.15　新建源文件

在“Add Sources”页面选择“Add or create design sources”选项，如图 4.16 所示，增加或者创建设计源文件。

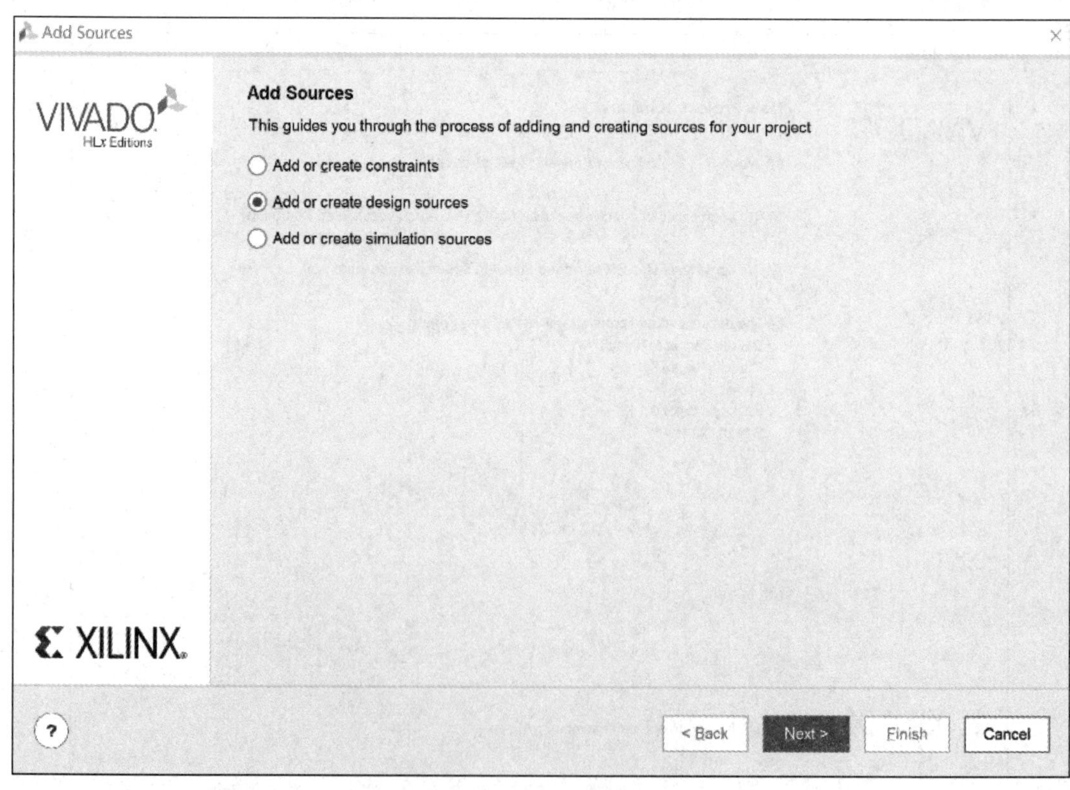

图 4.16　增加源文件

如果没有源文件则新建一个文件，若有源文件则可以加入当前工程，如图 4.17 所示。

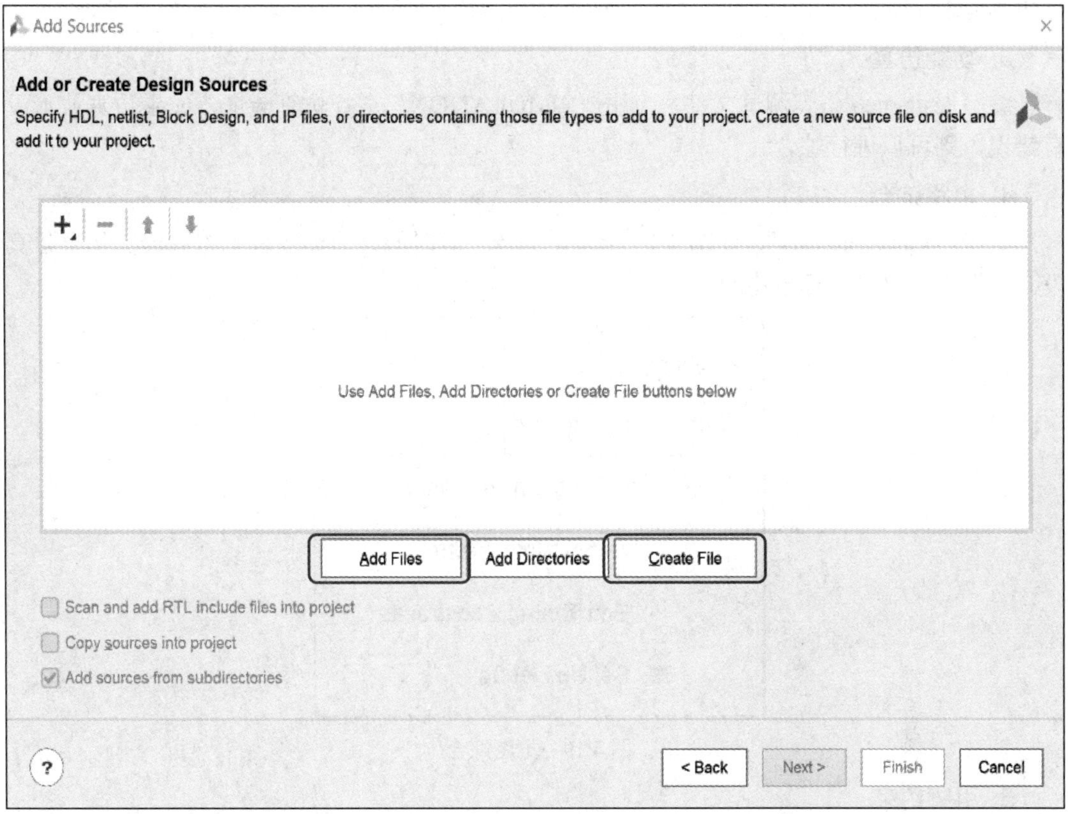

图 4.17　添加已有源文件

在创建源文件时，需要注意选择文件语言类型，如 VHDL 或 Verilog 语言，以及文件的名称，如图 4.18 所示。注意文件名称不能包含中文信息。

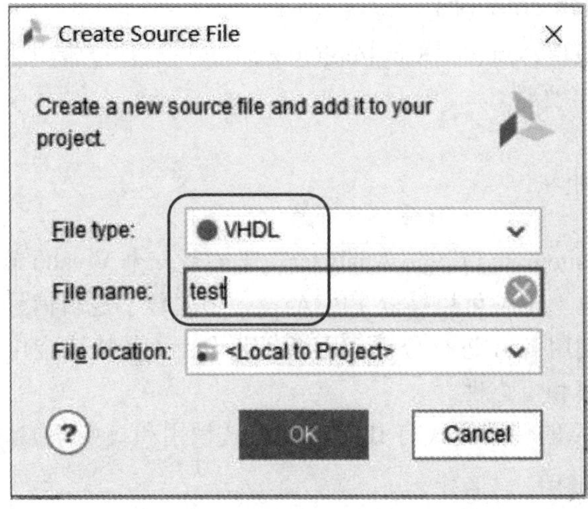

图 4.18　创建源文件

双击所建立的“Source”之后，就可以开始写程序了。程序编译没有问题后，可以进行仿真验证。

3. 功能仿真

编写 testbench 仿真测试文件，点击“SIMULATION”进行仿真验证，如果仿真波形没有错误，则可以进行综合。

4. 电路综合

点击“Run Synthesis”，如图 4.19 所示，等待一段时间，即可完成电路综合。如果仿真没有错误，则可以进行电路的布局布线。

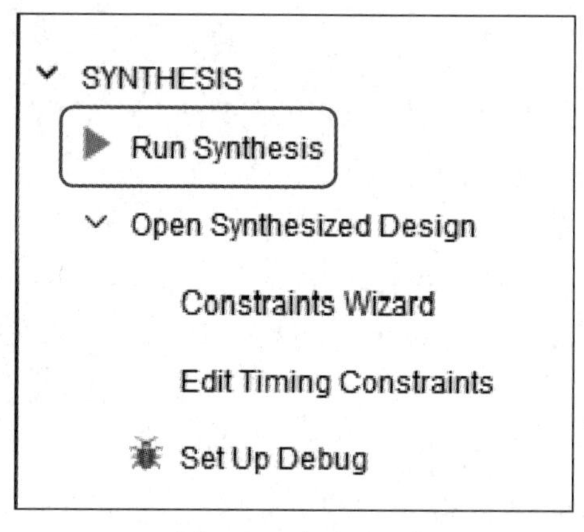

图 4.19　电路综合

5. 引脚约束

电路综合没有问题后，进行 FPGA 引脚分配。将逻辑电路的输入、输出引脚分配到 FPGA 的引脚上。点击“Open Synthesized Design”，如图 4.19 所示，进行引脚分配及电平约束。或者在创建文件的时候选择“Add or Create Constraints”创建引脚约束文件。

6. 电路执行(Implementation)

完成引脚分配约束后，点击“Run Implementation”进行逻辑电路的布局布线。编译无误后可以产生 bitstream 文件。

4.3.2　ILA 仿真验证

集成逻辑分析仪(Integrated Logic Analyzer，ILA)是一个 Vivado 软件集成的用于 FPGA 设计调试和分析的工具。ILA 可以捕获 FPGA 设计中的数字逻辑信号，并将其传输到计算机上进行分析。通过使用 ILA 进行分析，可以帮助设计人员快速定位和解决 FPGA 设计中的问题，提高设计效率和可靠性。

在 Vivado 中，ILA 的使用方式有 ILA IP 核方式调用和直接添加调试语句两种方式。

1. ILA IP 核方式调用

在 Vivado 中，打开 IP 核目录(IP Catalog)，在搜索框中输入 ILA(不区分大小写)进行搜索，双击选择 ILA IP 核，如图 4.20 所示。

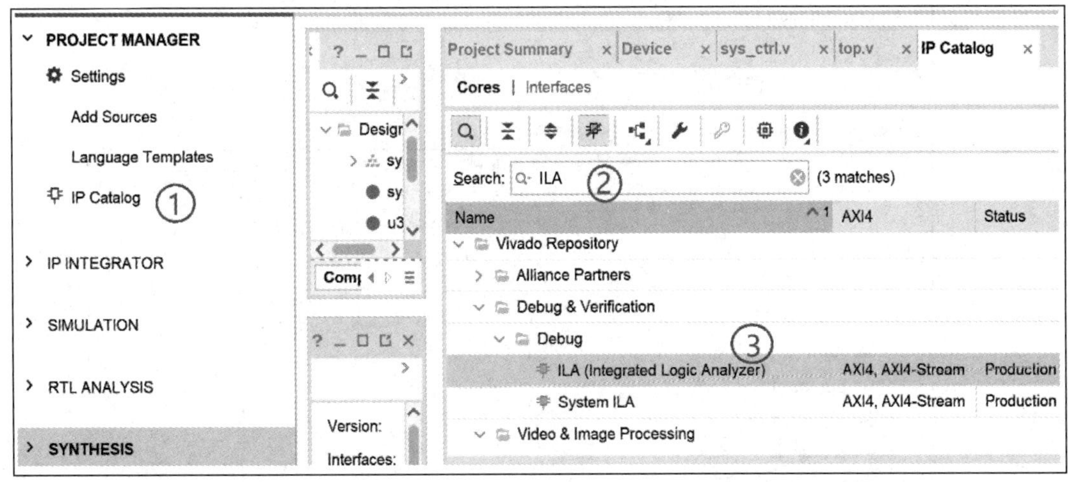

图 4.20　调用 ILA

打开 ILA 配置界面，可以对探针数量和采样深度进行设置。探针数根据要测量的信号数进行选择，如设置探针数量为 4，采样深度默认为 1024，如图 4.21 所示。

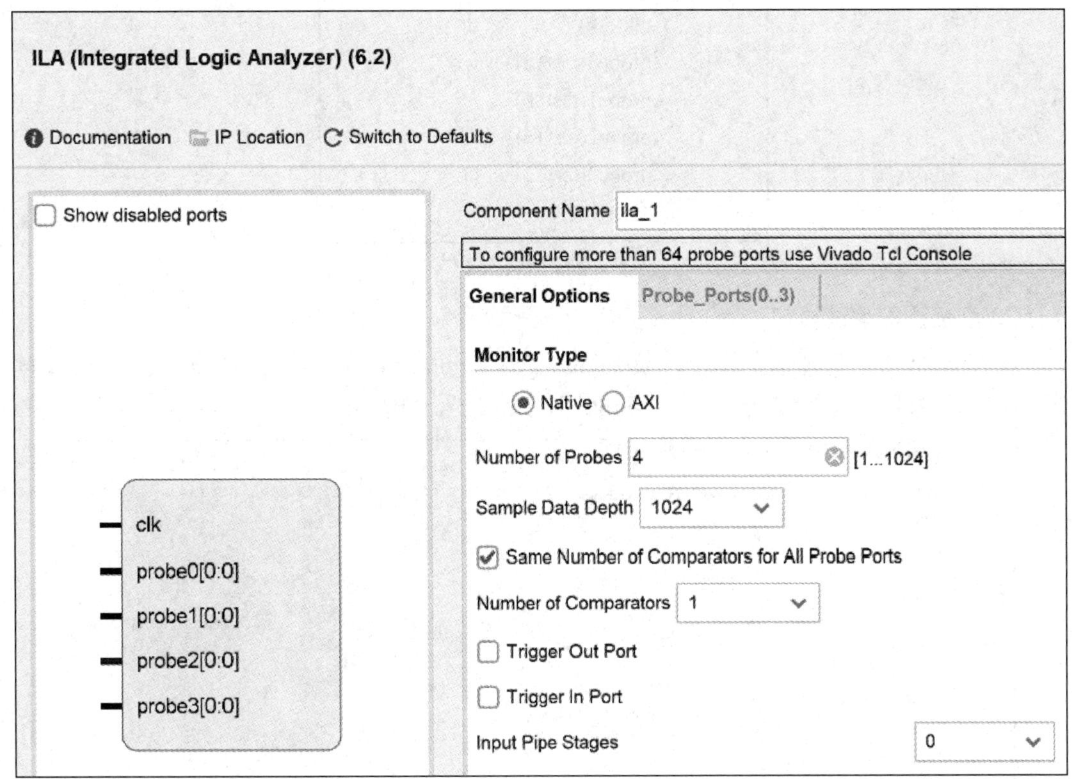

图 4.21　ILA 配置

根据测试信号的位宽对探针信号的位宽进行设置，如图 4.22 所示。设置完成后即可生成对应的 ILA IP 核和.V 文件，在需要测量的模块文件里面添加 ILA 例化代码即可，代码如图 4.23 所示。

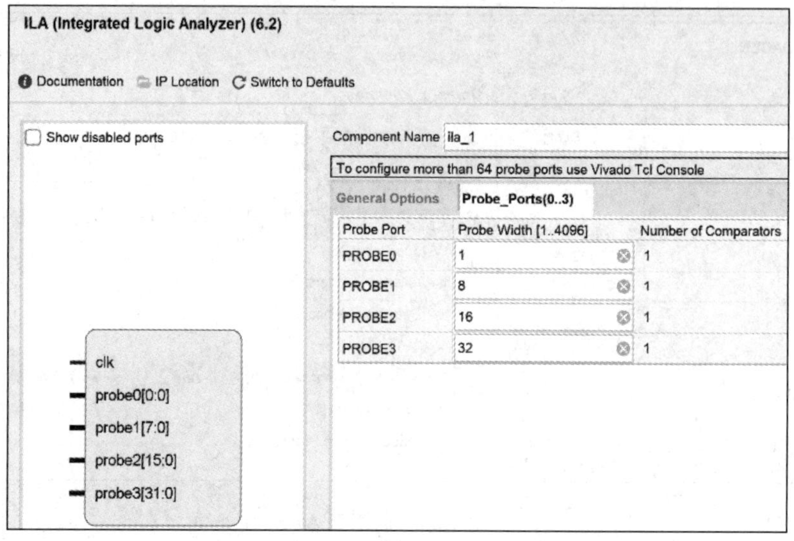

图 4.22　ILA 测试信号位宽设置

```
ila_0 uut_ila (
        .clk(clk),
        .probe0(test1b),
        .probe1(test8b),
        .probe2(test16),
        .probe3(test32)
);
```

图 4.23　ILA 例化

2. 直接添加调试语句

在 Vivado 中，打开语言模板目录(Language Templates)，在搜索框中输入 MARK(不区分大小写)，按图示位置找到“Mark Signal for Debug”，如图 4.24 所示。

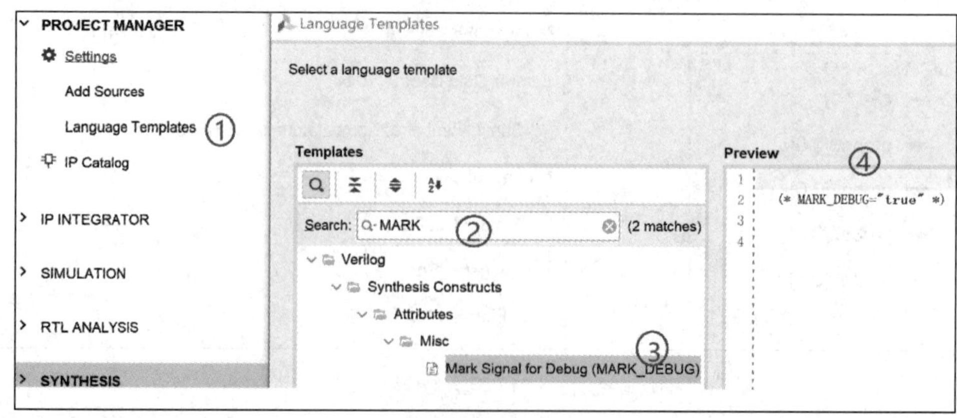

图 4.24　添加调试语句

复制(*MARK_DEBUG=“true” *)语句，并将其添加到需要测量的信号前面，如(* MARK_DEBUG=“true” *)output reg [7:0] ledout，然后进行综合(Run Synthesis)。

综合结束后，打开综合页面的“Open Synthesized Design”，启动“Set Up Debug”，逐步点击【Next】按钮完成相关配置，如图 4.25 所示。

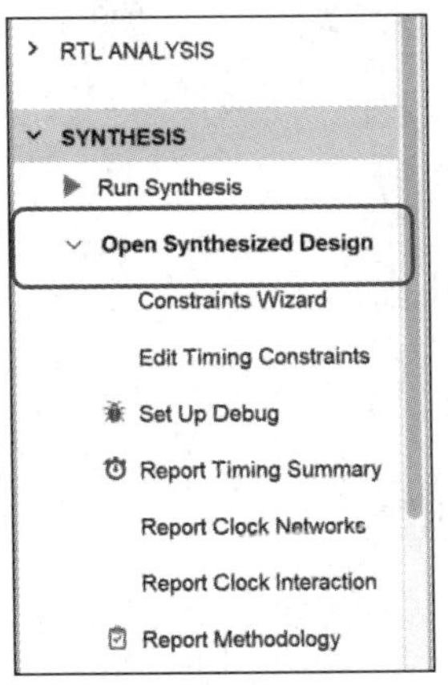

图 4.25 Debug 配置

4.3.3 FPGA 下载验证

工程完成逻辑电路布局布线执行后，可以点击“Generate Bitstream”生成 bitstream 文件。点击“Open Hardware Manager”后，再点击 Open Target 页面下的“Auto Connect”连接到 FPGA 芯片。在对应的 FPGA 芯片上点击右键选择所需要下载的 bit 流文件，点击“Program Device”进行 FPGA 下载。下载 FPGA 完成后即可进行 FPGA 板级测试验证，如图 4.26 所示。

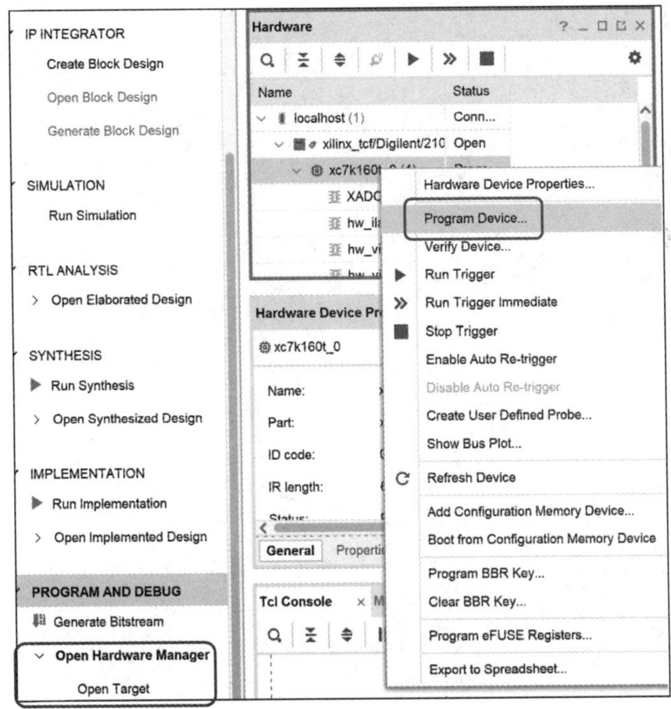

图 4.26 FPGA 下载验证

习　　题

1. CPLD 的基本结构是什么？
2. FPGA 的基本结构是什么？
3. CPLD 和 FPGA 的区别是什么？
4. FPGA 的开发流程是什么？

第 5 章

基本数字逻辑电路设计

为了使读者由浅入深、循序渐进地学习用 VHDL 语言描述数字逻辑电路硬件以及数字逻辑电路设计，本章通过基本数字电路描述例题来介绍 VHDL 语言的基本结构，旨在使读者掌握用 VHDL 语言设计数字逻辑电路。

5.1　组合逻辑电路设计

本节首先介绍组合逻辑电路的设计方法，然后根据电路的设计方法讲述如何使用 VHDL 语言设计常用的组合逻辑电路，包括译码器与编码器、比较器、数码转换模块等电路。

5.1.1　组合逻辑电路的设计方法

组合逻辑电路是指在任意时刻，其输出状态只取决于同一时刻各输入状态的组合，而与先前状态无关的逻辑电路，如图 5.1 所示。

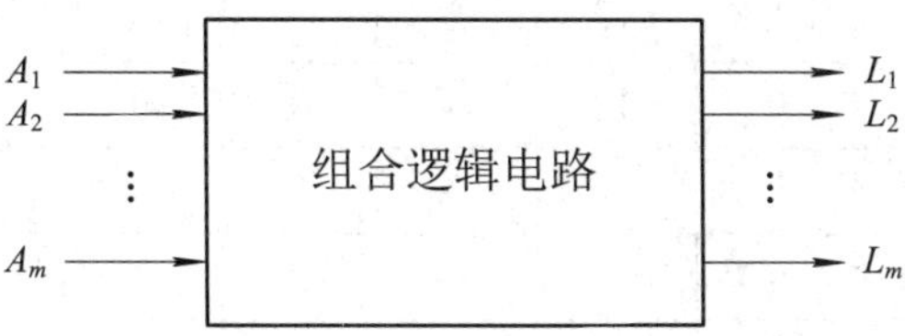

图 5.1　组合逻辑电路框图

组合逻辑电路的特点如下：

(1) 任意时刻的输出仅取决于该时刻的输入，输入与输出之间没有反馈延迟通路；

(2) 电路结构上不含记忆元件。

在数字电路课程中，我们学习过组合逻辑电路的分析方法和设计方法。基于数字电路的组合逻辑电路设计方法其具体步骤如下：

(1) 列出真值表。

(2) 选择器件类型。

(3) 写逻辑表达式。

(4) 画出逻辑电路。

基于硬件描述语言的组合逻辑电路设计方法与数字电路的设计方法有所不同，它不采用现有的器件来实现逻辑电路，而采用具体的硬件描述语言设计实现逻辑电路功能，其具体步骤如下：

(1) 查表法。

(2) 根据真值表，采用硬件描述语言实现逻辑电路功能。

(3) 利用 EDA 工具进行仿真验证。

(4) FPGA 验证。

5.1.2 译码器与编码器

译码器和编码器是数字电路中常见的两种重要的逻辑电路。

译码器是一种将输入的数字信号转换为输出信号的电路。它可以将二进制代码转换为相应的输出信号，如将二进制代码转换为七段数码管的输出信号，或将二进制代码转换为控制信号以控制其他电路。

编码器是一种将输入的信号转换为二进制代码的电路。它可以将模拟信号或数字信号转换为二进制代码，如将模拟信号转换为数字信号，或将按钮开关的状态转换为二进制代码以进行数字处理。编码器是将 2^n 个分离的信息代码以 N 个二进制码来表示。如果一个编码器有 n 条输入线以及 m 条输出线，则称为 $N \times M$ 编码器。8-3 编码器的信号框图如图 5.2 所示，真值表如表 5.1 所示。

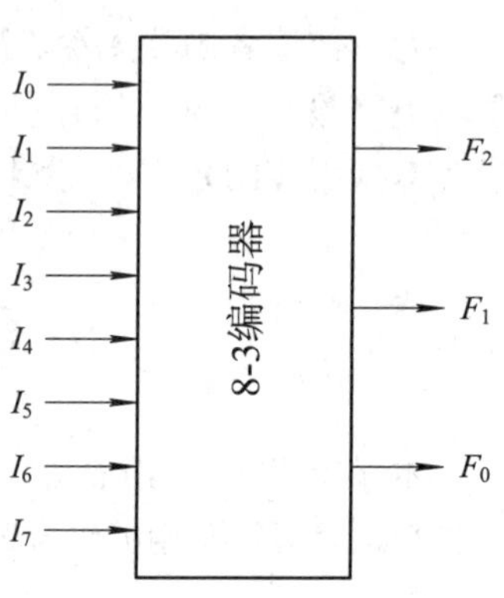

图 5.2 8-3 编码器框图

表 5.1 8-3 编码器真值表

输入								输出		
I_0	I_1	I_2	I_3	I_4	I_5	I_6	I_7	F_2	F_1	F_0
1	0	0	0	0	0	0	0	0	0	0
0	1	0	0	0	0	0	0	0	0	1
0	0	1	0	0	0	0	0	0	1	0
0	0	0	1	0	0	0	0	0	1	1
0	0	0	0	1	0	0	0	1	0	0
0	0	0	0	0	1	0	0	1	0	1
0	0	0	0	0	0	1	0	1	1	0
0	0	0	0	0	0	0	1	1	1	1

根据编码器的真值表，采用 VHDL 语言设计 8-3 编码器的输入/输出端口如下：

```
PORT(din: IN STD_LOGIC_VECTOR(7 DOWMTO 0);
        sout: OUT STD_LOGIC_VECTOR(2 DOWNTO 0);
        enb: IN STD_LOGIC);
```

根据真值表中编码器输入信号与输出信号之间的关系，采用 with-select 并行语句在 VHDL 语言设计的构造体里直接描述输出与输入逻辑信号的关系。

【例 5.1】 8-3 编码器完整的 VHDL 代码如下：

```
library IEEE;
use IEEE.STD_LOGIC_1164.ALL;
entity code is
        port( enb:in std_logic;
                sout:out std_logic_vector(2 downto 0);
                din:in std_logic_vector(7 downto 0));
end code;
architecture Behavioral of code is
signal     sel :std logic vector(8 downto 0):="000000000";
begin
                sel(0)<=enb;
                sel(1)<=din(0);
                sel(2)<=din(1);
                sel(3)<=din(2);
                sel(4)<=din(3);
                sel(5)<=din(4);
                sel(6)<=din(5);
                sel(7)<=din(6);
                sel(8)<=din(7);
    with sel select
            sout<="000" when "000000001",
                "001" when "000000101",
                "010" when "000001001",
                "011" when "000010001",
                "100" when "000100001",
                "101" when "001000001",
                "110" when "010000001",
                "111" when "100000001",
                "000" when others;
end Behavioral;
```

利用 VHDL 语言直接描述真值表的方法虽然比较简单，但是随着数据宽度的增加，代码量也会急剧增加。因此，可以采用数字电路设计方法对编码器的原始表达式采用逻辑代数或卡诺图进行化简，得到新的布尔表达式如下：

$$F_2 = I_7 + I_6 + I_5 + I_4$$

$$F_1 = I_7 + I_6 + I_3 + I_2$$

$$F_0 = I_7 + I_5 + I_3 + I_1$$

简化后的 VHDL 语言设计的结构体如下：

F(2)<=(I(7) OR I(6) OR I(5) OR I(4)) AND EN;

F(1)<=(I(7) OR I(6) OR I(3) OR I(2)) AND EN;

F(0)<=(I(7) OR I(5) OR I(3) OR I(1)) AND EN;

以上两个不同结构体实现的编码器，其仿真结果相同，如图 5.3 所示。

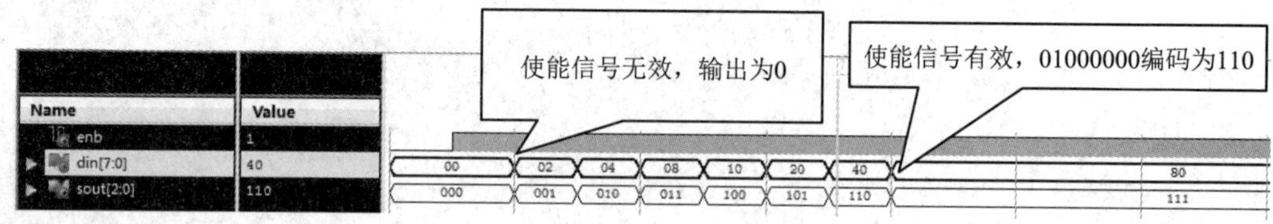

图 5.3　编码器的仿真结果

从仿真结果可以看出，当使能信号无效时，编码器输出恒为 0；当使能信号有效时，编码器能够对 8 位输入信号 din 进行正确的编码。

5.1.3　比较器

数字比较器主要用于比较两个输入信号的大小，并输出一个相应的逻辑电平。通常依据两组二进制数码的数值来比较，即 $a>b$，$a=b$ 或 $a<b$，这三种情况中仅有一种的值为真。比较器的种类有很多，包括基本比较器、差分比较器、窗口比较器等，每种比较器都有其特定的应用场景和性能特点。比较器在数字电路中的应用非常广泛，在模/数转换器、计数器、亮度控制电路、温度控制电路、闪存存储器等电路中都有广泛应用，其真值表如表 5.2 所示。

表 5.2　比较器真值表

输　入	输　　出		
a[7:0]　b[7:0]	agtb	aeqb	altb
a>b	1	0	0
a=b	0	1	0
a<b	0	0	1

根据比较器的真值表，采用 VHDL 定义比较器的输入/输出端口如下：

```
PORT(a, b: IN STD_LOGIC_VECTOR (7 DOWNTO 0);
    RST: IN STD_LOGIC;
    agtb, aeqb, altb:OUT STD_LOGIC);
```

根据比较器的输入信号与输出信号之间的关系，为了实现数据清零功能，采用异步复位信号进行控制。

【例 5.2】 使用 VHDL 语言设计的 8 位比较器的构造体的部分代码如下：

```
PROCESS(RST, a, b)
BEGIN
    IF RST='1' THEN
```

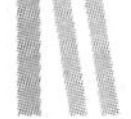


```
            agtb<='0';
            aeqb<='0';
            altb<='0';
    ELSE
        IF(a=b)THEN
                agtb<='0';
                aeqb<='1' ;
                altb<='0';
            ELSIF(a>b)THEN
                agtb<='1' ;
                aeqb<='0';
                altb<='0';
            ELSIF(a<b)THEN
                agtb<='0';
                aeqb<='0';
                altb<='1' ;
        END IF;
    END PROCESS;
```

从图 5.4 所示的仿真结果中可以看出，在时钟信号的上升沿，对输入数据 a、b 进行比较，输出相应结果。例如，在 $a = 00000000$，$b = 00000000$ 时，aeqb = 1。通过对仿真结果可以分析得出，比较器的功能实现是正确的。

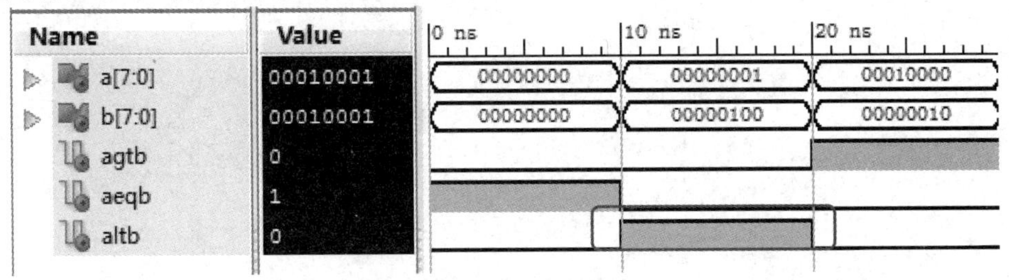

图 5.4　比较器的仿真结果

5.1.4　数码转换模块

在数字逻辑电路中，大多采用二进制或十六进制表示数据，而在日常生活中则主要使用十进制，因此需要设计数字进制之间的相互转换电路。

本节主要讲述最常用的两种数码转换电路：二进制数转为十进制数的电路和 BCD 码转换成七段数码管编码的电路。首先将二进制输入数据转换成十进制的 BCD 码，然后将 BCD 码转换成七段数码管编码。

【例 5.3】 要求将输入的 4 位二进制数据转换为 BCD 码并显示到两个七段数码管上。具体要求如下：

(1) 当输入为 0～9 的数时，其十位数字是 0，个位数等于输入值。

(2) 当输入为 10～15 的数时，其十位数字是 1，个位数等于输入值减去 10 所得的值。

根据题目要求，设计输入为 4 位的无符号数 UNSIGNED(3 DOWNTO 0)，输入数据范围是 0～15，输出是两位数的 BCD 码，分别为十位数(BCD1)、个位数(BCD0)以及两个 7 位的数码管数据 SEVEN1 和 SEVEN0。数码转换模块的 HDL 代码如下：

```
library IEEE;
use IEEE.STD_LOGIC_1164.ALL;
use IEEE.STD_LOGIC_UNSIGNED.ALL;
use IEEE.STD_LOGIC_ARITH.ALL;
entity dataconversion is
        port(A:in UNSIGNED(3 downto 0);
             BCDO, BCD1: out STD LOGIC VECTOR(3 DOWNTO 0);
             SEVEN1, SEVEN0:OUT STD_LOGIC_VECTOR(6 DOWNTO 0));
end dataconversion;
architecture Behavioral of dataconversion is
signal XC:STD LOGIC_VECTOR(3 DOWNTO 0);
begin
   Process(A)
      begin
        if (A<10) then
           BCD1<="0000";
           BCD0<=STD LOGIC_VECTOR(A);
           SEVEN1<="01111111";
           XC<=STD_LOGIC_VECTOR(A);
        else
           BCD1<="0001";
           BCD0<=A-10;
           SEVEN1<="0000110";
           XC<=STD_LOGIC_VECTOR(A)-10;
       END if;
    end Process;
    with XC select
         SEVEN0<=  "0111111" when "0000",
                   "0000110" when "0001",
                   "1011011" when "0010",
                   "1001111" when "0011",
                   "1100110" when "0100",
                   "1101101" when "0101",
                   "1111101" when "0110",
```

```
                    "0000111" when "0111",
                    "1111111" when "1000",
                    "1101111" when "1001",
                    "0000000" when others;
end Behavioral;
```

首先判断输入数据 *a* 是否小于 10，如果数据 *a* 小于 10，则其十位数字是 0，主要对个位数字进行转换；否则将输入数据减去 10，将结果作为个位数字进行转换，其十位数字是 1。根据数码管编码规则可知，本例使用的是共阴极数码管，当输出为高电平的时候数码管点亮。

数据转换器的仿真结果如图 5.5 所示。当输入数据为 1000 即需要将数字 8 显示到数码管时，对应的 bcd 码为 00001000。个位的 bcd 值也就是 bcd0[3:0]输出为 1000，十位的 bcd 值 bcd1[3:0]输出为 0000。根据逻辑转换关系，bcd1 对应七段译码管的高位(也就是十位)，显示数字 0，所以七段译码管 seven1[6:0]每位对应的输出为 0111111；bcd0 对应七段译码管低位(也就是个位)，显示数字 8，所以 seven0[7:0]输出为 1111111。从仿真结果可以看出，比较器的功能实现是正确的。

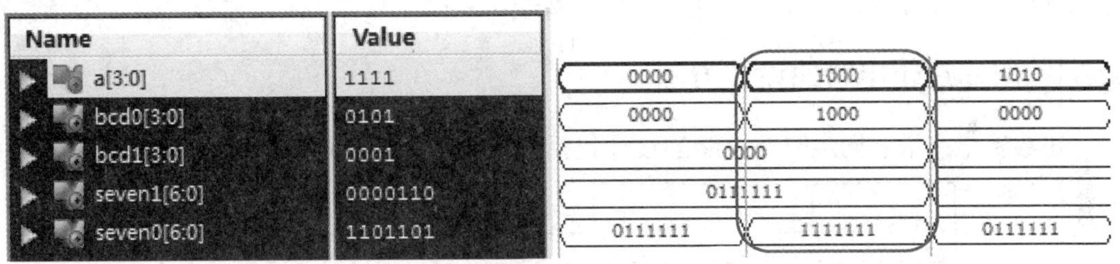

图 5.5　数值转换仿真结果

5.2　时序逻辑电路设计

5.1 节所讨论的逻辑电路是组合逻辑电路，其输出结果仅与当前的输入信号有关。而对于时序逻辑电路，任何时刻的输出状态不仅取决于当时的输入信号，还与电路的原状态有关。时序逻辑电路与组合逻辑电路的差别在于：时序逻辑电路多了存储功能，可以记录当前的输出信号状态(作为与输入信号共同决定下一次输出的信号状态)。时序逻辑电路如图 5.6 所示。

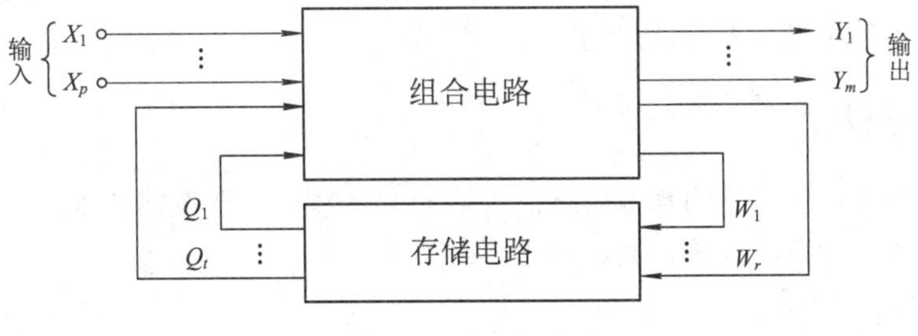

图 5.6　时序逻辑电路

下面给出时序电路的输出(Y_i)、激励(W_j)和状态(Q_k^{n+1})方程。

$$\begin{cases} Y_i = F_i(X_1, X_2, \cdots, X_p;\ Q_1^n, Q_2^n, \cdots, Q_q^n) & (i = 1, 2, \cdots, m) \\ W_j = G_j(X_1, X_2, \cdots, X_p;\ Q_1^n, Q_2^n, \cdots, Q_q^n) & (j = 1, 2, \cdots, r) \\ Q_k^{n+1} = H_k(W_1, W_2, \cdots, W_r;\ Q_1^n, Q_2^n, \cdots, Q_q^n) & (k = 1, 2, \cdots, t) \end{cases}$$

时序逻辑电路的特点如下：

(1) 具有记忆元件(最常用的是触发器)；

(2) 具有反馈通道。

根据不同的需求，时序逻辑电路可以分为同步和异步时序电路，有限状态机和规则时序电路等。

(1) 同步和异步时序电路。同步时序电路是在同一时钟信号的控制下进行操作的电路；而异步时序电路则不需要时钟信号，它们的状态转换由输入信号的变化来触发。

(2) 有限状态机和规则时序电路。有限状态机是一种状态转换的模型，下一个状态变化按照“随机逻辑”进行，可以用来描述复杂的逻辑行为。规则时序电路状态变化具有一定的规律性，如计数器、移位寄存器、加法器等。

5.2.1 时序逻辑电路的设计方法

在数字电路中，同步时序电路的设计包括如图 5.7 所示的步骤。

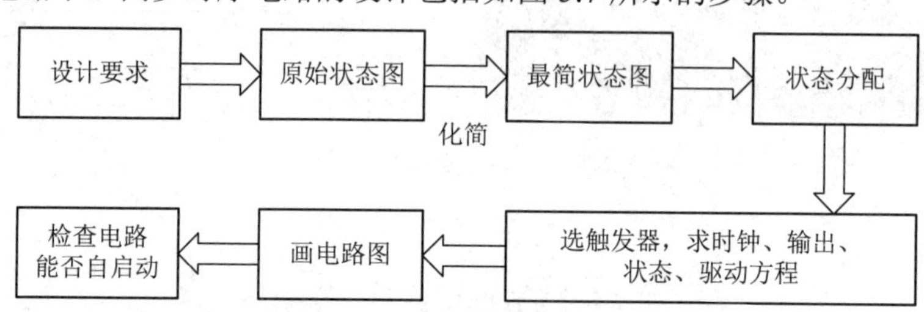

图 5.7 时序逻辑电路设计方法

基于硬件描述语言 VHDL 的时序逻辑电路的设计包括以下步骤：

(1) 确定状态数量及状态转换关系。

(2) 按照时钟、输出和驱动状态方程编写 VHDL 代码。

(3) 利用 EDA 工具进行功能仿真验证。

(4) FPGA 验证。

为了进一步阐明时序逻辑电路的 VHDL 设计方法，本节以多个基本逻辑电路(如触发器、分频电路、移位寄存器等)为例进行分析说明。

5.2.2 触发器设计

触发器是时序逻辑电路的基本电路，包括 D 触发器、T 触发器和 RS 触发器。触发器常用在数据暂存、计数、分频、波形产生等电路中。

1. D 触发器

根据 D 触发器的状态图和状态表(见图 5.8)，确定 D 触发器具有 2 个状态，在时钟上升沿有效时，输出状态方程为 $Q^{n+1}=D$。

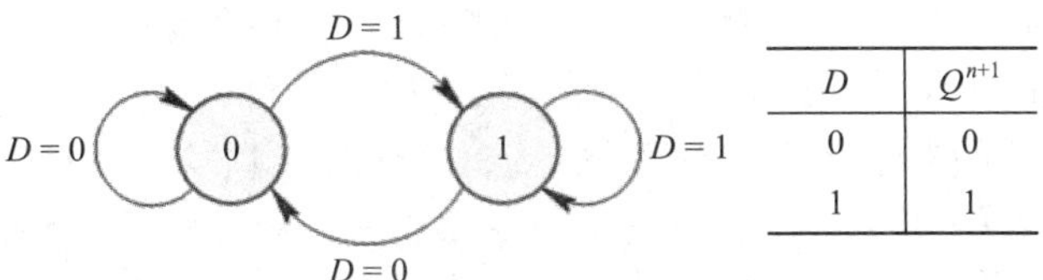

D	Q^{n+1}
0	0
1	1

图 5.8　D 触发器状态图和状态表

根据状态方程，采用 VHDL 语言进行 D 触发器设计，具体端口的定义如下：

```
PORT(CP : IN STD_LOGIC;
        D : IN STD_LOGIC;
        Q : OUT STD_LOGIC);
```

根据 D 触发器的输出状态方程，在时钟上升沿来临时进行数据输出，其余时间进行数据锁存。

【例 5.4】 D 触发器完整的 VHDL 代码如下：

```
library IEEE;
use IEEE.STD_LOGIC_1164.ALL;
entity d_trigger is
            port(cp, din:in std_logic;
                  q:out std_logic);
end d_trigger;
architecture Behavioral of d_trigger is
begin
        process(cp)
            begin
                if(cp'event and cp='1') then
                    q<=din;
                end if;
        end process;
end Behavioral;
```

仿真结果如图 5.9 所示。从仿真结果可以看出，输出信号 q 在时钟上升沿输出 d 信号的值，在其余时间输出信号 q 保持原来的值，满足设计的要求。

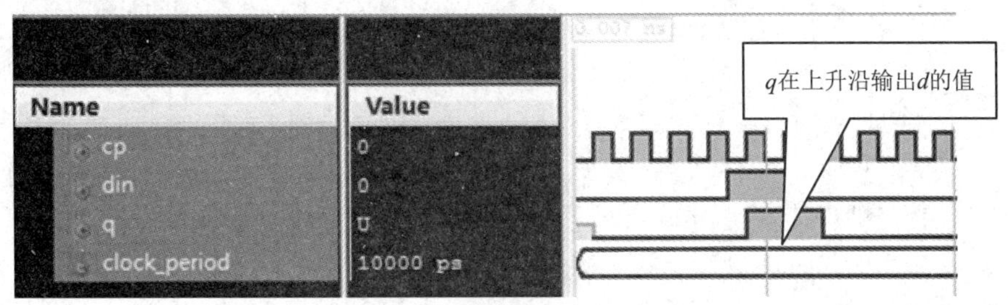

图 5.9　D 触发器的仿真结果

2. T 触发器

T 触发器可以由一个 D 触发器和一个非门组成。当时钟脉冲信号 CP 处于上升沿时，输出信号把原先的状态取反；其余时间输出信号 Q 将保持信号状态不变。

根据 T 触发器的状态图和状态表(见图 5.10)，确定 T 触发器具有 2 个状态，在时钟上升沿有效时，输出状态方程为 $Q^{n+1}=\overline{Q^n}$ 。根据状态方程，参照 D 触发器的程序描述，可以采用 VHDL 实现 T 触发器的功能。

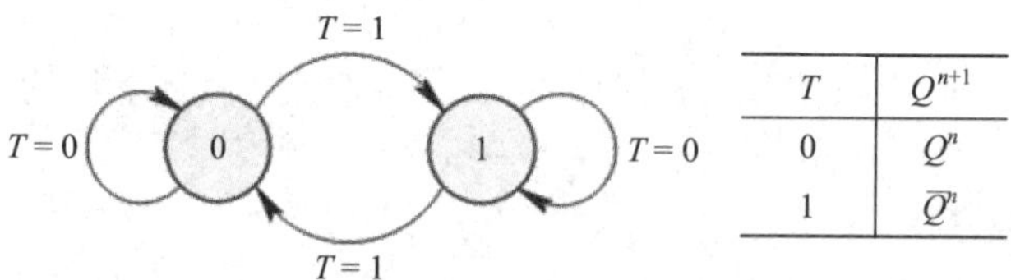

T	Q^{n+1}
0	Q^n
1	$\overline{Q^n}$

图 5.10　T 触发器状态图与状态表

根据 T 触发器的状态特性，可以用其组成 2^n 分频电路。

【例 5.5】 利用 T 触发器实现 8 分频电路的 VHDL 代码如下：

```
library IEEE;
use IEEE.STD_LOGIC_1164.ALL;
entity t_trigger is
          port(cp:in std_logic;
               q0, q1, q2:out std_logic);
end t_trigger;
architecture Behavioral of t_trigger is
signal qn0, qn1, qn2:std_logic:='0';
   begin
      process(cp, qn0, qn1)
         begin
            if(cp'event and cp='1') then
               qn0<=not qn0;
            end if;
            if(qn0'event and qn0='1') then
               qn1<=not qn1;
            end if;
            if(qn1'event and qn1='1') then
               qn2<=not qn2;
      end process;
      q0<=qn0;
      q1<=qn1;
      q2<=qn2;
end Behavioral;
```

8 分频电路的仿真结果如图 5.11 所示。从仿真结果可以看出，q_0 信号实现时钟的二分频，q_1 信号实现时钟 cp 的四分频，q_2 信号实现时钟 cp 的 8 分频。

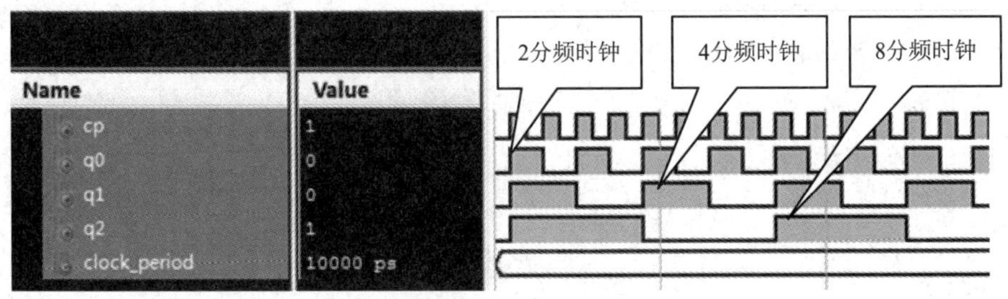

图 5.11　T 触发器实现分频的仿真结果

3. RS 触发器

RS 触发器以输入的信号电平(0 或 1)作触发条件，而 D、T 触发器以时钟脉冲信号 CP 的上升沿作为触发条件。具体的状态转移图和状态表如图 5.12 所示。

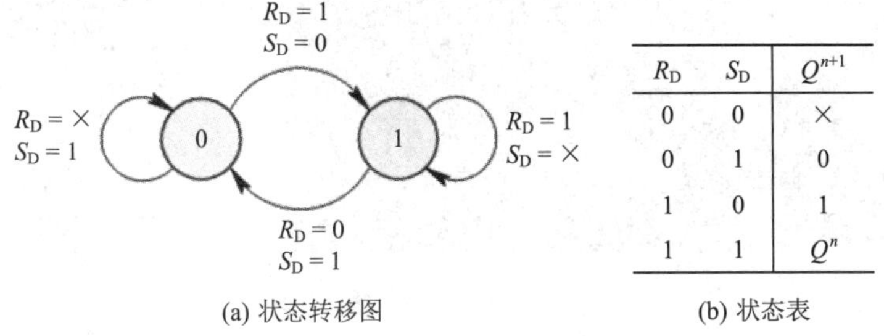

(a) 状态转移图

R_D	S_D	Q^{n+1}
0	0	×
0	1	0
1	0	1
1	1	Q^n

(b) 状态表

图 5.12　RS 触发器状态图与状态表

【例 5.6】 RS 触发器的 VHDL 代码如下：

```
library IEEE;
use IEEE.STD_LOGIC_1164.ALL;
entity rs is
            port(r, s: in std_logic;
                    q: out std_logic);
end rs;
architecture Behavioral of rs is
    signal sel:std_logic_vector(1 downto 0):="00";
    signal qtmpl:std_logic:='0';
    begin
        sel<=r&s;
        process(sel)
            begin
                if(sel="00") then
                qtmpl<=qtmp1;
                elsif(sel="01")then
```

```
                qtmpl<='1' ;
                elsif(sel="10")then
                qtmpl<='0';
                elsif(sel="11")then
                qtmpl<='-';
                end if;
        end process;
        q<=qtmp1;
end Behavioral;
```

RS 触发器的仿真结果如图 5.13 所示。从仿真结果可以看出：当 $rs = 00$ 时，q 保持；当 $rs = 01$ 时，q 为 1；当 $rs = 10$ 时，q 为 0。

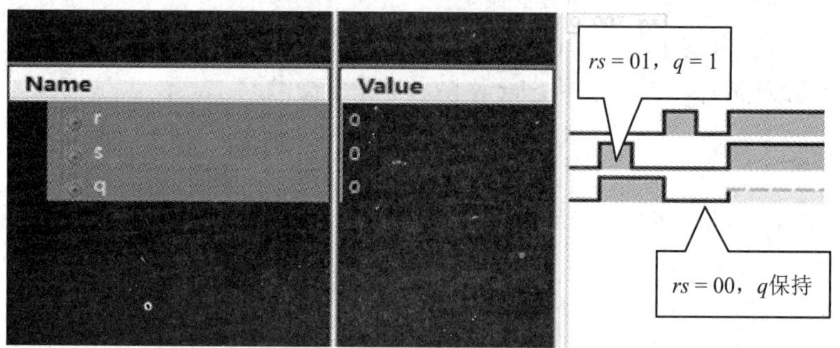

图 5.13　RS 触发器的仿真结果

5.2.3　分频电路设计

分频器是数字逻辑电路最常用的电路之一。分频器通常由计数器和触发器组成。计数器用于计数输入信号的脉冲数，当计数器计数到一定值时，触发器会输出一个脉冲信号，这个脉冲信号的频率等于输入信号的频率除以计数器计数的值。因此，分频器可以将输入信号的频率分频为任意低的频率，常用于数字系统中的时钟信号分频。

基于 FPGA 实现分频电路一般有两种方法：一种是使用 FPGA 芯片内部的锁相环电路，如 Altera 提供的 PLL(Phase Locked Loop，锁相环)和 Xilinx 提供的 DLL(Delay Locked Loop，延迟锁相环)，这种方法可以实现倍频、相位偏移、占空比调节等；另一种是使用硬件描述语言自行设计分频电路。由于锁相环的个数有限，难以满足应用的要求，而采用硬件描述语言设计的分频电路具有占用资源较少、操作方便灵活等优点，因此这种方法常用于数字电路系统。

1. 计数器

计数器是实现分频电路的基础，包括普通计数器和约翰逊计数器两种。

1) 普通计数器

加法计数器和减法计数器是最常用的普通计数器，一般采用二进制计数。因为计数器编码不同，所以在某一时刻加/减法计数器的输出可能有多位变化。当使用组合逻辑对输出进行译码时，可能会导致尖峰脉冲信号出现，而使用约翰逊计数器则可以避免这种情况。

2) 约翰逊计数器

约翰逊计数器是一种环形移位寄存器，它可以在一个时钟周期内将其输出序列循环移位一位，它的输出序列是反向的格雷码。格雷码是一种二进制的编码方式。反向的格雷码是指相邻两个数值的二进制位全部相反。

约翰逊计数器的优点是它的输出序列不会出现两个相邻数值相同的情况，这可以避免在数字电路中出现“竞争”和“冒险”的现象。此外，约翰逊计数器的设计比较简单，可以用较少的逻辑门来实现。

约翰逊计数器没有有效利用寄存器的所有状态，假设最初值或复位状态为 000，则数值依次为 000、001、011、111、110、100、000、001，且如此循环。*N* 位计数器只能计算 2*N* 个数据。此外，如果干扰噪声引入一个无效状态，如 010，则需要在约翰逊计数器中加入错误恢复处理才能恢复到有效的循环中去。

2. 分频器设计

根据计数的不同，分频器可以分为偶数分频器、奇数分频器、半整数分频器、小数分频器和分数分频器。

1) 偶数分频器

偶数分频器是最简单的分频器。如果要实现占空比为 50%的偶数 *N* 分频，一般来说有两种实现方案：

(1) 当计数器记到 $N/2-1$ 时，将输出电平进行一次翻转，同时给计数器一个输出复位信号，如此循环下去。

(2) 当计数器的输出为 0 到 $N/2-1$ 时，时钟输出为 0 或 1，计数器输出为 $N/2$ 到 $N-1$ 时，时钟输出为 1 或 0，当计数器计数到 $N-1$ 时，复位计数器，如此循环下去。

需要说明的是：第一种方案仅仅能实现占空比为 50%的分频器，第二种方案可以有限度地调整占空比。

【例 5.7】 用第一种方案实现 50%占空比的 6 分频器，VHDL 代码如下：

```
architecture a of div is
signal clk: std_logic:='0';
signal count : std_logic_vector(2 downto 0):="000";
begin
    process(clk_in)
        begin
            if(clk_in'event and clk_in='1' )then
                if count /=2 then
                    count <=count   +1;
                else
                    clk<= not clk;
                    count<="000";
                end if;
            end if;
```

```
            end process;
            clk_out<=clk;
    end a;
```

【例 5.8】 用第二种方案实现 50%占空比的 6 分频器，VHDL 代码如下：

```
    architecture b of   div is
    signal countq: std_logic_vector(2 downto 0):="000";
    begin
        process(clk_in)
                begin
                if(clk_in'event and clk_in='1' )then
                    if countq<5 then
                        countq <=countq+1;
                    else
                        countq <="000";
                    end if;
                end if;
            end process;
    process(countq)
            begin
                    if countq<3 then
                        clk_out<='0';
                    else clk_out<='1' ;
                    end if;
            end process;
    end b;
```

以上两种方案都实现了 50%占空比的 6 分频。仿真结果如图 5.14 和图 5.15 所示。

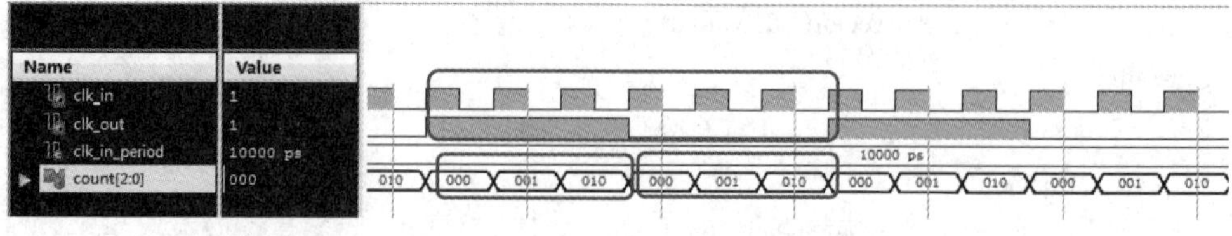

图 5.14　6 分频实现方案 1 仿真结果

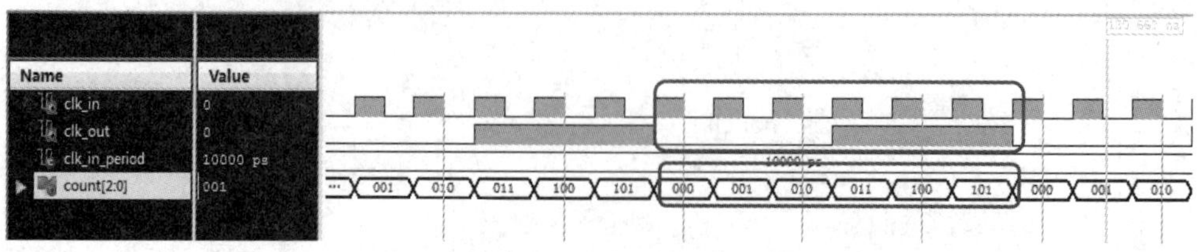

图 5.15　6 分频实现方案 2 仿真结果

2) 奇数分频器

要实现非 50%占空比的奇数分频，如实现占空比为 20%、40%、60%的 5 分频，可以采用类似偶数分频的第二种方案；如果要实现占空比为 50%的奇数分频，就不能使用偶数分频的方案了。

(1) 非 50%占空比的奇数分频。

以实现占空比为 40%的 5 分频器为例，说明非 50%占空比的奇数分频器的实现方法。

【例 5.9】 占空比为 40%的 5 分频器的 VHDL 实现代码如下：

```
entity divo is
port(clk_in :in std_logic;
clk_out: out std_logic);
end divo;
architecture Behavioral of divo is
signal count :std_logic_vector(2 downto 0):="000";
begin
    process(clk_in)
        begin
            if (clk_in'event and clk_in='1') then
                if count<4 then
                    count<=count+1;
                else
                    count<="000";
                end if;
            end if;
    end process;
    process(count)
        begin
            if(count < 3) then
                clk_out<='0';
            else clk_out<='1' ;
            end if;
    end process;
```

占空比为 40%的 5 分频器的仿真结果如图 5.16 所示。

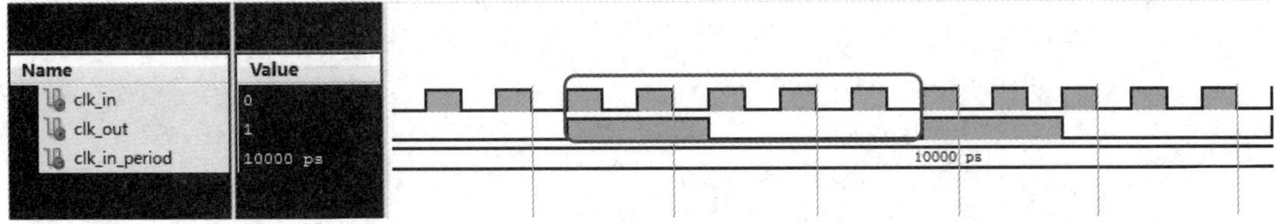

图 5.16　占空比为 40%的 5 分频器仿真结果

(2) 50%占空比的奇数分频。

对于 5 分频而言，50%占空比的波形仅比 40%占空比的波形多半个周期的高电平。通过待分频时钟下降沿触发计数，产生一个占空比为 40%的 5 分频器，将产生的时钟与上升沿触发的时钟相或，即可产生一个占空比为 50%的 5 分频器。

如果要实现占空比为 50%的 $2N+1$ 分频器，则需要对待分频时钟上升沿和下降沿分别进行 $N/(2N+1)$分频，然后将两个分频器得到的时钟信号相或得到占空比为 50%的 $2N+1$ 分频器。

利用上述方法设计占空比为 50%的 7 分频器，需要对上升沿和下降沿进行 3/7 分频，再将分频获得的信号相或。

【例 5.10】 占空比为 50%的 7 分频器的 VHDL 实现代码如下：

```
entity clk_div3 is
     Port ( clk_in : in    STD_LOGIC;
              clk_out : out    STD_LOGIC);
end clk_div3;
architecture Behavioral of clk_div3 is
signal cnt1, cnt2:integer range 0 to 6;
signal clk_1, clk_2:std_logic;
begin
process(clk_in)
     begin
          if(rising_edge(clk_in))then
               if (cnt1<6)then
                    cnt1<=cnt1+1;
               else cnt1<=0;
               end if;
               if(cnt1 < 3)then
                    clk_1<='1' ;
               else
                    clk_1<='0';
               end if;
          end if;
end process;
process(clk_in)
     begin
          if(falling_edge(clk_in))then
               if (cnt2<6)then
                    cnt2<=cnt2+1;
               else cnt2<=0;
               end if;
```

```
            if(cnt2<3)
                then clk_2<='1' ;
            else
                clk_2<='0';
            end if;
        end if;
end process;
clk_out<=clk_1 or clk_2;
end Behavioral;
```

占空比为 50%的 7 分频器的仿真结果如图 5.17 所示。

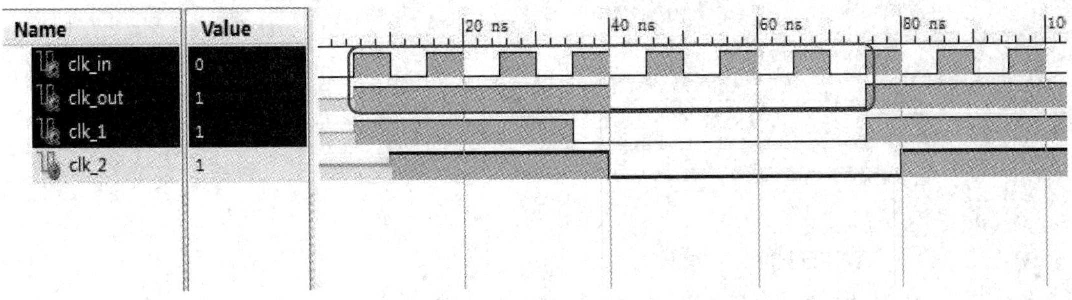

图 5.17　占空比为 50%的 7 分频器仿真结果

3) 半整数分频器

仅采用数字分频不可能获得占空比为 50%的 $N+0.5$ 分频，只可以设计出占空比为 $(M+0.5)/(N+0.5)$或者 $M/(N+0.5)$的分频器，而且要求 M 小于 N。设计 $N+0.5$ 分频的基本思想是：首先进行模 N 的计数，当计数到 $N-1$ 时，将输出时钟信号赋值为 1，而当回到计数为 0 时，又赋值为 0；当计数值为 $N-1$ 时，输出时钟才为 1。只要保持计数值 $N-1$ 为半个输入时钟周期，即可实现 $N+0.5$ 分频时钟。因此，保持 $N-1$ 为半个时钟周期是该设计的关键。

根据分析可得：计数器在时钟上升沿进行计数，因此可以在计数为 $N-1$ 时对计数触发时钟进行翻转，那么时钟的下降沿就变成了上升沿，即在计数值为 $N-1$ 期间的时钟下降沿变成了上升沿，也就是说，计数值 $N-1$ 只保持了半个时钟周期。由于时钟翻转下降沿变成上升沿，因此计数值变为 0。所以，每产生一个 $N+0.5$ 分频时钟的周期，触发时钟都要翻转一次。

综上所述，占空比为 50%的奇数分频可以实现半整数分频，将占空比为 50%的奇数分频与待分频时钟信号异或得到计数脉冲。

【例 5.11】 通过占空比为 50%的 5 分频设计实现的 2.5 分频器的 VHDL 实现代码如下：

```
entity clk_div4 is
port( clk_in :in std_logic;
          clk_out:out std_logic);
end clk_div4;
architecture Behavioral of clk_div4 is
signal cnt1, cnt2:integer range 0 to 4;
```

```
signal clk1, clk2:std_logic;
signal pclk, lclk:std_logic;
signal cnt3:integer range 0 to 2;
begin
    process(clk_in)
        begin
            if(rising_edge(clk_in))then
                if(cnt1<4)then
                    cnt1<=cnt1+1;
                else
                    cnt1<=0;
                end if;
            end if;
    end process;
    process(clk_in)
        begin
            if(falling_edge(clk_in))then
                if(cnt2<4)then
                    cnt2<=cnt2+1;
                else
                    cnt2<=0;
                end if;
            end if;
    end process;
    process(cnt1)
        begin
            if(cnt1<3)then
                clk1<='0';
            else
                clk1<='1' ;
            end if;
    end process;
    process(cnt2)
        begin
            if(cnt2<3)then
                clk2<='0';
            else
                clk2<='1' ;
            end if;
```

```
        end process;
        process(lclk)
            begin
                if(rising_edge(lclk))then
                    if(cnt3<2)then
                        cnt3<=cnt3+1;
                    else
                        cnt3<=0;
                    end if;
                end if;
        end process;
        process(cnt3)
            begin
                if(cnt3<1)then
                    clk_out<='0';
                else
                    clk_out<='1' ;
                end if;
        end process;
        pclk<=clk1 or clk2;
        lclk<=clk_in xor pclk;
    end Behavioral;
```

2.5 分频的仿真结果如图 5.18 所示，lclk 是设计需要的 2.5 分频信号，波形占空比为 60%。

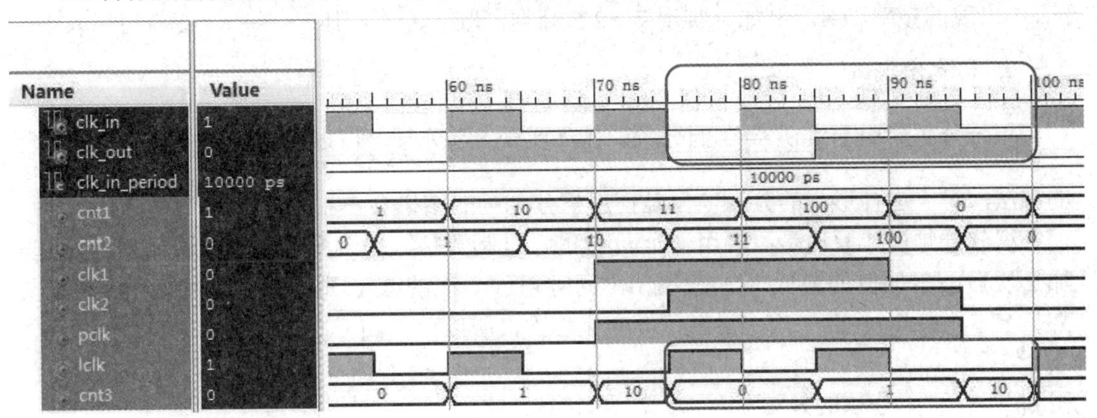

图 5.18　2.5 分频仿真结果

4) 小数分频器

小数分频器是通过可变分频和多次平均的方法实现的。其基本原理是：采用脉冲吞吐计数器和锁相环技术先设计两个不同分频比的整数分频器，然后通过控制单位时间内两种分频比出现的不同次数来获得所需要的小数分频值。

若设计一个分频系数为 10.1 的分频器，则可以将分频器设计成 9 次 10 分频和 1 次 11 分频，这样总的分频值 $F = (9 \times 10 + 1 \times 11)/(9 + 1) = 10.1$。

考虑到小数分频器要进行多次两种频率的分频，必须设法使两种分频均匀。为了使两种分频均匀，对于 $M.N$ 小数分频器，将小数部分累加，小于 10 的进行 M 分频，大于等于 10 的进行 $M+1$ 分频。在表 5.3 中，以 2.7 分频为例，小数部分进行累加，如果大于等于 10，则进行 3 分频；如果小于 10，则进行 2 分频。如要实现 4.7 分频，只要在 10 次分频中做 7 次 5 分频、3 次 4 分频就可以得到。如要实现 5.67 分频，只要在 100 次分频中做 67 次 6 分频、33 次 5 分频即可。由这种实现方法的特点可以看出，由于分频器的分频值不断改变，因此分频后得到的信号抖动一般较大。这种方法在现实设计中使用得非常少。

表 5.3　小数分频系数序列

序号	0	1	2	3	4	5	6	7	8	9
累加值	7	14	11	8	15	12	9	16	13	10
分频系数	2	3	3	2	3	3	2	3	3	3

5) 分数分频器

将小数分频的方法进行扩展，可以得到形如 $M\frac{L}{N}$ 的分数分频的方法。例如实现 $2\frac{7}{13}$ 分频，只要在 13 次分频中进行 7 次 3 分频、6 次 2 分频就可以得到。同样，为了使两种分频均匀，将分子部分累加，小于分母的进行 M 分频，大于等于分母的进行 $M+1$ 分频。

对于任意的 $N+A/B$ 倍分频(N，A，$B \in Z$，$A \leqslant B$)，分别设计一个分频值为 N 和 $N+1$ 的整数分频器，采用脉冲计数来控制单位时间内两个分频器出现的次数，从而获得所需要的小数分频值。可以采取如下方法来计算出现的频率：

设 N 出现的频率为 a，则 $N \times a + (N+1) \times (B-a) = N \times B + A$，求解 $a = B - A$，所以 $N+1$ 出现的频率为 A。例如，实现 $7 + 2/5$ 分频，取 a 为 3，则 $7 \times 3 + 8 \times 2$ 就可以实现。

6) 积分分频器

积分分频器用于实现 $\frac{2^{m-1}}{N}$ 的分频。例如实现 8/3 分频，可以使用前面提到的分数分频的方法，对于这种形式的分频，但是使用积分分频的结果会占用更少的 FPGA 资源。

积分分频设计原理是：利用一个 m 位的二进制数字，每次频率上升沿累加 N，假定累加 x 次后，累加值的最低 m 位变为 0，同时超过 y 次的 2^m，那么当前累加的数值应该是 $Nx = 2^m y$；每超过 2^m 一次，最高位会变化 2 次，所以，累加 x 次后，最高位会变化 $2y$ 次，得到 $\frac{x}{2y} = \frac{2^{m-1}}{N}$ 分频的分频器。

5.2.4　移位寄存器设计

按照功能的不同，寄存器可以分为基本寄存器和移位寄存器两大类。基本寄存器的数据是并行输入或输出的。而移位寄存器除了有一般的存储功能外，还具有数据移位功能，可以实现数据的左移或者右移。常用的移位寄存器有串入/串出移位寄存器和循环移位寄存器。移位寄存器中的触发器可用时钟控制的无空翻的 D、RS 或 JK 触发器组成。

根据数据移位的不同，移位寄存器可分为：

(1) 单向移位寄存器：只能向一个方向(向左或向右)移位。

(2) 双向移位寄存器：既能向左移位，也能向右移位。

按输入输出的方式不同，移位寄存器还可分为串入串出、串入并出、并入串出和并入并出 4 种方式。

采用 VHDL 语言实现 8 位双向移位寄存器，其功能包括异步置零、同步置数、左移、右移和保持状态不变 5 种功能。其中，输入端口包括 8 位并行数据、两位的选择信号和两个 1 位串行数据，输出是 8 位并行数据。当 RESET 信号为低电平时，寄存器的输出被异步置零；当 RESET = 1 时，与时钟有关的四种功能有 case 语句中的选择输入信号 MODE 决定。8 位双向移位寄存器的框图如图 5.19 所示。

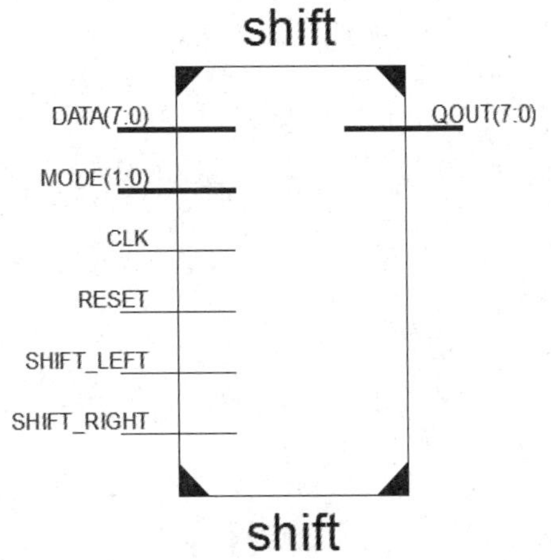

图 5.19　8 位双向移位寄存器的设计

VHDL 代码使用了过程描述，采用 if…else 判断语句，在执行循环的过程中，根据输入信号判断做出相应的动作，其仿真结果如图 5.20 所示。

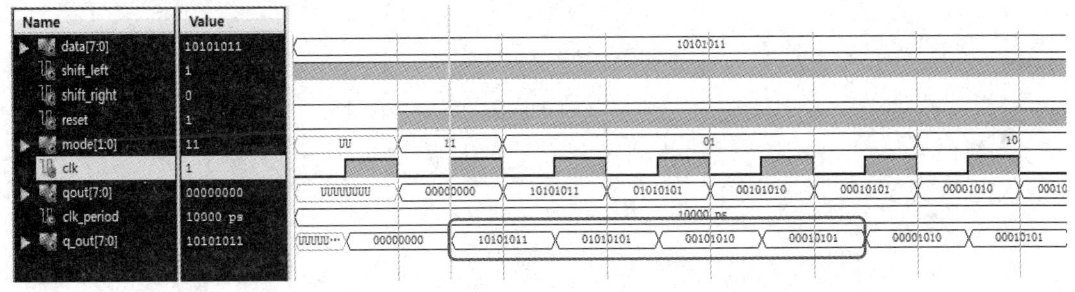

图 5.20　8 位移位寄存器仿真结果

从图 5.20 的仿真结果可知，当 reset 信号为低电平时，异步复位，输出信号 q_out 异步清零；当 reset 信号为高电平时，在时钟上升沿，当 mode =“11”，q_out 装载输入数据。下一个时钟上升沿，mode =“01”，q_out 右移；在 40 μs 时，mode =“10”，q_out 左移。q_out 是并行数据输出信号，由于信号量的赋值操作有一定的延时，因此 q_out 比实际信号输出晚了半个时钟周期。

5.2.5 数字秒表设计

数字秒表是典型的时序逻辑电路，具有一定的综合性。本小节使用触发器设计计数器电路，完成数字秒表的设计。

数字秒表的计数范围是 00.0～99.9，计数采用 3 个七段数码管进行显示，并设计了同步清零信号 clr 和使能信号 go，用来使能或者停止计数。数字秒表的设计采用 BCD 码计数器，采用 BCD 格式计数，一位十进制数值采用多个 4 bit 的 BCD 码表示，如 138_{10} 表示为“0001，0011，1000”。

设计一个嵌套的模 10 计数器(BCD 码)，代表 0.1 s，1 s，10 s。十进制计数器除了使能信号之外，在计数到 9 时，还可以产生一个时钟宽度的脉冲信号，用这个脉冲信号将 3 个计数器关联起来，通过计数器级联实现数字秒表的功能。

【例 5.12】 数字秒表的 VHDL 实现代码如下：

```
process(clk, go, clr)
    begin
        if clr='1'    then
            p1<=0;
        elsif clk'event and clk='1'    then
            if go='1'    then
                if p1= 9 then
                    p1<= 0;
                    c1<='1' ;
                else
                    p1<=p1+1;
                    cl<='0';
                end if;
            end if;
        end if;
end process;

process(cl, go, clr)
    begin
        if clr='1'    then
            p2<=0:
        elsif cl'event and cl='1'    then
            if go='1'    then
                if p2= 9 then
                    p2<= 0;
                    c2<='1' ;
```

```
                else
                    p2<=p2+1;
                    c2<='0';
                end if;
            end if;
        end if;
    end process;
    process(c2, go, clr)
    begin
        if clr='1'  then
            p3<=0;
        elsif c2'event and c2='1' then
            if go='1'  then
                if p3= 9 then
                    p3<= 0;
                else
                    p3<=p3+1;
                end if;
            end if;
        end if;
    end process;
```

数字秒表的仿真结果如图 5.21 所示。从仿真图形可以看出，d_2、d_1、d_0 分别实现了 10 s、1 s、0.1 s 的计时功能。当 go 使能信号有效，且清零信号 clr 无效时，数字秒表完成计时功能。当 d_0 满 10 时向 1 s 进位，当 d_1 满 10 时向 10 s 进位。

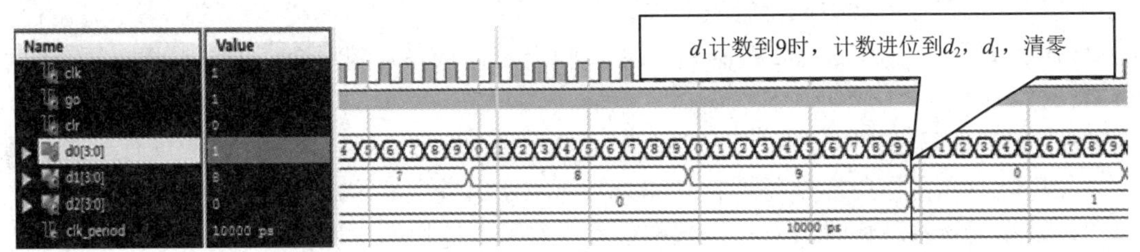

图 5.21　秒表的仿真结果

5.3　有限状态机设计

5.3.1　有限状态机的基本原理

有限状态机(Finite-State Machine，FSM)是表示有限个状态以及在这些状态之间的转移和动作等行为的数学模型，由寄存器组和组合逻辑构成的硬件时序电路。有限状态机的设计方案相对固定，结构模式简单，可定义符号化枚举类型的状态，而且状态机的 VHDL 描述层次分明，结构清晰，便于移植。

1. 有限状态机的基本结构和功能

有限状态机可以根据当前状态和输入条件决定状态机的内部条件转换，同时根据当前状态和输入条件确定产生输出信号序列。有限状态机的基本结构如图 5.22 所示。

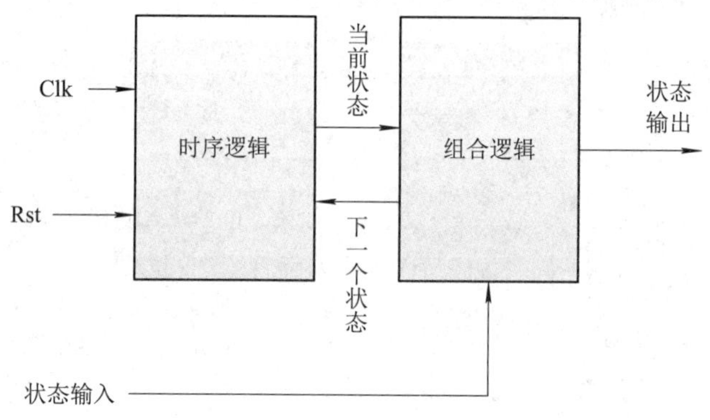

图 5.22　有限状态机的基本结构

2. 状态机的状态编码

有限状态机是通过状态描述电路，不同的状态需要合适的编码来表示。状态机的状态编码是指为每个状态分配一个唯一的标识符，以便在状态机中进行状态转换时能够准确地识别和引用每个状态。状态编码可以是数字、字符串或其他类型的标识符。在状态机的设计和实现中，状态编码会影响状态机的可读性、可维护性等性能。有限状态机可以采用二进制、独热码、格雷码和约翰逊编码等状态编码。

(1) 二进制编码方案：使用 N 位二进制数，表示 M 个工作状态，当然必须满足 $2^N>M$。

(2) 独热码：使用 N 位二进制数，表示 N 个状态，每一位编码对应一个触发器，状态机中的每个状态都由其中一个触发器的状态来表示。

(3) 格雷码：使用 N 位二进制数，表示 M 个工作状态，满足 $2^N>M$，且相邻两个编码仅有一位不同。

(4) 约翰逊码：使用 N 位二进制数，表示 $2N$ 个工作状态，且相邻两个编码仅有一位不同。

二进制码和格雷码都是压缩状态编码，两者使用最少的状态位进行编码。若使用格雷编码，则相邻状态转换时只有一个状态位发生翻转。这样不仅能消除状态转换时由多条状态信号线的传输延迟所造成的毛刺，还可以降低功耗。但是与二进制编码一样，格雷码增加的状态个数必须是 2 的整数次幂，这样可能会存在状态冗余，难以满足某些应用的需求。

约翰逊编码与格雷码具有相同的特点是：相邻数值编码只有一位不同。对于 N 个数据，约翰逊编码需要用 $m = N/2$ 位来表示，格雷码使用 $\text{lb}N$ 位来表示。虽然约翰逊编码表达数值的位数比格雷码多，但是使用起来却更加灵活。因为每增加一位约翰逊编码仅增加两个数值。

若使用独热码编码，则状态机需要 N 个触发器。虽然使用较多的触发器，但由于状态译码简单可减少组合逻辑且速度较快。与之相比，压缩状态编码在状态增加时速度会明显下降。在一般情况下，当状态数小于或等于 6 时，使用二进制码或格雷码较优；当状态数大于 16 时，使用独热码更优。

5.3.2　一般有限状态机的 VHDL 实现

一般有限状态机的 VHDL 语言结构包括说明部分、主控时序逻辑部分、主控组合逻辑部分和辅助逻辑部分。其中，说明部分主要是设计者使用 TYPE 语句定义新的数据类型，代码如下：

```
TYPE STATES   IS (st0, st1, st2, st3, st4, st5);
SIGNAL present_state, next_state: STATES;
```

主控时序逻辑部分的任务是负责状态机运转和在外部时钟驱动下实现内部状态转换的过程，时序进程的实质是一组触发器。因此，该进程中往往也包括一些清零或者置位的输入控制信号，如 Reset 信号。

主控组合逻辑部分的任务是根据状态机外部输入的状态控制信号(包括来自外部的和状态机内部的非进程的信号)和当前的状态值 Current_state 来确定下一状态 next_state 的取值内容，以及对外部或对内部其他进程输出控制信号的内容。

辅助逻辑部分主要是用于配合状态机的主控组合逻辑和主控时序逻辑进行工作，以完善和提高系统的性能。

下面进行一般有限状态机的设计，其状态转移图如图 5.23 所示。

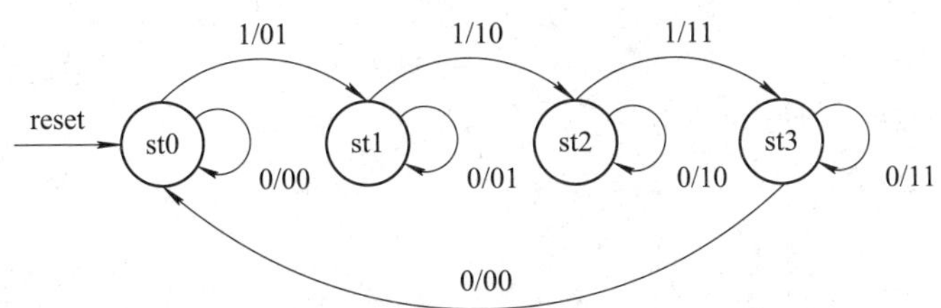

图 5.23　FSM 状态转移图

【例 5.13】 一般有限状态机的 VHDL 实现代码如下：

```
LIBRARY IEEE;
USE IEEE.STD_LOGIC_1164.ALL;
ENTITY two_process_state_machine IS
    PORT (clk, reset     : IN STD_LOGIC;
          state_inputs   : IN STD_LOGIC;
          comb_outputs   : OUT STD_LOGIC_VECTOR(0 TO 1));
END ENTITY two_process_state_machine;
ARCHITECTURE behv OF two_process_state_machine IS
    TYPE states IS (st0, st1, st2, st3); --定义 states 为枚举型数据类型，构造符号化状态机
    SIGNAL current_state, next_state: states;
BEGIN
REG: PROCESS (reset, clk)          --时序逻辑进程
BEGIN
```

```
        IF reset = '1'   THEN        --异步复位
                current_state <= st0;
        ELSIF clk = '1'  AND clk'EVENT THEN   --出现时钟上升沿时进行状态转换
                current_state <= next_state;
        END IF;
    END PROCESS;
  COM: PROCESS(current_state, state_inputs)   --组合逻辑进程
        BEGIN
        CASE current_state IS
        WHEN st0 => comb_outputs <= "00";   --系统输出及其初始化
            IF state_inputs = '0' THEN --根据外部输入条件决定状态转换方向
                next_state <= st0;
            ELSE next_state <= st1;
            END IF;
        WHEN st1=> comb_outputs <= "01";
            IF state_inputs = '0' THEN      next_state <= st1;
            ELSE next_state <= st2;
            END IF;
        WHEN st2=> comb_outputs <= "10";
            IF state_inputs = '0' THEN      next_state <= st2;
            ELSE next_state <= st3;
            END IF;
        WHEN st3=>comb_outputs <= "11";
            IF state_inputs = '0' THEN      next_state <= st3;
            ELSE next_state <= st0;
            END IF;
        END CASE;
        END PROCESS;
  END ARCHITECTURE behv;
```

FSM 的仿真结果如图 5.24 所示。

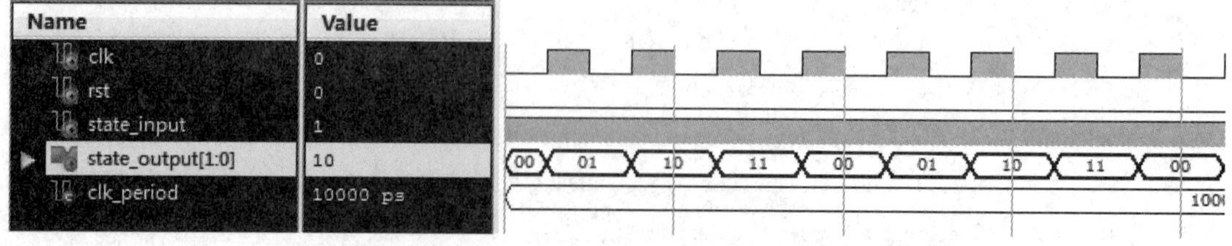

图 5.24　一般状态机仿真结果

从图 5.24 中可以看出，当复位信号无效，state_input 信号为 1 时，在每个时钟上升沿实现状态的转换。state_input 信号用来控制有限状态机是转为下一个状态还是维持当前状态。

5.3.3　Moore 状态机设计

从状态机的信号输出方式来看，可以将状态机分为 Moore(摩尔)和 Mealy(米里)状态机。Moore 状态机输出只与当前状态有关，而与输入信号的当前值无关，是严格的现态函数。Moore 状态机的状态转换及结构图如图 5.25 所示。

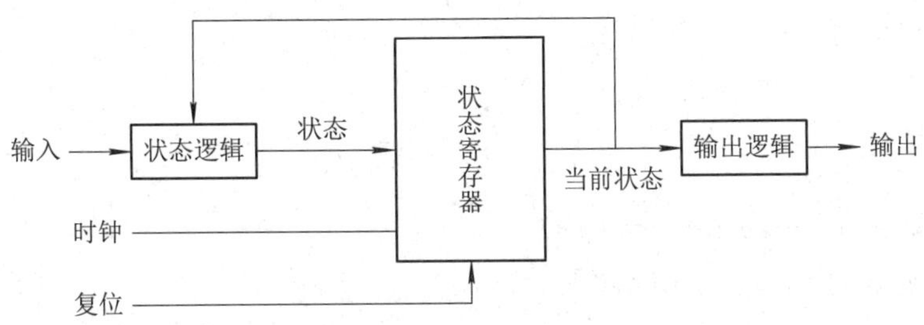

图 5.25　Moore 型状态机状态转换图

【例 5.14】 Moore 状态机的 VHDL 实现代码如下：

```
library IEEE;
use IEEE.STD_LOGIC_1164.ALL;
entity more is
        port( clk, rst:in std_logic;
              state_input: in std_logic;
              state_output:out std_logic_vector(1 downto 0);
end more;
architecture Behavioral of more is
type states is(st0, stl, st2, st3);
signal state:states;
begin
process(clk, rst)
   begin
      if(rst='1' ) then
         state<=st0; elsif(clk'event and clk='1' )then
         case state is
         when st0=>
              if state_input='0' then state<=st0;else state<=st1;
              end if;
         when st1=>
              if state_input='0' then state<=st1;else state<=st2;
              end if;
         when st2=>
              if state_input='0' then state<=st2;else state<=st3;
```

```
                    end if;
                when st3=>
                    if state_input='0' then state<=st3;else state<=st0;
                    end if;
                end case;
                end if;
            end process;
    process(state)
        begin
            case state is
            when st0=>state_output<="00";
            when st1=>state_output<="01";
            when st2=>state_output<="10";
            when st3=>state_output<="11";
            end case;
    end process;
    end Behavioral;
```

Moore 有限状态机的仿真结果如图 5.26 所示。

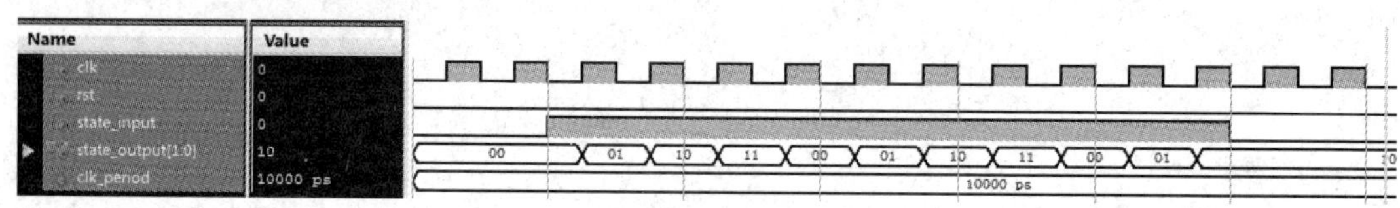

图 5.26　Moore 状态机仿真结果

5.3.4　Mealy 状态机设计

Mealy 状态机的输出是现态和所有输入函数，其输出随输入的变化而随时发生变化。因此，从时序的角度来看，Mealy 状态机属于异步输出的状态机，输出不依赖系统时钟，也不存在 Moore 状态机中输出滞后一个时钟周期来反映输入变化问题。Mealy 型状态机的状态转换及结构图如图 5.27 所示。

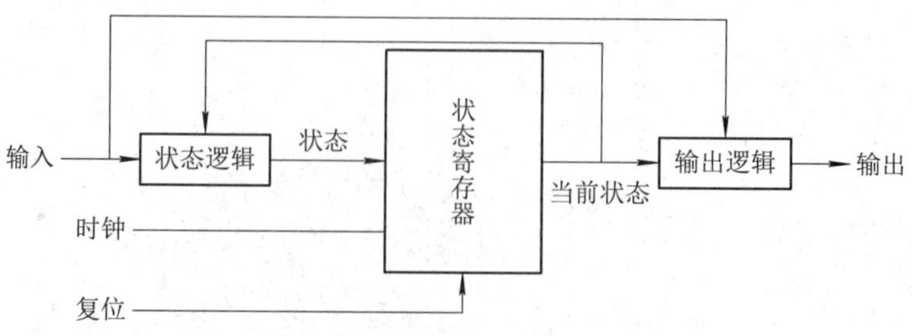

图 5.27　Mealy 状态机状态转换图

【例 5.15】 Mealy 型状态机 VHDL 实现代码如下：

```
library IEEE;
use IEEE.STD_LOGIC_1164.ALL;
entity mealy is
        port( clk, rst:in std_logic;
              state_input: in std_logic;
              state_output:out std_logic_vector(1 downto 0);
end mealy;
architecture Behavioral of mealy is
type states is(st0, stl, st2, st3);
signal state:states;
begin
process(clk, rst)
  begin
     if(rst='1' ) then
       state<=st0; elsif(clk'event and clk='1' ) then
       case state is
       when st0=>
             if state_input='0' then state<=st0;else state<=st1;
             end if;
       when st1=>
             if state_input='0' then state<=st1;else state<=st2;
             end if;
       when st2=>
             if state_input='0' then state<=st2;else state<=st3;
             end if;
       when st3=>
             if state_input='0' then state<=st3;else state<=st0;
             end if;
       end case;
       end if;
   end process;
 process(state)
   begin
      case state is
      when st0>=if state_input<='0' then state_output<="00";else state_output<="01";end if;
      when stl>=if state_input<='0' then state_output<="01";else state_output<="10";end if;
      when st2>=if state_input<='0' then state_output<="10";else state_output<="11";end if;
      when st3>=if state_input<='0' then state_output<="11";else state_output<="00";end if;
```

```
        end case;
    end process;
    end Behavioral;
```

Mealy 状态机的仿真结果如图 5.28 所示。

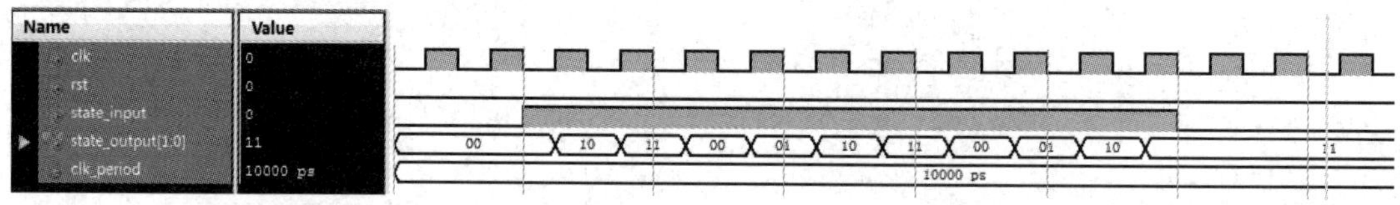

图 5.28 Mearly 状态机仿真结果

比较 Moore 型状态机和 Mearly 型状态机可以发现，Mearly 型状态机是现态和输入的函数。从仿真结果图 5.28 可以看出，state_output 从 00 状态转为了 10 状态，那是因为当输入值为 1 时，state_output 不仅与现态(此时 state = 01)有关，而且与输入 state_input 有关，state = 1，所以输出为 10。

习 题

1. 组合逻辑电路和时序逻辑电路的特点和区别是什么？
2. 时序逻辑电路的设计方法是什么？
3. 请用 VHDL 语言设计 2 输入与非门。
4. 请用 VHDL 语言设计优先编码器。
5. 请用 VHDL 语言设计 4-1 多路选择器
6. 请用 VHDL 设计一个 4 位二进制计数器 74163，具体包括同步清零，同步置数，计数控制和进位输出控制等功能。
7. 请设计一个 8 位的寄存器，带有异步清零，时钟使能和输出三态控制功能。
8. 请简述 moore 和 mealy 型状态机有什么不同，并以一个 4 状态为例编写这两种状态机的 VHDL 代码。
9. 请简述有限状态机中常用的编码方式，三段式状态机描述方式如何表示。
10. 设计时钟分频电路时，如何产生 50%占空比的奇数分频器？
11. 请利用有限状态机设计按键消抖电路，并使用 VHDL 语言编写消抖电路逻辑代码。
12. 请利用有限状态机设计乒乓球游戏机，并使用 VHDL 语言编写乒乓球游戏机电路的逻辑代码。

第 6 章

加减乘除四则运算模块设计

加法器是运算电路中的基本逻辑单元，而且减法器和硬件乘法器都可由加法器构成。但位数较多的加法器的设计除了会消耗较多的逻辑资源，还需要考虑进位传递的时间。因此，在加法器的设计开发中，需要注意资源利用率和运算速度这两个方面的问题。

本章首先介绍加法器中常用的进位方法，然后对全加器和半加器进行基本介绍，再详细介绍定点加法器和浮点加法器的 VHDL 程序的设计方法。

乘法器被广泛应用于各类高性能的计算电路中，但其运算速度已成为设计高速运算电路的瓶颈。本章主要介绍基本硬件乘法器的设计方法，包括原码乘除法器、阵列乘除法器和补码乘除法器。

6.1 常用的机器数编码格式

机器数是将符号数字化的数，是数字在计算机中的二进制表示形式。因为正负号和小数点都无法在计算机中被直接表示，所以正负数、定点数和浮点数需要进行编码才能在计算机中存储和处理，这就是机器数的编码问题。常用的编码格式有原码表示法、补码表示法和反码表示法等，本节主要介绍常用的原码和补码的表示形式。

1. 原码表示法

原码表示法是一种二进制数的表示方法，其中二进制数的最高位为符号位，0 表示正数，1 表示负数，其余位表示数值的大小。例如，+5 的原码为 00000101，−5 的原码为 10000101。原码表示法的优点是简单易懂，求任意小数或整数的原码并不需要根据数学定义进行运算，只需要将其真值的符号位数值化；缺点是存在正负两种表示方式，在进行加减运算时需要考虑符号位的影响，运算时容易出现溢出和进位的问题。

2. 补码表示法

补码表示法是一种用于表示有符号整数的方法。在补码表示法中，正数的补码与其原码相同，而负数的补码则是其原码取反后再加 1。例如，对于一个 8 位数值 127 的原码和补码都是 01111111，而数值 -1 的原码为 10000001，补码为 11111111。

补码表示法的优点是可以将数值的加法和减法统一为加法操作，因为两个数相加的结果的补码就是它们的和的补码。此外，补码表示法还可以避免 0 的正负性问题，因为 0 的原码和补码都是 00000000。

补码加减法的运算规则如下：

(1) 参与运算的操作数都用补码表示，符号位作为数的一部分直接参与运算；

(2) 若操作码为+，则两数直接相加；

(3) 若操作数为-，则先将减数取补后再与被减数相加。

6.2 加法器设计

6.2.1 加法器的基本原理

加法器的基本原理是将输入的数值转换为二进制数的形式，然后将数值的每一位进行相加，同时应考虑进位。当多位二进制数相加时，需要从最低位开始逐位相加，如果某一位的结果超过了 1，则需要向高位进位。最低位是两个数最低位的相加，不考虑进位，其余各位都是 3 个数相加，包括加数、被加数和低位的进位。任何位相加都将产生本位和向高位的进位的结果。因此，进位的产生方式对加法器的性能具有较大的影响。

1. 进位链结构

按形成进位的方式可以将多位加法器分为两类：串行进位加法器和超前进位加法器。串行进位方式是将多个全加器的进位输出依次级联构成多位加法器，并行进位加法器设有专门的并行进位产生逻辑，运算速度较快。而且随着数值位数的增加，相同位数的并/串行加法器资源的占用差距会越来越大。

如果只是用一位全加器，则需将 n 位二进制求和运算分解为 n 步操作，每步操作只实现一位求和，这种加法器就是串行加法器。它只需一个全加器，由移位寄存器依次从低位到高位向全加器提供操作数，并用一个触发器记下每位的进位，作为下一步求和操作的进位输入。串行加法器所用元件很少，但速度太慢，在现代计算机中已基本不用。

并行进位加法器使用 n 个全加器一步实现数值 n 位相加，即 n 位同时求和。计算机的运算器基本上都采用并行加法器，所用全加器的个数与操作位数相同。虽然操作数的各位是同时提供的，但由于存在的进位信号的传递问题，低位运算所产生的进位将会影响高位的运算结果。由于进位传递所经过的门电路级数通常超过各个全加器的门电路级数，进位传递延迟大于全加器本身的延迟，因此并行加法器的运算速度不仅与全加器的速度有关，更取决于进位传递的速度。不同的操作数组合，进位情况可能不同，加法器从获得稳定输入和稳定输出的运算时间也是不同的。

从本质上来讲，进位的产生是从低位开始，逐级向高位传递的。进位传递的逻辑结构形态好像链条，因此常将进位传递逻辑称为进位链。并行加法器的逻辑结构包含两个部分：全加器单元和进位链。本节将讨论基本的进位链结构。

假定 C_{in} 为低位进位信号，则本位(第 i 位)产生的进位信号 C_{out} 为

$$C_{\text{out}} = A_iB_i + C_{\text{in}}(A_i \oplus B_i)$$
$$C_{\text{out}} = A_iB_i + C_{\text{in}}(\overline{A_i} \oplus \overline{B_i})$$
$$C_{\text{out}} = A_iB_i + C_{\text{in}}(A_i + B_i)$$

可将上述逻辑写成通用公式：

$$C_{out} = G_i + P_i C_{in}$$

这是构成各种进位链结构的基本逻辑式，由它可以推导出串行进位模式与并行进位模式的基本模式。其中，$G_i = A_i B_i$ 称为第 i 位的进位产生函数，或称为本位进位或绝对进位。若本位的两个输入量均为 1，则必产生进位。这是不受进位传递影响的分量。P_i 称为进位传递函数，而 $P_i C_{in}$ 则称为传送进位或条件进位。P_i 的逻辑含义是若本位的两个输入至少一个为 1 时，则当低位有进位传来时，本位将产生进位。

2. 串行进位

多位二进制数进行相加，最简单的方式是将一个一位加法器进行级联，称为串行进位加法器。串行进位方式是指逐级形成进位，每一级进位直接依赖于上一级进位。设 n 位并行进位加法器的序号是第一位为最低位，第 n 位为最高位，则各进位信号的逻辑式如下：

$$C_1 = G_1 + P_1 C_0 = A_1 B_1 + (A_1 \oplus B_1) C_0$$
$$C_2 = G_2 + P_2 C_2 = A_2 B_2 + (A_2 \oplus B_2) C_1$$
$$\vdots$$
$$C_n = G_n + P_n C_n = A_n B_n + (A_n \oplus B_n) C_{n-1}$$

两个多位数相加时，只要将低位全加器的进位输出端接到高位全加器的进位输入端，就可以构成串行进位加法器。如图 6.1 所示，串行加法器将低位全加器的进位输出 C_{out} 直接连到高位全加器的进位输入 C_{in}。因此，任一位的加法运算必须在低一位的加法运算完成之后才能进行，在各级全加器之间，进位信号采用串联结构所用元件最少，逻辑电路比较简单，但运算时间较长。如果位数增加，传输延迟时间更长，工作速度更慢。

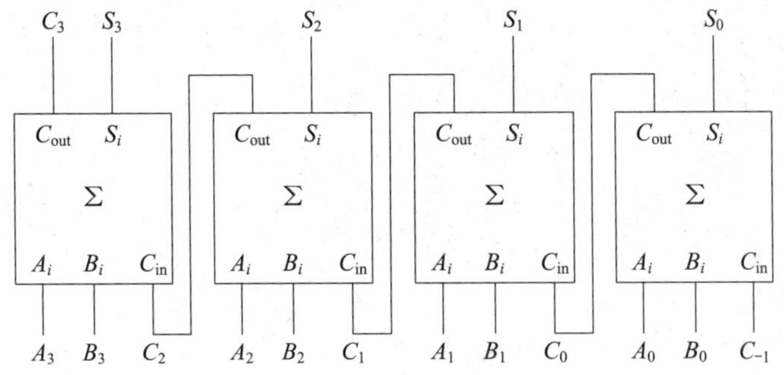

图 6.1　串行进位加法器

3. 并行进位

在串行进位加法器中，高位的运算结果必须等到低位的进位到达之后才能进行。为提高运算速度，现在广泛采用并行进位结构。并行进位的进位只由加数和被加数决定，而与低位的进位无关，即在加法运算过程中各级进位信号被同时送到各个全机器的进位输入端。并行加法器又称为超前进位加法器。根据本节所定义的进位产生函数 $G_i = A_i B_i$ 及进位产生函数，可得到如下逻辑式：

$$
\begin{aligned}
C_1 &= G_1 + P_1C_0 \\
C_2 &= G_2 + P_2G_1 + P_2P_1P_0 \\
C_3 &= G_3 + P_3G_2 + P_3P_2G_1 + P_3P_2P_1C_0 \\
&\vdots \\
C_n &= G_n + P_nG_{n-1} + \cdots + \left(P_n \cdots P_1\right)C_0
\end{aligned}
$$

由上式可知，在并行进位结构中，各进位结构是独自形成的，并不直接依赖于前级。当加法器运算的有关输入($A_iB_iC_0$)稳定后，各级同时产生自己的 G_i 和 P_i，也就是同时形成自己的进位信号 C_i。根据这一原理可以实现超前进位加法器，通过在多个全加器的基础上，增加超前进位形成逻辑，减少了由于进位信号传递产生的延迟，从而提高了运算速度。

6.2.2　半加器和全加器的设计

1. 半加器的设计

半加器电路是指对两个数据位进行加法，输出一个结果位和进位，不产生进位输入的加法器电路。

半加器不考虑低位向本位的进位，只有两个输入和两个输出。设加数为 a 和 b，和为 s，向高位的进位为 c，则半加器函数的逻辑表达式为

$$s = a \oplus b$$

$$c = ab$$

半加器的 VHDL 代码如下：

```
entity h_adder is
port(a, b:in std_logic;
        s, c : out std_logic);
end h_adder;
architecture Behavioral of h_adder is
begin
s<=a xor b;
c<= a and b;
end Behavioral;
```

半加器的仿真结果如图 6.2 所示。

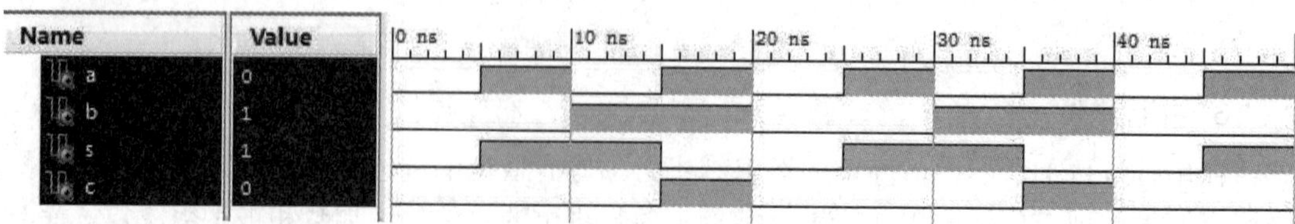

图 6.2　半加器仿真结果

2. 全加器的设计

全加器引入了进位值的输入，本位的运算结果不仅跟输入有关，还跟前一位的进位有关。

全加器考虑低位向本位的进位，比半加器多了低位的进位。因此，它有三个输入和两个输出，设加数为 p 和 q、进位输入为 c_in，和为 s、向高位的进位为 c_out，则全加器函数的逻辑表达式为

$$s = p \oplus q \oplus \mathrm{c\_in}$$

$$\mathrm{c\_out} = (pq) + (p\mathrm{c\_in}) + (q\mathrm{c\_in})$$

VHDL 实现全加器的代码如下：

```
library IEEE;
use IEEE.STD_LOGIC_1164.ALL;
entity FAdderl is
        Port (p : in STD_LOGIC;
                q:in STD_LOGIC;
                c_in : in STD_LOGIC;
                s : out    STD_LOGIC;
                c_out : out    STD_LOGIC);
end FAdderl;

architecture Behavioral of FAdderl is
begin
s<=(p xor q)xor c_in;
c_out<=(p and q) or(c_in and p) or(c_in and q);
end Behavioral;
```

从图 6.3 所示的全加器的仿真结果可以看出：

(1) p、q 为一位加数的输入；c_in 为进位输入端；c_out 为进位输出端；s 为结果输出端。

(2) 当 $p = 1$，$q = 1$，c_in = 1 时，c_out = 1，$s = 1$。

(3) 当 $p = 1$，$q = 1$，c_in = 1 时，c_out = 1，$s = 0$。

(4) 当 $p = 1$，$q = 0$，c_in = 0 时，c_out = 0，$s = 1$。

这样就验证了计算结果的正确性。

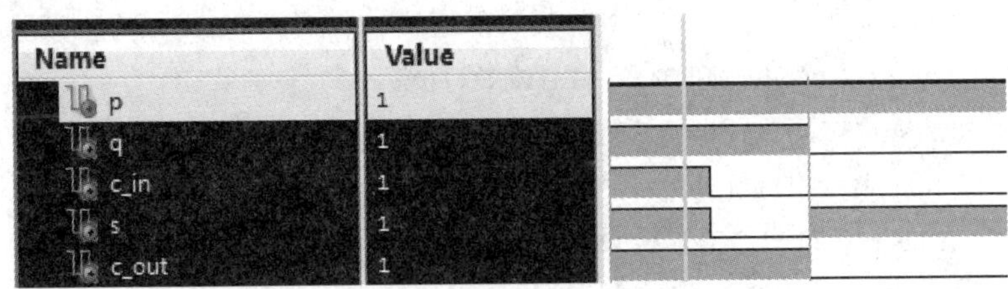

图 6.3　全加器仿真结果

6.2.3　定点加法器设计

运用半加器和全加器，以及串行进位和并行进位的方法，可以设计实现不同的定点加法器。

1. 8 位串行进位加法器的设计

串行进位加法器可以通过使用 1 位全加器串行进位的方式来实现多位进位加法器。例如，要实现 8 位串行进位加法器，首先需要设计 1 位全加器模块，然后在 8 位串行进位加法器的顶层模块中例化 8 个这样的 1 位全加器，并将低位全加器的进位输出连接到高位全加器的进位输入，这样通过串行进位的方式来产生 8 位全加器的各位输出。

实现 8 位全加器时，只要在顶层模块进行相应位的映射即可实现。映射方法如下所示。

```
u0:FAdder1 port map(a(0), b(0), cin, sum(0), c(1));
ul:FAdder1 port map(a(1), b(1), c(1), sum(1), c(2));
u2:FAdder1 port map(a(2), b(2), c(2), sum(2), c(3));
u3:FAdder1 port map(a(3), b(3), c(3), sum(3), c(4));
u4:FAdder1 port map(a(4), b(4), c(4), sum(4), c(5));
u5:FAdder1 port map(a(5), b(5), c(5), sum(5), c(6));
u6:FAdder1 port map(a(6), b(6), c(6), sum(6), c(7));
u7:FAdder1 port map(a(7), b(7), c(7), sum(7), cout);
```

2. 4 位并行进位加法器的设计

4 位并行进位加法器的设计采用数据流方式进行描述。如例 6.1 程序所示，其中 p 表示进位传递信号，如果 p 为 0，就否决了前一级的进位输入，否决的意思就是即使前一级有进位，本级也不会向后一级产生进位输出。g 表示绝对进位信号，如果 g 为 1，表示一定会向后一级产生进位输出。

在程序中，语句 p[i] = a[i] xor b[i]表示：当 $a = 1$、$b = 0$ 或 $a = 0$、$b = 1$ 时，前一级的进位输入信号不能否决。如果 $a = 1$、$b = 1$，那么前一级的进位输入信号也不能被直接否决，此时是通过信号 g 作用实现的；当 $a = 1$、$b = 1$ 时产生了绝对进位信号 g，它的优先级高于 p 信号，程序就忽略了 p 信号，将直接产生向后一级的进位输出，所以就不会产生逻辑错误。pp 信号和 gg 信号用于多个超前进位模块之间的连接。

【例 6.1】 用 VHDL 实现 4 位并行进位加法器的代码如下：

```
library IEEE;
use IEEE.STD_LOGIC_1164.ALL;
entity ParAdder is
    Port(a :in STD LOGIC VECTOR(3 DOWNTO 0);
         b : in   STD_LOGIC_VECTOR(3 DOWNTO 0);
         cin : in   STD LOGIC;
         s : out   STD_LOGIC_VECTOR(3 DOWNTO 0);
         cout : out   STD_LOGIC;
         pp : out   STD_LOGIC;
         gg : out   STD_LOGIC);
end ParAdder;
architecture Behavioral of ParAdder is
signal c: std logic vector(3 downto 1);
```

```
signal p, g:std_logic_vector(3 downto 0);
begin
--绝对进位
    g(0)<=a(0) and b(0);
    g(1)<=a(1) and b(1);
    g(2)<=a(2) and b(2);
    g(3)<=a(3) and b(3);
--进位传递条件
    p(0)<=a(0)xor b(0);
    p(1)<=a(1)xor b(1);
    p(2)<=a(2)xor b(2);
    p(3)<=a(3)xor b(3);
--产生并行进位
    c(1)<=g(0) or (p(0) and cin);
    c(2)<=g(1)or(p(1)and g(0))or (p(1)and p(0)and cin);
    c(3)<=g(2)or(p(2)and g(1) or (p(2)and p(1) and g(0)) or (p(2)and p(1)and p(0)and cin);
    cout<=g(3)or(p(3)and g(2))or (p(3)and p(2)and g(1))or (p(3)and p(2)
          and p(1) and g(0)) or (p(3)and p(2)and p(1)and p(0) and cin);
--本组进位传递条件
    pp<=p(0) and p(1) and p(2) and p(3);
    gg<=g(3)or(p(3)and g(2))or(p(3)and p(2) and g(1))or(p(3)and p(2)and p(1)and g(0));
--和输出
    s(0)<=p(0)xor cin;
    s(1)<=p(1)xor c(1);
    s(2)<=p(2)xor c(2);
    s(3)<=p(3)xor c(3);
end Behavioral;
```

从图 6.4 所示的仿真结果中得出以下结论：

(1) a、b 为 4 位加数，c_{in} 为初始进位，s 为和的输出，c_{out} 为进位的输出，pp、gg 信号是用于级联的。例如可以利用 4 个 4 位超前进位加法器模块构成 16 位超前进位加法器。

(2) 当 $a = 0001$，$b = 1110$ 时，得出 $s = 1111$，$c_{out} = 0$，从而得出超前进位加法器的计算结果是正确的。

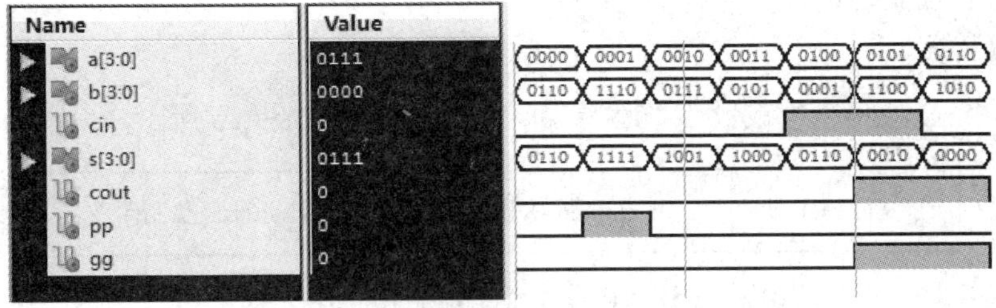

图 6.4　4 位并行加法器仿真结果

6.2.4 浮点加法器设计

1. 浮点加法器的基本原理

浮点数比定点数的表示范围宽，有效精度高，更适合于科学与工程计算的需要。当要求的计算精度较高时，往往采用浮点运算。但浮点数的格式较定点数的格式复杂，硬件实现的成本相应高一些，完成一次浮点四则运算所需要的时间也较定点运算长。

在浮点表示法中，浮点数 A 通常表示为 $A_M \times 2^{A_E}$ 的形式，整个编码被分为两部分：阶码(记为 A_E)和尾数(记为 A_M)。其中，阶码采用定点整数格式，尾数采用定点小数格式。R 为阶码的“底”，通常选择 $R = 2$。阶码反映浮点数 A 的数值范围及小数点的位置，尾数表示浮点数 A 的有效位和正负。因此，浮点运算实质上包含两组定点运算：阶码运算和尾数运算。这两部分有各自的作用且相互间存在关联。

为提高浮点数的表示精度，微处理器内部往往采用规格化浮点数表示。规格化浮点运算的有效精度高。本节主要讨论规格化浮点运算器的设计。

2. 规格化浮点数加减运算的基本原理

两个规格化的浮点数 $A = A_M \times 2^{A_E}$ 和 $B = B_M \times 2^{B_E}$ 进行加减运算，可分为以下 4 步：

1) 检测浮点数是否为零

当其中一个浮点数为零时，就可以简化其操作，加快运算速度。当一个浮点数的尾数为 0 时，不论其阶码是多少，该浮点数都作为机器零处理。

2) 对阶

对阶的原则是：小阶对大阶。当调整阶码时，尾数应同步移位，以保证浮点数的值不变。如果阶码以 2 为底，则每当阶码增加 1 时，尾数应右移一位。在尾数右移的过程中有可能舍去低位，但将保留有效的高位部分。

3) 尾数相加(减)

当两数的阶码对齐后，相当于已将两数的小数点的实际位置对齐，则令尾数相加(减)。

4) 结果规格化

为了便于判别结果是否符合规格化，将尾数加法器的符号值扩展为双符号位。规格化分为左规和右规。

(1) 左规：运算结果为 11.1xxx 或 00.0xxx，尾数左移 1 位，阶码减 1。

(2) 右规：运算结果为 10.xxx 或 01.xxx，尾数右移 1 位，阶码加 1，但最多只能右移 1 次。

3. 浮点加法器的设计

1) 数据格式

设计一个 32 位单精度的浮点数运算器，其数据格式如图 6.5 所示。

S(1 bit)	Exponent(8 bit)	Mantissa(23 bit)

图 6.5　32 位单精度浮点数运算器的数据格式

图 6.5 中，数据共 32 位。其中，S(1 bit)为符号位，表示浮点数的正负；Exponent(8 bit)为阶码；Mantissa(23 bit)为尾数。阶码采用移码表示，即$[E]_{阶} = E + 128$，尾数采用 2 的补码表示形式，即$[M]_{补} = 2 + M$，符号位在最前面(S)，最后的 23 位均为数值部分。由于补码表示的两个二进制数和的补码就是这两个数补码的和，而两数差的补码等于被减数补码与减数补码(即减数相反数的补码)的和，所以本节设计的浮点加法器尾数采用补码表示。

2) 浮点加法器的工作流程

根据浮点加法运算的原理可知，浮点加法器的工作流程如图 6.6 所示。

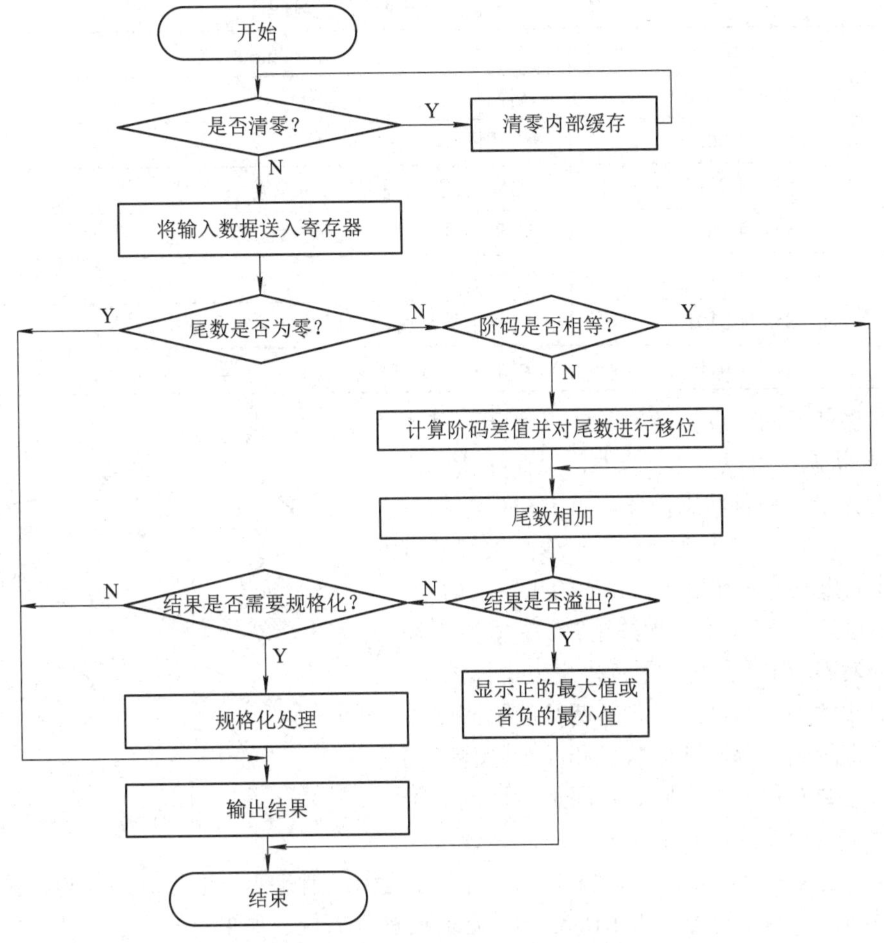

图 6.6　浮点加法器的工作流程

3) 输入/输出端口的定义

定义 32 位浮点加法器的输入/输出端口的 VHDL 代码如下：

```
entity FloAdder is
Port ( fa: in   STD_LOGIC_VECTOR (31 downto 0); --浮点数输入，阶码为移码表示，尾数为补码表示
F_b: in   STD_LOGIC_VECTOR (31 downto 0);
Clk: in   STD_LOGIC; --时钟信号
rst: in   STD_LOGIC;                                   --复位信号，高电平有效
```

```
done: out   STD_LOGIC;                                 --操作完成信号
cs: out   STD_LOGIC_VECTOR (2 downto 0);                --当前状态，便于仿真观察
f_out: out   STD_LOGIC_VECTOR (31 downto 0));          --输出结果
```

4) 浮点加法器工作流程的 VHDL 实现

浮点加法器的工作流程可以用状态描述。设计 7 个状态(读者也可自行根据流程图定义状态机，状态数可以多于或少于 7 个)，分别表示运算过程的各个步骤，各状态的含义如表 6.1 所示。

表 6.1　浮点加法器状态编码

状态编码	执行的操作
S0：4’0000	初始化
S1：4’0001	检测操作数是否零
S2：4’0010	比较阶码并计算阶码的差值
S3：4’0011	阶码小的尾数右移并修改阶码
S4：4’0100	尾数求和
S5：4’0101	判断结果是否溢出以及是否需要规格化
S6：4’0110	对结果进行规格化

浮点加法器的状态转换如图 6.7 所示。其中 S3 为冗余状态，可以与 S2 合并，以简化代码设计。本设计没有进行状态简化，读者可以根据程序自行尝试。当 rst 信号为高时，操作数寄存器进行初始化，提取阶码和尾数，并初始化控制信号。当 rst 变为低时，开始执行加法运算。首先判断操作数是否为零，如果是零，则直接产生运算结果，并返回初始状态，否则继续判断两数的阶码是否相等。如果阶码相等，则尾数求和；否则将阶码小的数的尾数右移一位，同时阶码加 1，回到阶码比较状态(S2)。当对阶完成时，进行尾数求和(S4)。由于尾数采用扩展符号位的补码形式进行运算，因此便于进行溢出判断和规格化判断。如果结果的两个符号位为 01 或 10，则需要进行右规；如果符号位及数值位的最高位为 000 或 111，则需要进行左规。此外，如果阶码位最小(8b0000_0000)，而尾数还需要左规，则浮点数下溢，当作机器零处理，此时零输出为 0；如果阶码位最大(8b1111_1111)，而位尾数还需要右规，则浮点数上溢，此时零输出全为 1。

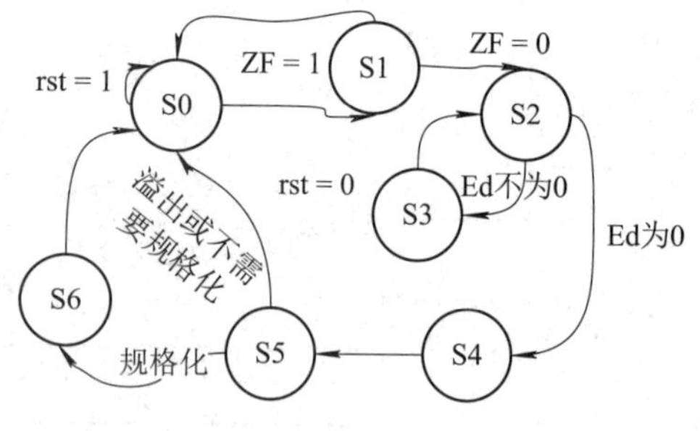

图 6.7　浮点加法器状态转换图

在 VHDL 语言中，用状态机来实现工作流程中不同状态之间的转换。

(1) 定义状态编码：

```
constant s0 :std_logic_vector(2 downto 0):="000";
constant s1 :std_logic_vector(2 downto 0):="001";
constant s2 :std_logic_vector(2 downto 0):="010";
constant s3 :std_logic_vector(2 downto 0):="011";
```

```
constant s4 :std_logic_vector(2 downto 0):="100";
constant s5 :std_logic_vector(2 downto 0):="101";
constant s6 :std_logic_vector(2 downto 0):="110";
```

(2) 存储当前状态：

```
process(clk, rst)
    begin
        if(rst='1') then
            Cs_tmp<=s0;
        elsif(clk='1'and clk'event) then
            Cs_tmp<=Ns;
        end if;
        Cs<=Cs_tmp;
end process;
```

(3) 按照状态转换图计算状态：

```
process(Cs_tmp, rst, ZF, Ed, donetmp)
    begin
        Ns<=s0;
        case Cs_tmp is
            when s0=> if rst='1'    then Ns<=s0; else Ns<=s1; end if;
            when s1=> if ZF='1'    then Ns<=s0; else Ns<=s2; end if;
            when s2=> if Ed="00000000" then Ns<=s4; else Ns<=s3; end if;
            when s3=> Ns<=s2;
            when s4=> Ns<=s5;
            when s5=> if donetmp='1'    then Ns<=s0; else Ns<=s6; end if;
            when s6=> Ns<=s0;
            when others => Ns<=s0;
        end case;
end process;
```

6.3　定点乘法器设计

乘法器是对数字形式表示的两个或多个 n 位数求积的一种运算电路，是计算机中一种重要的基本运算。许多运算如倒数、平方根、指数、三角函数等都与乘法运算相关。乘法器通常由多个逻辑门和电子元件组成，如逻辑门、加法器、寄存器等。实现乘法运算的方法包括以下几种：用软件实现乘法运算，在加法器的基础上增加一些硬件实现乘法运算，设置专用硬件乘法器实现乘法运算。

本节主要讲述采用加法器实现乘法运算的方法，包括原码一位、原码二位、补码一位、阵列等乘法器。

6.3.1 原码一位乘法器设计

1. 原码一位乘法器的基本原理

不同的机器数编码执行加减乘除运算的方法不同。加减运算采用补码运算比较方便，而乘除运算则采用原码更简单。因为乘积的符号由被乘数与乘数的符号来决定，两数同号则结果为正，两数异号则结果为负，所以在进行原码乘法运算时实际上是两个无符号数相乘，符号位单独处理。

【例 6.2】 若$[X]_{原} = 0.1101$，$[Y]_{原} = 1.1011$，求两者之积。

解 乘积的符号为 $0 \oplus 1 = 1$。

人工计算过程如图 6.8 所示。在计算结果的小数点左边加上乘积的符号 1 就是乘积的原码 1.10001111。

根据图 6.8 所示的运算过程，被乘数 X 与乘数的某一位 2^iY_i 相乘得到部分积，所有部分积 R_1，R_2，R_3，R_4 相加得到乘积结果。由于人工计算过程直接在计算机上实现难度较大，因此可将实现方法改为将累加生成的部分积右移，将新获得部分和加入已经右移的部分积。这样只要用 n 位加法器就可进行 $2n$ 位加法(只对部分积的高位相加)。根据以上分析，原码一位乘算法的流程图如图 6.9 所示。

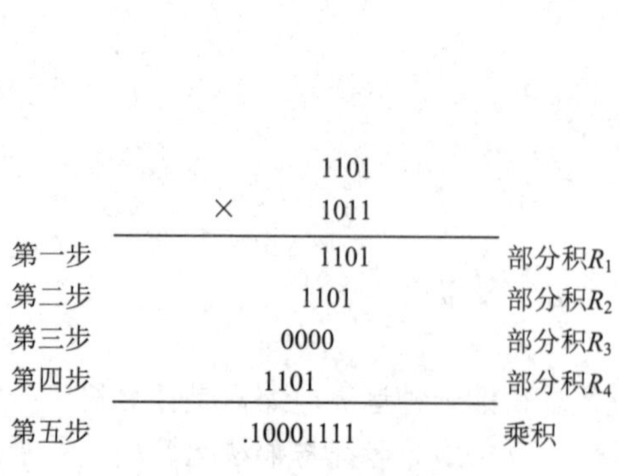

图 6.8 人工计算过程

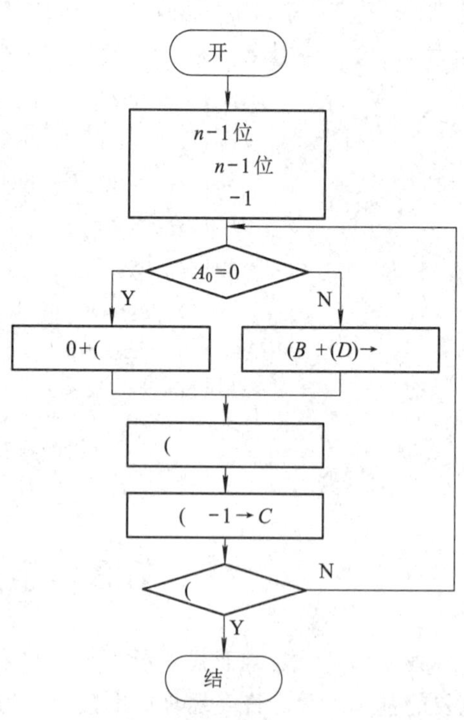

图 6.9 原码一位乘算法的流程图

将乘数和被乘数分别赋值给寄存器 A 和 B，初始化存放部分积高位的寄存器 D 为 0，C 为计数器。从乘法器的低位开始运算，若 A_0 为 1，则部分积 D 加上被乘数 B；若 A_0 为 0，则部分积 D 加 0。然后部分积 D 和乘数 A 一起右移 1 位，再检测乘数低位。重复上述过程，直到乘数中各位运算完毕。

2. 原码一位乘算法的 VHDL 实现

1) 原码一位乘法器输入/输出端口定义

在乘法器输入/输出端口的定义中，除了要定义操作数和输出结果之外，还需要定义时钟信号、复位信号以及状态转换的计数信号。状态转换的计数信号用来观察状态转换是否正确。用 VHDL 编写乘法器输入/输出端口的代码如下：

```
entity mul8_o is
    Port ( oper_a : in    STD_LOGIC_VECTOR (7 downto 0);
           oper_b : in    STD_LOGIC_VECTOR (7 downto 0);
           result : inout    STD_LOGIC_VECTOR (15 downto 0);
           clk : in    STD_LOGIC;
           rst : in    STD_LOGIC;
           cnt: out STD_LOGIC_VECTOR (2 downto 0));
end mul8_o;
```

2) 寄存器初始化

复位信号有效时，初始化所有寄存器的值。在原码一位乘法中，只有数值位参与运算，符号位单独处理。用 VHDL 编写寄存器初始化的代码如下：

```
if(rst='1') then
        result_temp(15):=oper_a(7) xor oper_b(7);             --最高位为符号位
        result_temp(14 downto 7):="00000000";                 --初始化部分积
        result_temp(6 downto 0):=oper_b(6 downto 0);          --加载乘数
        B(7 downto 0)<='0'&oper_a(6 downto 0);                --被乘数的数值位
```

3) 乘法运算计算过程

根据原码一位乘的算法原理，完成计算过程：

```
if (clk='1'and clk'event) then
if(count>0)then
    if(result_temp(0)='1')then
      result_temp(14 downto 7):=result_temp(14 downto 7)+B(7 downto 0);
      --乘数最低位为 1，加被乘数
    else
    result_temp(14 downto 7):=result_temp(14 downto 7);
    --乘数最低位为 0，无操作。
    end if;
  result_temp(14 downto 0):='0'&result_temp(14 downto 1);
    --右移
count:=count-1;
end if;
end if;
```

4) 操作数载入

计数器结果为0时，重新装载操作数：

```
if(count = 0) then
            count := 7;
            result_temp(15):=oper_a(7) xor oper_b(7);
                result_temp(14 downto 7):="00000000";
                result_temp(6 downto 0):=oper_b(6 downto 0);
                B(7 downto 0)<='0'&oper_a(6 downto 0);
 end if;
```

6.3.2 原码二位乘法器设计

1. 原码二位乘法器的基本原理

对于 n 位乘数(包括一位符号)，进行一位乘法运算需进行 $n-1$ 次加法和右移操作。如果每次运算采用两个数据位，每次右移两位，则可有效提高运算速度。原码二位乘法运算法则如表6.2所示。

表6.2 原码二位乘法运算法则

Y_{i+1}	Y_i	C	操作
0	0	0	+0，右移2次，$C=0$
0	0	1	+$\|X\|$，右移2次，$C=0$
0	1	0	+$\|X\|$，右移2次，$C=0$
0	1	1	+2$\|X\|$，右移2次，$C=0$
1	0	0	+2$\|X\|$，右移2次，$C=0$
1	0	1	−$\|X\|$，右移2次，$C=1$
1	1	0	−$\|X\|$，右移2次，$C=1$
1	1	1	+0，右移2次，$C=1$

2. 原码二位乘法器的VHDL实现

根据原码二位乘法运算法则设计8位原码二位乘法运算器。

1) 原码二位乘法器输入/输出端口定义

用VHDL编写的原码二位乘法器输入/输出端口的代码如下：

```
entity mul2 is
Port ( clk : in STD_LOGIC;
       rst :in STD_LOGIC;
        a : in   STD_LOGIC_VECTOR (7 downto 0);
        b : in   STD_LOGIC_VECTOR (7 downto 0);
    result : out   STD_LOGIC_VECTOR (15 downto 0));
end mul2;
```

2) 寄存器初始化

复位信号有效时，初始化所有寄存器的值。在原码二位乘法中，只有数值位参与运算，符号位单独处理。用 VHDL 编写的寄存器初始化的代码如下：

```
if(rst='1')then
    result_tmp(17 downto 8):="0000000000";
    result_tmp(7 downto 0):='0'&b(6 downto 0);
     BB(9 downto 0):="000"&a(6 downto 0);
    count:=4;
    c:='0';
endif
```

3) 乘法运算计算过程

根据原码二位乘的算法原理，完成计算过程：

```
process(clk, rst, a, b)
    variable BB:std_logic_vector(9 downto 0);
    variable result_tmp:std_logic_Vector(17 downto 0);
    variable temp1:std_logic;
    variable count:Integer:=4;
    variable c:std_logic:='0';
    variable num:std_logic_vector(9 downto 0);
    variable temp:std_logic_Vector(2 downto 0);
begin
    if(rst='1')then
        result_tmp(17 downto 8):="0000000000";
        result_tmp(7 downto 0):='0'&b(6 downto 0);
        BB(9 downto 0):="000"&a(6 downto 0);
        count:=4;
        c:='0';
    elsif(clk='1' and clk'event)then
        if(count/=0)then
            if(a(6 downto 0)="0000000")then
                result_tmp(17 downto 0):="000000000000000000";
                count:=0;
            elsif(b(6 downto 0)="0000000")then
                result_tmp(17 downto 0):="000000000000000000";
                count:=0;
            else
                temp:=result_tmp(1)&result_tmp(0)&c;
                case    temp is
```

```
                --按照运算法则 分情况
                  when "000"=>
                        num:="0000000000";
                        c:='0';
                  when "001"=>
                        num:=BB;
                        c:='0';
                  when "010"=>
                        num:=BB;
                        c:='0';
                  when "011"=>
                        num:=BB(8 downto 0)&'0';
                        c:='0';
                  when "100"=>
                        num:=BB(8 downto 0)&'0';
                        c:='0';
                  when "101"=>
                        num:= not BB +'1';
                        c:='1';
                  when "110"=>
                        num:= not BB +'1';
                        c:='1';
                  when "111"=>
                        num:= "0000000000";
                        c:='1';
                  when others=>null;
                  end case;
                        result_tmp(17 downto 8):=result_tmp(17 downto 8) + num;
            result_tmp:=result_tmp(17)&result_tmp(17)&result_tmp(17 downto 2);
                  count:=count-1;
            end if;
      end if;
   end if;
end process;
```

6.3.3 补码一位乘法器设计

1. 补码一位乘法器的基本原理

由于计算机内部经常采用补码表示数据，使用原码进行乘法运算不太方便，因此，大部分计算机采用补码进行乘法运算。布斯算法是一种经典的补码一位乘法算法。补码乘法符号位直接参与运算，运算开始时需要增加一个辅助位 $Y_{n-1} = 0$。根据相邻两位数据的差决定加被乘数、减被乘数或者加零操作，然后将结果进行右移。当乘数的两个相邻数位的差(低位减高位)为 1 时，在部分积上累加被乘数；当差为 −1 时，在部分积上加上被乘数的补码；当差为 0 时，不作任何操作。具体运算规则如表 6.3 所示。

表 6.3　布斯乘法运算规则

Y_i	Y_{i-1}	$Y_{i-1} - Y_i$	操　作
0	0	0	+0，　右移一次
0	1	1	$+[X]_{补}$，右移一次
1	0	−1	$+[-X]_{补}$，右移一次
1	1	0	+0，　右移一次

补码一位乘算法的流程图如图 6.10 所示。

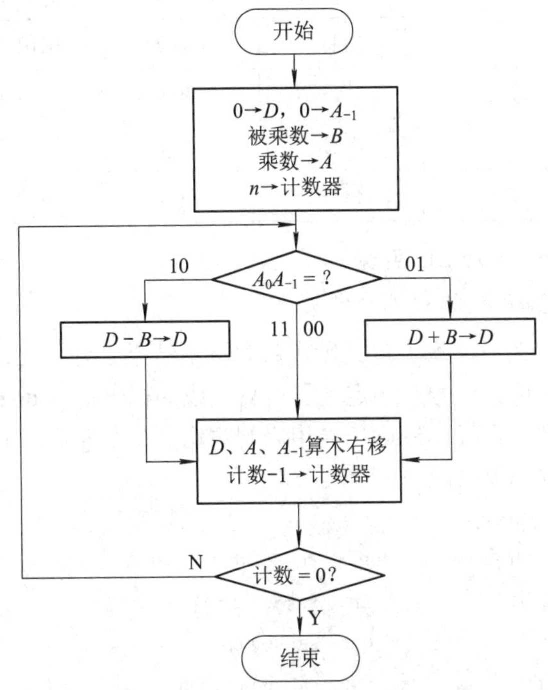

图 6.10　补码一位乘算法的流程图

下面举例说明补码一位乘算法的计算过程。

【例 6.3】 $X = -0.1010$，$Y = -0.0101$，求$[X \times Y]_{补}$。

解　首先对寄存器进行初始化：

$$A = 00.0000$$

$$B = [X]_{补} = 11.0110$$

$$-B = [-X]_{补} = 00.1010$$

$$C = [Y]_{补} = 1.1011$$

计算过程：首先，判断条件 C_nC_{n+1}，根据条件进行 $+B$、$-B$、+0 操作，把结果回送入 A；然后，将 A 和 C 右移一位，其中 A 寄存器的末位移入 C 寄存器的首位，C 寄存器的末位移入辅助寄存器 C_{n+1}；最后，计数器 n 减 1。重复此过程，直至 $n = 0$ 时结束运算过程。计算过程如表 6.4 所示。例 6.3 的运算结果$[XY]_{补} = 0.00110010$。

表 6.4　例 6.3 操作描述表

步数	条件	操作	A	C	C_{n+1}
	C_nC_{n+1}		00.0000	1.1011	0
第一步	10	$A = A - B$	00.1010	1.1011	0
		右移	00.0101	01.101	1
第二步	11	$A = A$	00.0101	01.101	1
		右移	00.0010	101.10	1
第三步	01	$A = A + B$	11.1000	101.10	1
		右移	11.1100	0101.1	0
第四步	10	$A = A - B$	00.0110	0101.1	0
		右移	00.0011	0010.1	1
第五步	11	$A = A$	00.0011	0010	1

2. 补码一位乘算法的 VHDL 实现

1) 补码一位乘法器输入/输出端口定义

在输入输出端口定义中，除了定义操作数和输出结果之外，还需要定义时钟信号、复位信号以及状态转换的计数信号，还定义了运算完成的标志信号 done。状态转换的计数信号用来观察状态转换是否正确。done 信号用来观察运算是否完成。用 VHDL 编写补码一位乘法器输入/输出端口的代码如下：

```
entity mul8_c is
    port(oper_a, oper_b: in   std_logic_vector(7 downto 0);
            clk, rst:           in    std_logic;
            done:               out   std_logic;
            result:             out   std_logic_vector(15 downto 0);
            cnt:                out   std_logic_vector(2 downto 0));
end mul8_c;
```

2) 寄存器初始化

复位信号有效时，初始化所有寄存器的值。在补码一位乘法中，符号位参与运算。为了避免溢出，采用双符号进行运算。用 VHDL 编写寄存器初始化的代码如下：

```
if(rst='1') then--异步复位
    Acc(17 downto 9) :="000000000";            --部分积清零
    Acc(8 downto 1):=oper_b(7 downto 0);       --乘积的值存入累加器的低八位
```

```
        Acc(0):='0';
        B(8 downto 0):=oper_a(7)&oper_a(7 downto 0);        --暂存被乘数，并扩展符号位
        count:=7; --循环次数置为乘数的位数
        done<='0';
```

3) 根据补码一位乘的算法原理完成计算过程

用 VHDL 编写计算过程的代码如下：

```
    if(clk'event and clk='1')then
        if(count >0) then
            case Acc(1 downto 0) is
            when "01"=> Acc(17 downto 9):=Acc(17 downto 9)+B( 8 downto 0);
            when "10"=> Acc(17 downto 9):=Acc(17 downto 9)+ not B +'1' ;
            when "11"=> Acc(17 downto 9):=Acc(17 downto 9);
            when others => null;
            end case;
            Acc:=Acc(17)&Acc(17 downto 1);
            count:= count-1;
            end if;
```

6.3.4　阵列乘法器设计

1. 阵列乘法器的原理

上述的乘法运算通过多次加法和移位来实现乘法运算，难以获得较高的运算速度。阵列乘法器利用乘加单元可以实现部分积的快速计算，基本乘加单元的结构如图 6.11 所示。基本乘加单元对本单元的 X_iY_i 进行与运算，加上一级单元的部分积和进位，得到新的部分积加到下一级单元，进位向高一位传递。

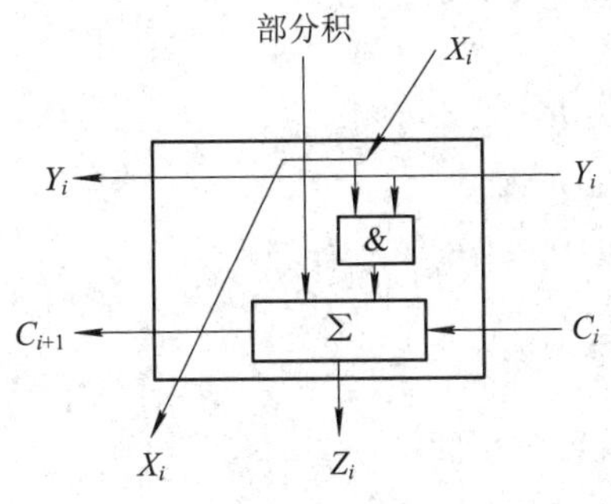

图 6.11　基本乘加单元结构

图 6.12 为 4 位无符号数阵列乘法器的结构图。每个小方框表示一个基本乘加单元。这些乘加单元按照人工运算的方式进行分布连接，实现 4 位乘法运算。将整个结构展开，在实际运算中第一层仅实现了 Y_0 和 X 相与操作，而最后一层只是实现了部分积的相加操作，只有中间部分完全使用乘加单元的功能。

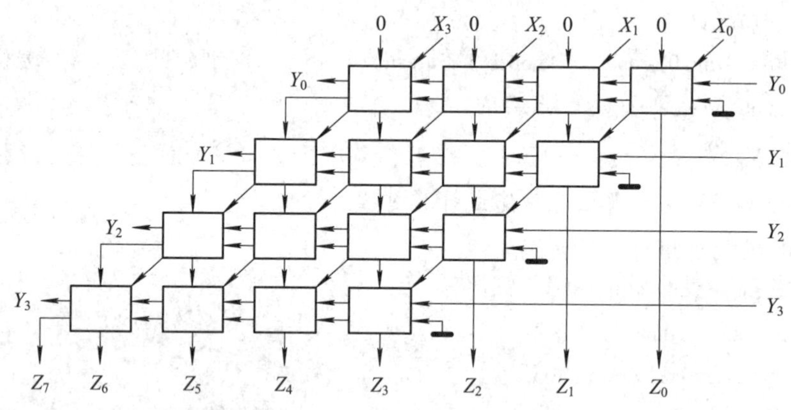

图 6.12　4 位无符号数阵列乘法器结构

2. 阵列乘法器 VHDL 代码实现

根据上述分析，在无符号数阵列乘法器的实现过程中，可以将其分为三部分来实现。本小节将设计 8 位原码阵列乘法器(1 个符号位 + 7 个数据位)，需要根据图 6.12 所示的结构进一步扩展。

1) 第一层模块设计

第一层主要是实现 Y_0 和 X 的相与操作。只有最低位相与结果是最后乘积结果的最低位，其他位的运算结果作为部分积和进位传递到下一级的单元。用 VHDL 编写第一层模块设计的代码如下：

```
entity first_row is
    Port ( a : in   STD_LOGIC;
           b : in   STD_LOGIC_VECTOR (6 downto 0);
           sout, cout : out   STD_LOGIC_VECTOR (5 downto 0);
           p : out   STD_LOGIC);
end first_row;
architecture Behavioral of first_row is
component and_2 is
    Port ( a : in   STD_LOGIC;
           b : in   STD_LOGIC;
           cout : out   STD_LOGIC);
end component;
begin
    U1: and_2 port map (a, b(6), sout(5));
    U2: and_2 port map(a, b(5), sout(4));
    U3: and_2 port map (a, b(4), sout(3));
    U4: and_2 port map (a, b(3), sout(2));
    U5: and_2 port map(a, b(2), sout(1));
    U6: and_2 port map (a, b(1), sout(0));
    U7: and_2 port map (a, b(0), p);
```

```
        cout<="000000";
    end Behavioral;
```

2) 中间层模块设计

中间层主要是利用基本乘加的单元完成部分积运算。为了方便使用乘加单元，我们将乘加单元展开，直接利用与门和全加器来实现。在具体代码编写过程中，注意每一位参数传递的位置。用 VHDL 编写中间层模块设计的代码如下：

```
entity mid_row is
    Port ( a : in    STD_LOGIC;
           b : in    STD_LOGIC_VECTOR (6 downto 0);
           sin : in    STD_LOGIC_VECTOR (5 downto 0);
           cin : in    STD_LOGIC_VECTOR (5 downto 0);
           sout : out    STD_LOGIC_VECTOR (5 downto 0);
           cout : out    STD_LOGIC_VECTOR (5 downto 0);
           p : out    STD_LOGIC);
end mid_row;
architecture Behavioral of mid_row is
    component and_2 is
    Port ( a : in    STD_LOGIC;
           b : in    STD_LOGIC;
           cout : out    STD_LOGIC);
    end component;
    component fau is
    Port ( a : in    STD_LOGIC;
           b : in    STD_LOGIC;
           cin : in    STD_LOGIC;
           sout : out    STD_LOGIC;
           cout : out    STD_LOGIC);
    end component;
    signal and_out :std_logic_vector(5 downto 0);
begin
    U1: and_2 port map(a, b(6), sout(5));
    U2: and_2 port map(a, b(5), and_out(5));
    U3: and_2 port map(a, b(4), and_out(4));
    U4: and_2 port map(a, b(3), and_out(3));
    U5: and_2 port map(a, b(2), and_out(2));
    U6: and_2 port map(a, b(1), and_out(1));
    U7: and_2 port map(a, b(0), and_out(0));
    U8: fau port map(sin(5), cin(5),and_out(5), sout(4), cout(5));
    U9: fau port map(sin(4), cin(4),and_out(4), sout(3), cout(4));
```

```
        U10: fau port map(sin(3), cin(3), and_out(3), sout(2), cout(3));
        U11: fau port map(sin(2), cin(2), and_out(2), sout(1), cout(2));
        U12: fau port map(sin(1), cin(1), and_out(1), sout(0), cout(1));
        U13: fau port map(sin(0), cin(0), and_out(0), p, cout(0));
    end Behavioral;
```

3) 最后一层模块设计

在中间层完成了所有部分积运算后，无符号数阵列乘法器最后一层实现的是乘法运算的最后一步，将最后一级的部分积加到一起。用 VHDL 编写最后一层模块设计的代码如下：

```
entity last_row is
    Port ( sin : in   STD_LOGIC_VECTOR (5 downto 0);
           cin : in   STD_LOGIC_VECTOR (5 downto 0);
           p : out    STD_LOGIC_VECTOR (6 downto 0));
end last_row;
architecture Behavioral of last_row is
    component fau is
        Port ( a : in   STD_LOGIC;
               b : in   STD_LOGIC;
               cin : in   STD_LOGIC;
               sout : out   STD_LOGIC;
               cout : out   STD_LOGIC);
    end component;
    signal local:std_logic_vector(5 downto 0);
begin
    local(0)<='0';
    U1: fau port map(sin(0), cin(0), local(0), p(0), local(1));
    U2: fau port map(sin(1), cin(1), local(1), p(1), local(2));
    U3: fau port map(sin(2), cin(2), local(2), p(2), local(3));
    U4: fau port map(sin(3), cin(3), local(3), p(3), local(4));
    U5: fau port map(sin(4), cin(4), local(4), p(4), local(5));
    U6: fau port map(sin(5), cin(5), local(5), p(5), p(6));
end Behavioral;
```

6.4 定点除法器设计

与乘法运算一样，定点除法运算也可以采用原码或补码实现。不管采用哪一种编码都应当注意除数不能为 0。除法器的实现方法包括利用多次“加减与移位”的循环执行实现除法，采用迭代除法通过快速乘法器实现除法器，以及阵列除法器。

要进行定点除法运算需要满足以下两个条件：

(1) 对于定点小数，为了保证除法结果仍为小数，被除数和除数应满足：

$$0<|被除数|<|除数|$$

(2) 对于定点整数，为了保证除法结果仍为整数，被除数和除数应满足：

$$0<|除数|<|被除数|$$

6.4.1　原码除法器设计

1. 加减交替除法的原理

原码除法是取被除数和除数的绝对值(即原码的尾数)进行相除得到商的数值部分，两个操作数符号位异或得到商的符号位。

常用的除法计算方法是不恢复余数除法，又称为加减交替除法。其基本运算规则是：

(1) 若余数 $R\geqslant0$，则商上 1，左移一次，减除数；

(2) 若余数 $R<0$，则商上 0，左移一次，加除数。

【例 6.4】 已知 $X=-0.10101$，$Y=0.1110$，试用原码加减交替法求 $X\div Y$。

解　$[X]_{原}=1.10101$，$[Y]_{原}=0.1110$，商的符号为 $0\oplus1=1$。数值除法运算过程见表 6.5。

表 6.5　原码加减交替除法的计算过程

操　作	R(余数)	Q(商)	说　明
$+[-\|Y\|]_{补}$ ←	00.10101 + 11.00010 11.10111 11.011110	x.xxxxx	X 表示未赋值 $R-\|Y\|$ 余数为负数 余数左移一位
$+\|Y\|$ ←	+ 00.11110 00.01100 00.11000	x.xxx01	$R+\|Y\|$ 余数为正，商 1 余数左移一位
$+[-\|Y\|]_{补}$ ←	+ 11.00010 11.11010 11.10100	x.xx010	$R-\|Y\|$ 余数为负，商 0 余数左移一位
$+\|Y\|$ ←	+ 00.11110 00.10010 01.00100	x.x0101	$R+\|Y\|$ 余数为正，商 1 余数左移一位
$+[-\|Y\|]_{补}$ ←	+ 11.00010 00.00110 00.01100	x.01011	$R-\|Y\|$ 余数为负，商 0 余数左移一位
$+[-\|Y\|]_{补}$ ←	+ 11.00010 11.01110	0.10110	$R-\|Y\|$ 余数为负，商 0
$+\|Y\|$	+ 00.11110 00.01100	0.10110	恢复余数，$+\|Y\|$，最终结果

例 6.4 的计算结果为商 = 0.10110，余数 = 0.01100×2^{-5}。

根据运算过程可以看出：在加减交替除法运算中，加减被除数步数固定，可以通过时序逻辑控制，便于硬件实现。

2. 加减交替除法的 VHDL 实现

1) 加减交替除法输入/输出端口定义

用 VHDL 编写加减交替除法输入/输出端口的代码如下：

```
entity div8_o is
port(oper_a, oper_b: in std_logic_vector(7 downto 0);          --被除数，除数，最高位为符号位
              rst, clk:in std_logic;                           --时钟信号 clk，复位信号 rst
              done:out std_logic;
              cnt:out std_logic_vector(2 downto 0);            --便于仿真观察
R, Q: out std_logic_vector(7 downto 0));                       --商 Q，最高位为符号位，余数 R
end div8_o;
```

2) 变量定义及参数初始化

根据设计需求，定义双符号位的余数和除数的局部变量、商和计数器变量。用 VHDL 编写变量定义及参数初始化的代码如下：

```
variable R_temp, B:std_logic_vector(8 downto 0); --余数和除数(双符号位)，运算开始时余数即为被除数
variable Q_temp:std_logic_vector(7 downto 0); --商
variable count :integer range 0 to 7;              --累加和移位计数器
```

在复位信号有效时，对局部变量进行初始化：

```
if(rst='1') then--异步复位
            Q_temp(7):=oper_a(7) xor oper_b(7);                  --产生商的符号位
            R_temp(8 downto 0):="00"&oper_a(6 downto 0);         --初始化余数
               B:="00"&oper_b(6 downto 0);                       --除数，符号位扩展
               Q_temp(6 downto 0):="0000000";                    --商初始化为 0
               R_temp:=R_temp-B;                                 --被除数<除数，否则出错
             count:=itera;                                       --循环次数置为商的位数
               done<='0';
```

3) 原码除法运算过程

根据加减交替除法的计算原理，完成计算过程。用 VHDL 编写原码除法运算过程的代码如下：

```
if(clk'event and clk='1') then                              --累加移位，依次计算每一位商
    if (count >0)then
Q_temp(6 downto 0):=Q_temp(5 downto 0)&'0';                 --商左移移位，保持符号位不变
        Q_temp(0):= not R_temp(8);                          --上商
        R_temp(8 downto 0):= R_temp(7 downto 0)&'0';        --余数左移一位
        if(Q_temp(0)='1') then                              --计算新的余数
            R_temp:=R_temp-B;
        else R_temp:=R_temp+B;
        end if;
```

```
            count:=count-1;                    --计算完一位商，计数器减 1
    end if;
    elsif (count=0) then                       --必要时恢复余数
          if(R_temp(8)='1')then
              R_temp:=R_temp+B;
          else
            R_temp:=R_temp;
          end if;
                  done<='1';
    end if;
```

6.4.2　补码除法器设计

1. 补码不恢复余数法

在补码除法中，所有数据包括被除数、除数、商及余数都采用补码表示，符号位直接参与运算。补码除法运算的规则如下：

(1) 符号判断。被除数和除数同号，被除数减除数；若异号则加除数。

(2) 余数与除数同号，上商为 1，余数左移 1 位，下次用余数减除数操作求商；若异号，上商为 0，余数左移 1 位，下次用余数加除数操作求商。

(3) 重复②直至除尽或达到精度要求。

(4) 商修正。在除不尽时，最低位恒置 1 修正。

【例 6.5】 已知 $X = 0.0100$，$Y = -0.1100$，求 $X \div Y$。

解 $[X]_补 = 0.0100$，$[Y]_补 = 1.0100$。数值除法运算过程见表 6.6。

表 6.6　补码不恢复余数法的计算过程

操　作	R(余数)	Q(商)	说　明
← $+[Y]_补$	00.0100 00.1000 + 11.0100	xxxx0	$[R]_补$，$[Y]_补$异号，商 0，余数左移一位 $[R]_补 + [Y]_补$
← $+[-Y]_补$	11.1100 11.1000 + 00.1100	xxx0.1	$[R]_补$，$[Y]_补$同号，商 1，余数左移一位 $[R]_补 - [Y]_补$
← $+[Y]_补$	00.0100 00.1000 + 11.0100	xx0.10	$[R]_补$，$[Y]_补$异号，商 0，余数左移一位 $[R]_补 + [Y]_补$
← $+[-Y]_补$	11.1100 11.1000 + 00.1100	x0.101	$[R]_补$，$[Y]_补$同号，商 1，余数左移一位 $[R]_补 - [Y]_补$
$Q = Q + (1 - 2^4)$	00.0100	1.1011	商的校正

例 6.5 的计算结果如下：

$[Q]_{补} = 1.1011$，所以商 $Q = -0.0101$。

$[R]_{补} = 0.0100 \times 2^{-4}$，余数 $R = 0.0100 \times 2^{-4}$。

根据上述分析，画出补码不恢复余数法除法流程图，如图 6.13 所示。由于商的末位恒置 1，所以实际上只需要求出$(n-1)$次商，故 C 的初始值为 n。

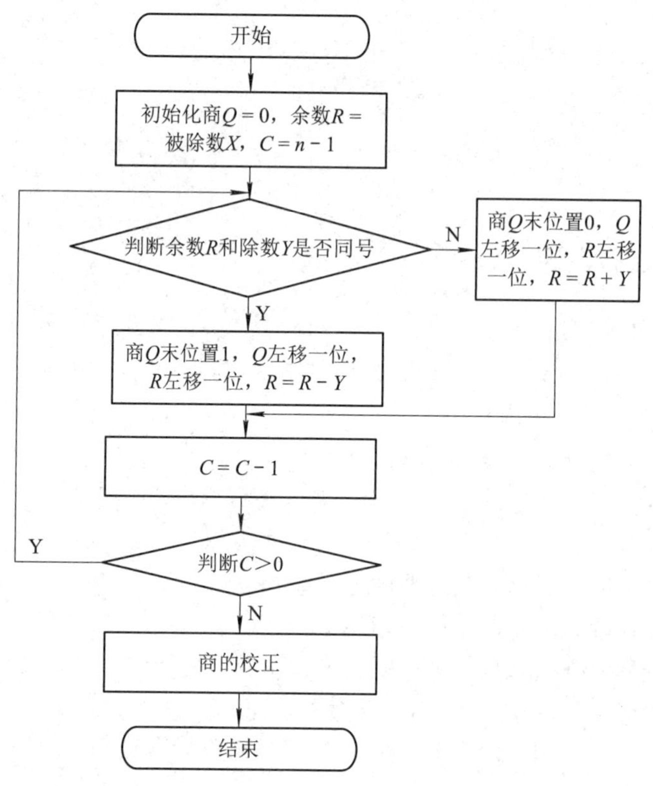

图 6.13　补码不恢复余数法除法流程图

2. 补码不恢复余数法的 VHDL 实现

1) 补码除法输入/输出端口定义

用 VHDL 编写补码除法输入/输出端口的代码如下：

```
entity div8_c is
port(oper_a, oper_b:   in std_logic_vector(7 downto 0);        --被除数，除数，最高位为符号位
     done:        out std_logic;
     clk, rst: in std_logic;                                   --时钟信号 clk，复位信号 rst
Q, R: out std_logic_vector(7 downto 0);                        --商 Q 最高位为符号位，余数 R
       cnt:       out std_logic_vector(2 downto 0));           --便于仿真观察
end div8_c;
```

2) 变量定义及参数初始化

根据设计需求，定义双符号位的余数和除数的局部变量、商和计数器变量。用 VHDL 编写变量定义及参数初始化的代码如下：

```
variable Q_temp:std_logic_vector(7 downto 0);          --商
variable count :integer range 0 to 7;                  --累加和移位计数器
variable R_temp, B:std_logic_vector(8 downto 0); --余数和除数，双符号位，运算开始时余数即为被除数
```

在复位信号有效时，对局部变量进行初始化：

```
if(rst='1') then
        Q_temp(7 downto 0):="00000000";
        R_temp(8 downto 0):=oper_a(7)&oper_a(7 downto 0);
        B(8 downto 0):=oper_b(7)&oper_b(7 downto 0);
        count:=itera; 初始化计数器的值
        done<='0';
```

3) 补码除法运算过程

根据补码除法的计算原理，完成计算过程。用 VHDL 编写补码除法运算的代码如下：

```
if(clk='1'   and clk'event) then
    if(count>0) then
        if(R_temp(8)=B(8))then Q_temp(0):='1' ;
        else Q_temp(0):='0';
        end if;
        Q_temp(7 downto 0):=Q_temp(6 downto 0)&'0';
        R_temp(8 downto 0):=R_temp(7 downto 0)&'0';
        if(R_temp(8)=B(8))then R_temp:=R_temp-B;
        else R_temp:=R_temp+B;
    end if;
        ount:=count-1;
end if;
```

4) 计数器结果为 0 时，修正商，末位恒置 1

用 VHDL 编写计数器结果的代码如下：

```
if(count=0) then
    Q_temp(7 downto 0):=(not Q_temp(7)) &Q_temp(6 downto 1)&'1' ;
    done<='1' ;
```

6.4.3　阵列除法器设计

1. 阵列除法器的设计原理

前面所实现的除法器都是利用多次加减和移位运算来实现的，在大规模数据计算中其运算速度会受到严重影响。在除法运算中涉及加减除数，减除数可以转为加上负除数的补码。利用可控加减的单元电路可以构建阵列除法器。可控加减单元(Controllable Adder Subtracter，CAS)包括一个异或门和全加器。X 和 Y 分别为被除数和除数。当外部控制信号 $P=0$ 时，$Y'=Y_i$，全加器进行加除数；当 $P=1$ 时，$Y'=\overline{Y_i}$ 即将 Y_i 取反，再加上 1 即可求得其补码。CAS 结构如图 6.14 所示。

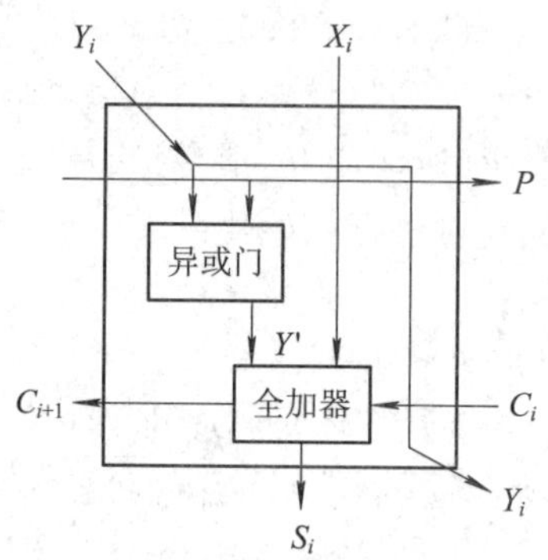

图 6.14 可控加/减法单元(CAS)

由 16 个 CAS 单元的流水阵列构成 4 × 4 无符号数阵列除法器，如图 6.15 所示。被除数加在除法器的 X_6～X_0 端，并使最高位 $X_6 = 0$ 以保证结果正确；除数加在 Y_3～Y_0 端，且使 $Y_3 = 0$。

阵列的第一行实现了被除数减除数。若被除数够减，则进位 C 为 1，商 q_3 应为 1，即 $q_3 = C = 1$；若被除数不够减，则进位 C 为 0，商 q_3 应为 0，故 $q_3 = C = 0$。

阵列以下各行是除数右移一位(相当于余数左移一位)，再根据上一行运算余数的正负性来做如下操作：若上行相减结果够减，进位 C 为 1 (上商为 1)，则使本行 $P = 1$，做减法，余数减除数；若不够减，进位 C 为 0 (上商为 0)，本行 $P = 0$，做加法，余数加除数。加或减的结果进位 C 即为商 q。这样各行依次运算便完成了加减交替除法运算。

根据前面阵列除法器结构分析可得，如果设计一个 $n + 1$ 位除 $n + 1$ 位的加减交替除法阵列则需要$(n + 1)^2$ 个 CAS 单元组成，而且要求被除数与除数都是正数。

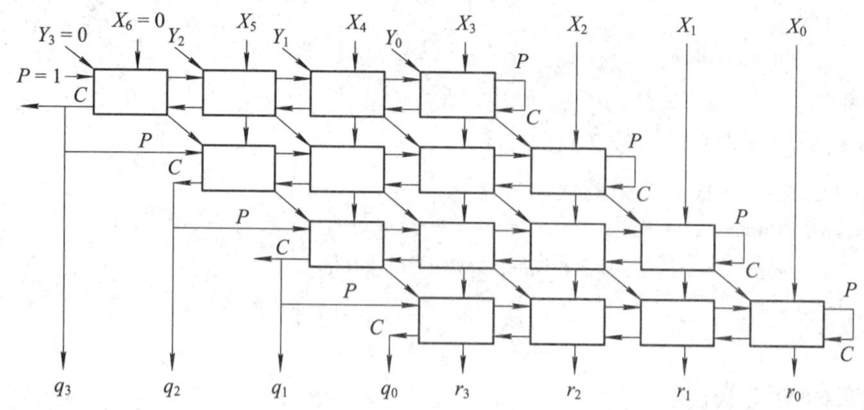

图 6.15 4 × 4 阵列除法器

2. 阵列除法器 VHDL 代码实现

根据阵列除法器基本结构利用 VHDL 语言设计了 32 位数据阵列除法器。该代码实现了一个简单的 32 位阵列除法器，使用了一个循环来逐位计算商和余数。在每个循环迭代中，被除数和余数都向左移动一位，并将被除数的最高位插入余数的最低位。如果余数大于或等于除数，则从余数中减去除数，并将商的相应位设置为 1。商和余数存储在两个信号中，运算结束后传递给输出端口。用 VHDL 编写阵列除法器的代码如下：

```
entity array_divider is
    port (
        dividend : in std_logic_vector(31 downto 0);
        divisor : in std_logic_vector(31 downto 0);
        quotient : out std_logic_vector(31 downto 0);
        remainder : out std_logic_vector(31 downto 0)
    );
end array_divider;
architecture behavioral of array_divider is
    signal dividend_reg : unsigned(31 downto 0);
    signal divisor_reg : unsigned(31 downto 0);
    signal quotient_reg : unsigned(31 downto 0);
    signal remainder_reg : unsigned(31 downto 0);
begin
    dividend_reg <= unsigned(dividend);
    divisor_reg <= unsigned(divisor);
    process (dividend_reg, divisor_reg)
        variable temp_dividend : unsigned(31 downto 0);
        variable temp_quotient : unsigned(31 downto 0);
        variable temp_remainder : unsigned(31 downto 0);
    begin
        temp_dividend := dividend_reg;
        temp_quotient := (others => '0');
        temp_remainder := (others => '0');
        for i in 31 downto 0 loop
            temp_remainder := shift_left(temp_remainder, 1);
            temp_remainder(0) := temp_dividend(i);
            if (temp_remainder >= divisor_reg) then
                temp_remainder := temp_remainder - divisor_reg;
                temp_quotient(i) := '1';
            end if;
        end loop;
         quotient_reg <= temp_quotient;
        remainder_reg <= temp_remainder;
    end process;

    quotient <= std_logic_vector(quotient_reg);
    remainder <= std_logic_vector(remainder_reg);
end architecture;
```

习　题

1. 请简述加法器中经常采用的进位方法。
2. 请用 VHDL 设计 8 位串行进位全加器。
3. 请用 VHDL 设计 8 位并行进位全加器。
4. 请简述 IEEE754 浮点运算的基本原理，并设计浮点数加法器。
5. 请简述原码一位乘算法的计算流程，并采用 VHDL 设计 8 位原码一位乘法器。
6. 请简述补码一位乘算法的计算流程，并用 VHDL 设计 8 位补码一位乘法器。
7. 请简述原码二位乘算法的计算流程，并用 VHDL 设计 8 位原码二位乘法器。
8. 请简述原码不恢复余数法的运算规则，并用 VHDL 设计 8 位原码除法器。
9. 请简述补码不恢复余数法的运算规则，并用 VHDL 设计 8 位补码除法器。
10. 请简述阵列乘法器的基本原理，并用 VHDL 设计 8 位阵列乘法器。
11. 请简述阵列除法器的基本原理，并用 VHDL 设计 8 位阵列除法器。

第 7 章

存储电路设计

存储电路是计算机的重要组成部分，用于数据或程序的存储。本章重点介绍常见存储电路的设计思路和方法，包括随机存储器(RAM)、只读存储器(ROM)、双端口 RAM、FIFO 以及循环冗余校验电路的设计。

7.1　随机存储器设计

7.1.1　存储器地址译码方式

存储器地址译码是将计算机中 CPU 发出的地址信号转换为实际存储器中的物理地址的过程。常用的地址译码方式有一维译码和二维译码两种，如图 7.1 所示。一维译码方式的存储器只有一个地址译码器，它将所有的地址信号转换成存储单元的选通信号，每个地址对应一个存储单元。这种方式适用于小容量的存储器芯片。二维译码方式又称为行列地址译码方式，是将存储器芯片按行列方式组织，因 CPU 发出的地址分为行地址和列地址两部分，行地址用于选择存储器芯片中的行，列地址用于选择行中的某个存储单元，故当行选通和列选通都有效的时候，存储单元被选中。行列地址译码方式适用于容量较大的存储器芯片。

不同的存储器地址译码方式适用于不同的存储器结构和应用场景，选择合适的地址译码方式可以提高存储器的访问效率和可靠性。

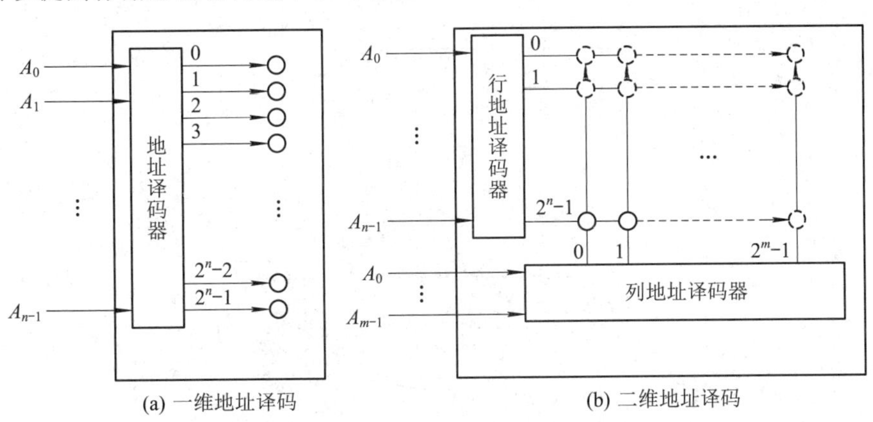

图 7.1　存储器的一维地址译码和二维地址译码

7.1.2 RAM 读写时序

随机存取存储器(RAM)读写时序是指在 RAM 芯片中进行读写操作时，各个信号的时序关系。RAM 可以分为同步 RAM 和异步 RAM，两者的区别在于 RAM 进行读写操作时是否需要时钟信号。异步 RAM 读写存储器时不需要时钟信号，一般包含地址、数据、读写控制和使能等信号。

在 RAM 读写时序中，各个信号的时序关系必须满足一定的要求，以保证读写操作的正确性。RAM 读写时序包括以下几个步骤：

(1) 地址输入：将要读写的存储单元的地址输入 RAM 芯片中。

(2) 片选信号使能：加载片选信号 CS，选中 RAM 芯片，使其能够响应读写操作。

(3) 读写控制信号输入：根据需要进行读写操作，将读写控制信号输入到 RAM 芯片中。

(4) 时钟输入：如果是同步 RAM，则需要时钟信号来同步各个信号的时序关系。如果是异步电路，则不需要时钟信号，可以省略这个步骤。

(5) 数据输入/输出：根据需要进行数据输入/输出操作，将数据信号输入/输出到 RAM 芯片中。

(6) 使能信号禁用：结束读写操作，禁用 RAM 芯片。

异步静态随机存储器 SRAM 6264 芯片的读数据和写数据时序分别如图 7.2、图 7.3 所示。

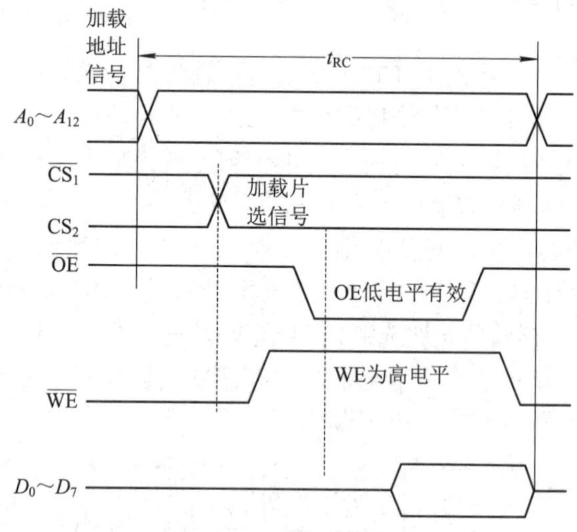

图 7.2　SRAM 读出时序

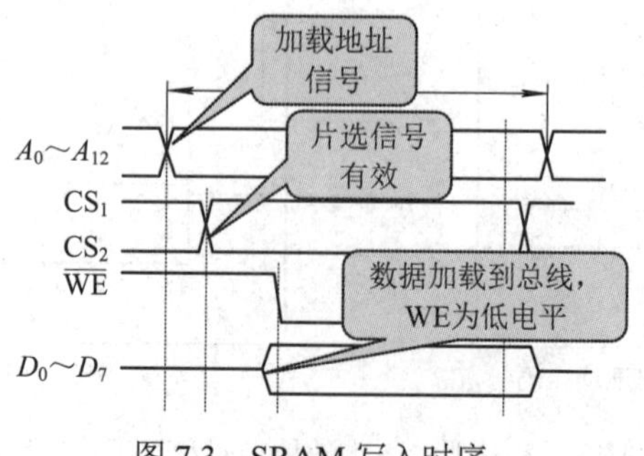

图 7.3　SRAM 写入时序

7.1.3　RAM 设计实现

根据 SRAM 读写时序要求，设计基于 VHDL 的存储器。注意存储电路需要用户自己定义存储类型，包括存储器的数据宽度和深度。存储数据一般是二维数组。一维数据是存储器里面每个存储单元存放的数据，可以是 8 位、16 位或任意数据宽度的数据，具体数据位宽由存储器的数据宽度来决定。二维数据则与存储器的存储单元相对应，其数组索引作为存储器地址使用，通过该地址可访问存储器对应存储单元的数据。存储器容量由存储器的深度来决定。二维数组的索引是整数，需要将逻辑向量型地址转换为整数进行存储单元访问。在使能信号无效或无读写有效信号时，数据总线上输出高阻态，以免引起总线冲突，VHDL 代码如下：

```
ENTITY sram IS
PORT(address : IN STD_LOGIC_VECTOR(3 DOWNTO 0);
          cs , oe , we: IN STD_LOGIC;
          data : INOUT STD_LOGIC_VECTOR(7 DOWNTO 0));
END ENTITY;
ARCHITECTURE behav OF ram16x8 IS
          SUBTYPE word IS STD_LOGIC_VECTOR(7 DOWNTO O);
          TYPE ram_array IS ARRAY (O TO 15) OF word;
          SIGNAL index : IN INTEGER RANGE 0 TO 15;
          SIGNAL sram_store : ram_array;
BEGIN
          index <= CONV_INTEGER(address);
     PROCESS(address, cs, oe, we, data)
BEGIN
     IF cs = '0' THEN
          IF we= '1'THEN
               sram_store(index)<= data;
          ELSIF oe = '0' THEN
               data <=sram_store(index);
          ELSE
               data <="ZZZZZZZZ";
          END IF;
          ELSE
          data <= "ZZZZZZZZ";
     END IF;
     END PROCESS:
END   behav;
```

7.1.4 RAM 容量扩展

当固定容量的单片 RAM 不能满足存储要求时，可以采用位扩展和字扩展的方法将若干片 RAM 连接在一起，以扩展存储容量。图 7.4、图 7.5 分别展示了两种扩展方式。如果使用硬件描述语言来设计存储器，则由于数据宽度和存储深度都可以由用户自定义，因此可以直接按照用户需求设计满足存储容量要求的存储器，这就是采用硬件描述语言设计存储器的便捷之处。

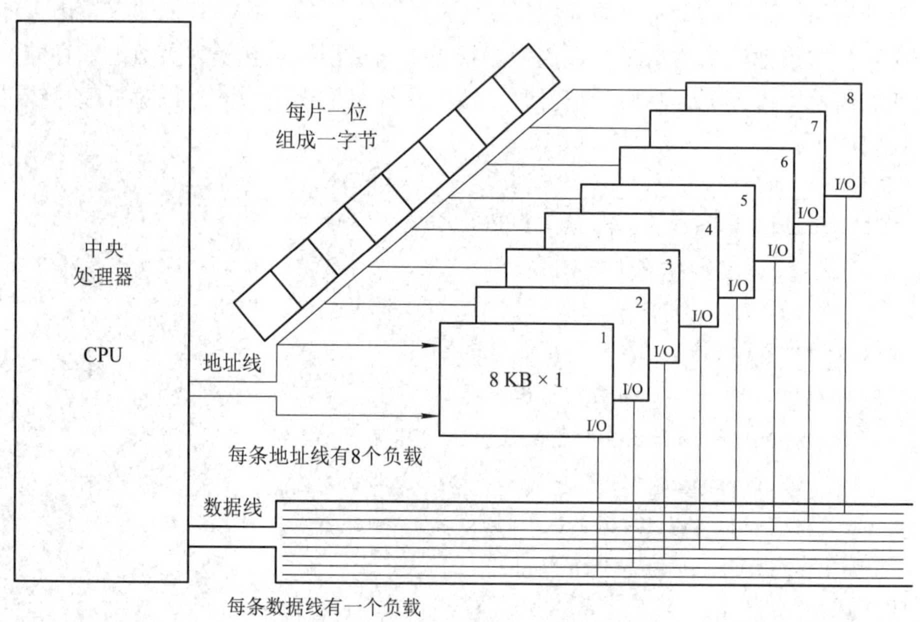

图 7.4　位扩展法组成 8 KB RAM

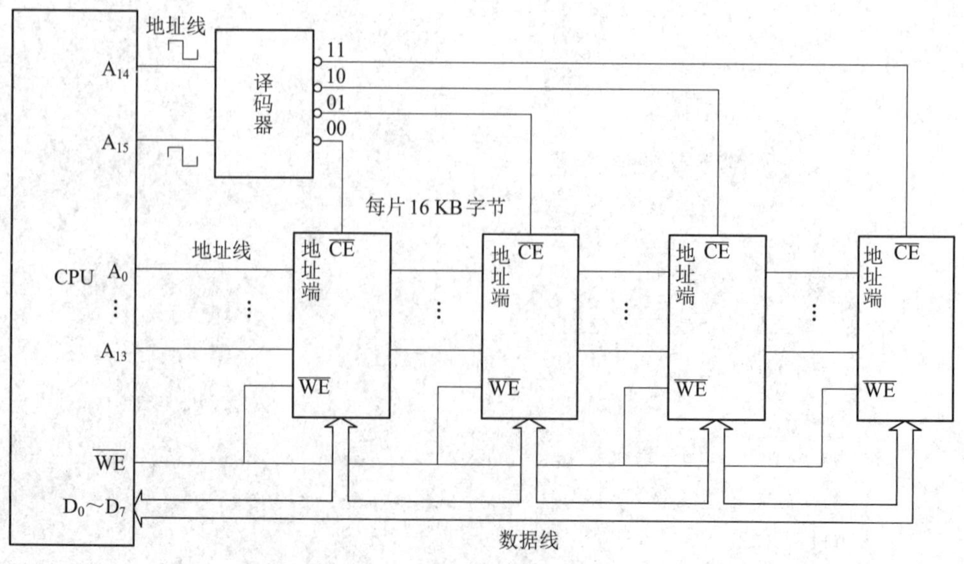

图 7.5　字扩展法组成 64 KB RAM

7.2　只读存储器设计

只读存储器(Read-Only Memory，ROM)的数据在初始设计电路时被写入内部存储单元，在使用时数据只能被读取，而不能被修改。ROM 通常用于存储计算机系统或嵌入式固件、操作系统、启动程序等重要的程序和数据。ROM 的优点是它的数据不易被修改，因此可以保证系统的安全性和稳定性。ROM 的缺点是它的数据无法被修改，因此需要在设计时就确定好存储的内容。

7.2.1　只读存储器的结构

只读存储器的电路结构一般包含存储矩阵、地址译码器、输出缓冲器三个部分，如图 7.6 所示。ROM 的外部引脚包括数据输出端口和地址输入端口。为了方便对 ROM 进行控制，在实际应用中 ROM 器件还有片选使能和读使能控制引脚。

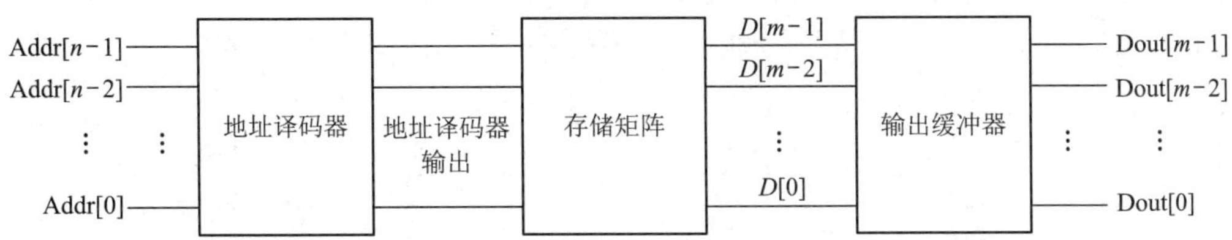

图 7.6　只读存储器 ROM 的电路结构

7.2.2　简单 ROM 设计

简单的 ROM 通常采用二进制译码器的设计方式来设计，将每个输入组态对应的输出与一组存储数据对应起来。当 ce 使能信号低电平有效时，根据输入的地址信息输出对应的数据。具体的 VHDL 代码如下：

```
architecture arch of rom is
    begin
        dataout <="00001111"when addr ="0000"and ce='0' else
                  "11110000"when addr ="0001"and ce='0' else
                  "11001100"when addr ="0010"and ce='0' else
                  "00110011"when addr ="0011"and ce='0' else
                  "10101010"when addr ="0100"and ce='0' else
                  "01010101"when addr ="0101"and ce='0' else
                  "10011001"when addr ="0110"and ce='0' else
                  "01100110"when addr ="0111"and ce='0' else
                  "00000000"when addr ="1000"and ce='0' else
```

```
                    "11111111"when addr ="1001"and ce='0' else
                    "00010001"when addr ="1010"and ce='0' else
                    "10001000"when addr ="1011"and ce='0' else
                    "10011001"when addr ="1100"and ce='0' else
                    "01100110"when addr ="1101"and ce='0' else
                    "10100110"when addr ="1110"and ce='0' else
                    "01100111"when addr ="1111"and ce='0' else
                         "XXXXXXXX";
      end arch;
```

7.2.3 通用 ROM 设计

简单的 ROM 在 VHDL 程序编写时就直接把数据写入固定的地址，此方法适用于数据量较小的 ROM 设计。若数据量较大，使用该方法则容易出错，此时可以通过文件载入的方式将数据存入存储单元。根据前面 ROM 结构的分析，若要设计一个容量为 256 × 8 bit 的 ROM，则需要定义 ROM 的数据总线、地址总线和使能信号，即 8 位输入地址 Addr[7]～Addr[0]、8 位输出数据 Dout[7]～Dout[0]及使能信号线 OE，如图 7.7 所示。

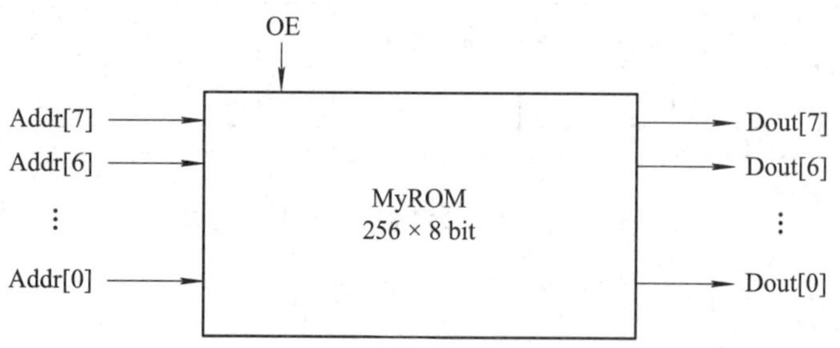

图 7.7　通用 ROM 的 VHDL 设计

根据第 3 章 VHDL 数据对象文件的操作要求，首先需要引用文件操作所涉及的程序包 std_logic_textio，引用规范如下：

```
use ieee.std_logic_textio.all;
use std.text.all;
```

为了满足不同应用的需求，使用 generic 属性设置数据宽度和地址长度，实现用户可配置 ROM 容量大小。设计文件装载过程 load_rom。该过程主要通过循环逐行读取文件数据，转为逻辑向量存入存储单元，romfile 数据文件如图 7.8 所示。在存储器构造体里面调用 load_rom 过程，将文件里面的数据存入 ROM。在使能信号 oe 低电平有效时，将输入地址所对应存储单元的数据读取出来。通用 ROM 的具体 VHDL 实现代码如下：

```
entity MyRom is
   generic (WORDLENGTH : integer := 8;
   ADDRLENGTH : integer := 8);
     port(
```

```
        addr : in std_logic_vector(ADDRLENGTH-1 downto 0);
        oe : in std_logic;
        dout : out std_logic_vector(WORDLENGTH-1 downto 0));
end MyRom;
architecture Behavior of MyRom is
type matrix is array (integer range<>) of std_logic_vector (WORDLENGTH-1 downto 0);
        signal rom:matrix (0 to 2**ADDRLENGTH-1);
                                        -文件装载过程
        procedure load_rom(signal data_word : out matrix) is
        file romfile : text open read_mode is "romfile.dat";
        variable lbuf:line;
        variable i : integer := 0;          -循环变量
        varisble fdata : std_logic_vector(7 downto 0);
Begin
                                        -读数据直至文件末尾
        while not endfile(romfile) loop
        readline(romfile, lbuf);            -逐行读取数据
        read(lbuf, fdata);                  -将行数据保存到变量 fdata
        data_word(i) <= fdata;              -将 fdata 保存到内存信号量中
        i:=i+1;
        end loop;
        end procedure;
        Begin
        Load_rom(rom);
        dout <= rom(conv_integer(addr)) when oe = '0'else
          (others =>'Z');
end Behavior;
```

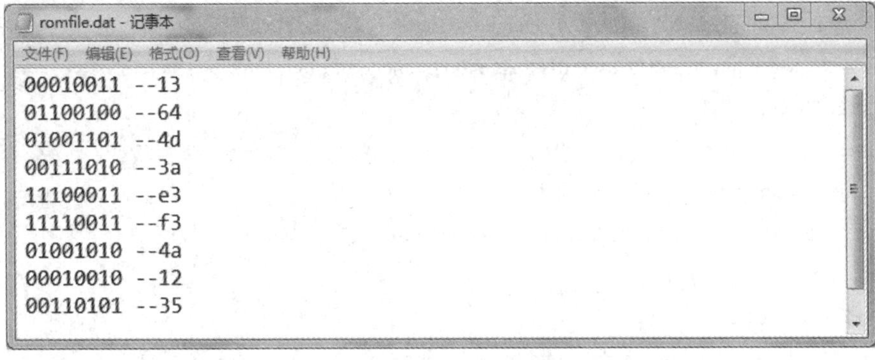

图 7.8　romfile 文件

通用 ROM 仿真结果如图 7.9 所示。

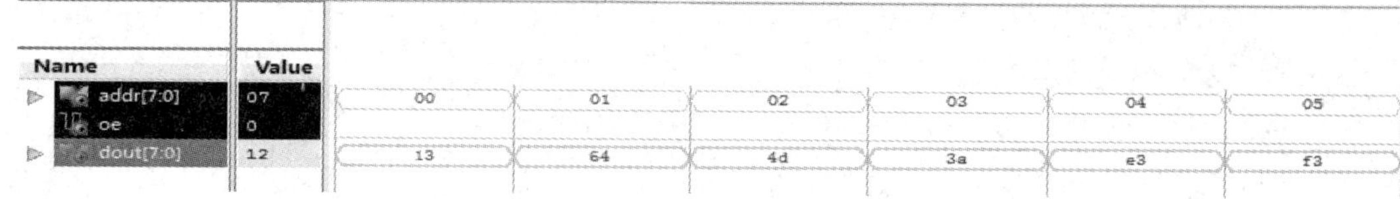

图 7.9　通用 ROM 仿真结果

7.3　双端口 RAM 设计

双端口 RAM 是一种具有两个独立数据端口的随机存取存储器，可以同时读取和写入两个不同的数据流，而不会出现数据冲突或竞争。双端口 RAM 可以通过两个不同的地址线来访问不同的数据端口，这使得它可以同时处理多个数据流，实现数据的共享，从而提高系统的效率和性能。双端口 RAM 应用结构图如图 7.10 所示。

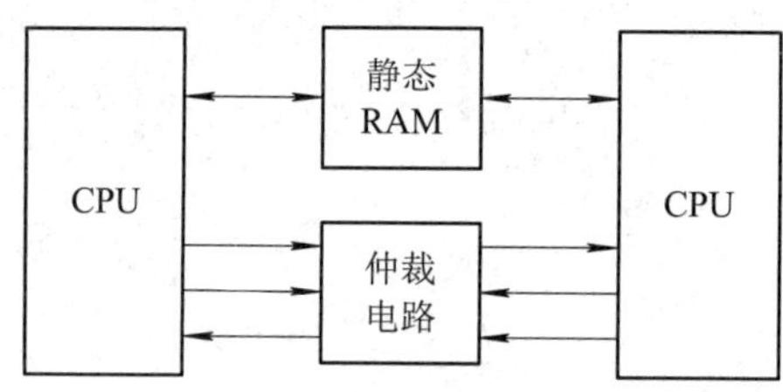

图 7.10　双端口 RAM 应用结构图

CPU 通过数据总线、地址总线、控制总线等三种总线实现存储器的访问。图 7.10 中，两端 CPU 的三总线必须经过缓冲隔离才能共享静态 RAM；仲裁电路判断访问双端口 RAM 的 CPU，并使能相应的总线缓冲器。若两个 CPU 在同一时间段内访问 RAM 发生竞争，则由仲裁电路迫使后访问的 CPU 处于等待状态。双端口 RAM 具有成本低、简单且存储容量大的特点。

设计双端口 RAM 时，需要定义两组独立的数据访问总线。为了兼容不同 CPU 的处理速度，增加了时钟引脚，以实现不同时钟域数据的共享。双端口 RAM 的端口定义如下：

```
entity blk_mem is
generic(
   data_width:integer:=8;--Used to change the memory data's width
   addr_width:integer:=8);--used to change the memery address' width
port(--端口 A 信号
clka   :in std_logic;
dina   :in std_logic_vector(data_width - 1 downto 0);
addra :in std_logic_vector(addr_width - 1 downto 0);
ena:in std_logic;
wea:in std_logic;
douta : out std_logic_vector(data_width - 1 downto 0);
--端口 B 信号
clkb :in std_logic;
```

```
dinb :in std_logic_vector(data_width - 1 downto Q);
addrb :in std_logic_vector(addr_width - 1 downto 0);
enb:in std_logic;
web:in std_logic;
doutb : out std_logic_vector(data_width - 1 downto 0));
end blk_mem;
```

根据前面的存储器设计要求，需要自定义存储单元的二维数组，并将该存储器设为共享变量：

```
type ram_template is array(2**addr_width -1 downto 0) of std_logic_vector (data_width -1 downto 0);
Shared variable ram1:ram_template;
```

A 组和 B 组端口对 RAM 的操作基本相同，在时钟上升沿到来和读写使能信号有效时对 RAM 进行读写操作。双端口 RAM 的 VHDL 实现代码如下所示。注意：该代码只是简单实现双端口 RAM 的访问，没有仲裁电路，读者可以根据需要自行设计仲裁部分电路。

```
process (clka)
begin --A 组对双端口 RAM 的读写进程
if clka'event and clka = '1'   then-- rising clock edge
if ena = '1'   then
douta <= ram1(conv_integer(addra));
if wea = '1'   then
ram1(conv_integer(addra)) := dina;
end if;
Else
douta <= (others =>'0');
end if;
end if;
end process;
process (clkb)
begin -- B 组对双端口 RAM 的读写进程
if clkb'event and clkb = '1'   then-- rising clock edge
if enb = '1'   then
doutb <= ram1(conv_integer(addrb));
if web = '1'   then
ram1(conv_integer(addrb)) := dinb;
end if;
Else
doutb <= (others =>'0');
end if;
end if;
end process;
```

7.4 先进先出队列设计

前面的存储电路(包括 RAM 和 ROM)都是根据输入地址随机访问存储单元的，但在有些应用场合(如视频监控、文件传输等)需要按顺序访问存储器的数据。先进先出(First In First Out，FIFO)是一种顺序存储电路，按照先进先出原则，最先写入队列的数据最先被读取。

7.4.1 FIFO 类型

FIFO 数据处理的基本原则是先进先出，但是为了避免存入的数据超过 FIFO 容量和读空 FIFO，当存储器全满时不能继续写入数据，全空时不能读出数据。FIFO 与普通存储器的区别是没有外部读写地址线，其数据地址由内部读写指针自动加减 1 完成。

FIFO 分为同步控制的 FIFO(同步 FIFO)和异步控制的 FIFO(异步 FIFO)。

同步 FIFO 在时钟信号的控制下工作，数据的读写操作都在时钟的上升沿或下降沿进行。同步 FIFO 通常用于高速数据传输，以保证数据的稳定性和可靠性。

异步 FIFO 则不需要时钟信号控制，读写操作是异步的，即读写操作可以在任何时刻进行。异步 FIFO 可以在不同的时钟域之间进行数据传输，读写两边的时钟不相同，不一定存在相位或周期方面的关系。异步 FIFO 的读写速度较慢，通常用于低速数据传输。

同步 FIFO 和异步 FIFO 都有各自的优缺点，应根据具体的应用场景选择适合的 FIFO。

7.4.2 同步 FIFO 设计

同步 FIFO 的设计需要考虑多个因素，包括 FIFO 的深度、读写时钟域的频率、数据宽度、状态机的设计、存储单元的设计以及同步和异步复位等方面。

(1) FIFO 的深度。FIFO 的深度决定了它可以存储多少个数据。深度越大，FIFO 的存储能力越强，但是它的延迟也会越大。

(2) 读写时钟域的频率。FIFO 的读写时钟域的频率可能不同，因此需要考虑时钟域之间的时序问题。在设计时需要确保数据在读写时钟域之间正确地传输。

(3) 数据宽度。FIFO 的数据宽度决定了它可以存储多少数据。在设计时需要考虑数据宽度对 FIFO 的延迟和面积的影响。

(4) 状态机的设计。FIFO 需要一个状态机来控制读写指针的移动。状态机的设计需要考虑读写指针的同步和 FIFO 的状态转换。

(5) 存储单元的设计。FIFO 的存储单元可以使用寄存器、RAM 或 FPGA 内置的存储单元。在进行产品设计时需要考虑存储单元的延迟、面积和功耗等影响性能的因素，本节主要讲述 FIFO 的功能实现。

(6) 同步和异步复位。FIFO 需要一个复位信号来清空存储单元。在设计时需要考虑复位信号的同步和异步复位的影响。

为了验证同步 FIFO 的功能，根据上述分析设计一个环形的同步 FIFO，如图 7.11 所示。同步 FIFO 应满足以下功能要求：FIFO 的读写受同一时钟控制；FIFO 为空时，不能从 FIFO 读数据，但可以写入数据；FIFO 为满时，不能向 FIFO 写数据，但可以读出数据；FIFO 非空非满时，FIFO 可读、可写。

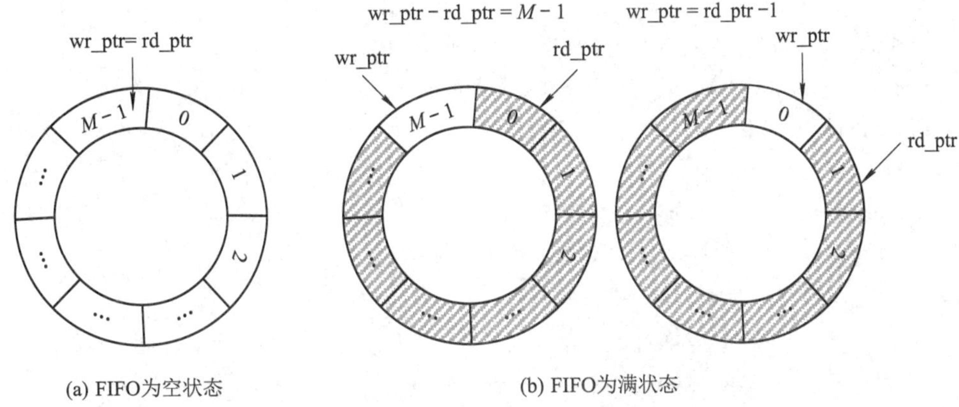

图 7.11　环形 FIFO 的基本结构

FIFO 设计的关键是如何判断当前 FIFO 是空的还是满的，如何获取 FIFO 的读写操作的位置。设环形 FIFO 的读写指针为 wr_ptr 和 rd_ptr，FIFO 的深度为 M，根据环形结构，利用读写指针判断 FIFO 空满状态的方法如下：

(1) 当 wr_ptr = rd_ptr 时，FIFO 数据为空；

(2) 当 wr_ptr − rd_ptr = M − 1 或 rd_ptr − wr_ptr = 1 时，FIFO 数据为满；

(3) 当 wr_ptr≥rd_ptr 时，wr_ptr − rd_ptr 为 FIFO 内数据个数；

(4) 当 wr_ptr≤rd_ptr 时，M − (rd_ptr − wr_ptr)为 FIFO 内数据个数。

根据上述分析，可以利用双端口 RAM 和读写地址产生模块来实现 FIFO 的功能。

1. 简化的双端口 RAM 设计

同步 FIFO 内部使用的双端口 RAM 与 7.3 节的双端口 RAM 不同。因为 FIFO 内部的双端口 RAM 一端只是写入数据，数据的读出则是从另外一个端口，因此同步 FIFO 内部使用的双端口 RAM 是简化版本的双端口 RAM，其 VHDL 具体实现代码如下：

```
entity dualram is
    generic
     (width : positive:= 8;
        depth : positive:= 8);
    port
    (-------------------port a is only for writing------------------
        clka : in std_logic;
        wr : in std_logic;
        addra : in std_logic_vector(depth - 1 downto 0);
        datain : in std_logic_vector(width - 1 downto 0);
    -----------------port b is only for reading--------------------
```

```
            clkb : in std_logic;
            wr : in std_logic;
            addrb : in std_logic_vector(depth - 1 downto 0);
            dataout : out std_logic_vector(width - 1 downto 0));
end dualram;
architecture Behavioral of dualram is---之后需要对结构体进行实现
type ram is array(2 ** depth - 1 downto 0) of std_logic_vector(width - 1 downto 0);
signal dram : ram;
begin
    process(clka)
    begin
        if clka'event and clka = 'i' then
            if wr = 'o' then
                dram(conv_integer(addra)) <= datain;
                end if;
        end if;
    end process;
    processi cikb
    begin
        if clkb'event and clkb = 'i' then
            if rd = '0' then
                dataout <= dram(conv_integer(addrb))
                end if;
            end if;
        end process;
end Behavioral;
```

2. 读写控制逻辑电路

FIFO 没有外部地址，它通过内部读写指针确定当前读取的存储位置。只有 FIFO 在不满时才能进行写入操作，即写指针才能增加；同理，只有在 FIFO 不空时才能进行读出操作，即读指针才能增加，用 VHDL 编写具体实现代码如下：

```
---写地址计数器
entity write pointer is
    generic
     (depth : positive;);
    port
     (clk : in std_logic;
    rst : in std_logic;
    wq : in std_logic;
```

```
        full : in std_logic;
        wr_pt : out std_logic_vector(depth - 1 downto 0));
end entity write_pointer;
architecture RTL of write pointer is
signal wr_pt_t : std_logic_vector (depth -1 downto 0); ----writer pointer counter
begin
        process(rstr, clk)
        begin
                if rst = '0' then
                        wr_pt_t <= (others => 'o');
                        elsif clk'event and clk = '1' then
                        if wq = '0' and full = '0' then
                        wr_pt_t <= wr_pt_t + 1:
                        end if;
                        end if;
        end process:
        wr_pt <= wr_pt_t;
end RTL;
                        ---设计读地址计数器
entity read_pointer is
        generic(depth : positive);
        Port
         (
                clk : in std logic;
                rst : in std logic;
                rq : in std logic;
                empty : in std logic;
                rd_pt : out std_logic_vector(depth - 1 downto 0) );
end read_pointer;
architecture RTL of read_pointer is
signal rd_pt_t : std_logic_vector(depth - i downto 0); -- read pointer counter
begin
        process(rst, clk)
        begin
                if rst ='0' then
                        rd_pt_t <= (others => 'o');
                elsif clk'event and clk = '1'    then
                        if rq = '0' and empty = '0' then
```

```
                    rd_pt_t <= rd_pt_t + 1;
                end if;
            end if;
        end process;
        rd_pt_ <= rd_pt_t;
    end RTL:
```

3. 空满标志产生电路

根据 FIFO 空满标志产生的条件，利用读写指针之间的关系判断空标志和满标志的产生。注意复位状态下空标志 empty = 1，满标志 full = 0，用 VHDL 编写具体实现代码如下：

```
--空满状态产生器
entity judge status is
    generic
     (depth : positive);
    Port---端口定义
     (   clk : in std_logic;
         rst : in std_logic;
         wr_pt : in std_logic_vector(depth - 1 downto 0);
         rd_pt : in std_logic_vector(depth - 1 downto 0);
         empty : out std_logic;
         full : out std_logic);
end judge_status ;
                        ---结构体实现
architecture RTL of judge_status is
begin
    process(rst, clk)----空标志产生进程
    begin
        if rst = '0' then
            empty <= '1' ;
        elsif clk'event and clk = '1'   then
            if wr_pt = rd_pt then     --空标志产生
                empty <= '1' ;
            else
                empty <='0';
            end if;
        end if;
    end process;
```

```
process(rst, clk) ----满标志产生进程
begin
    if rst = '0' then
        full <= '0';
    elsif clk 'event and clk = '1'   then
        if wr_pt > rd_pt then
            if (rd_pt + depth) = wr_pt then –满标志产生
                full <= '1' ;
            else
                full <='0';
            end if;
        else
            if (wr_pt + 1 ) = rd_pt then
                ful <= '1' ;
            else
                full <= '0';
            end if;
        end if;
    end if;
end process;
end RTL;
```

7.4.3 异步 FIFO 设计

设计异步 FIFO 需要异步时序元件(如异步 FIFO、异步 RAM、异步计数器等)来实现数据的存储和读取。

异步 FIFO 的设计需要考虑以下几个方面：

(1) 数据存储和读取的时序：由于异步 FIFO 的设计使用了异步时序元件，因此需要考虑数据写入时钟和数据读取时钟之间的时序关系，以及数据写入和读取之间的时序关系。

(2) FIFO 的深度和宽度：异步 FIFO 的深度和宽度需要根据具体的应用场景来确定。FIFO 的深度越大，FIFO 的容量就越大，因此数据读写时的延迟也会增加。FIFO 的宽度则决定了 FIFO 可以同时存储和读取的数据量。

(3) 数据的同步和控制：由于异步 FIFO 的设计使用了异步时序元件，因此需要使用同步器和控制器来实现数据的同步和控制。

(4) 数据的保护和错误检测：异步 FIFO 的设计需要使用校验和纠错等技术来保护数据的完整性，同时需要使用错误检测和纠错技术来检测和纠正数据传输过程中的错误。

因此，设计异步 FIFO 时需要考虑时序、容量、同步、控制、保护和错误检测等多个方面问题，以实现高效、可靠的数据传输。

异步读写时钟信号不相同，可以通过地址编码方式解决读写地址变化不同步而引起的空满标志错误的问题。图 7.12 展示了异步 FIFO 的基本结构。

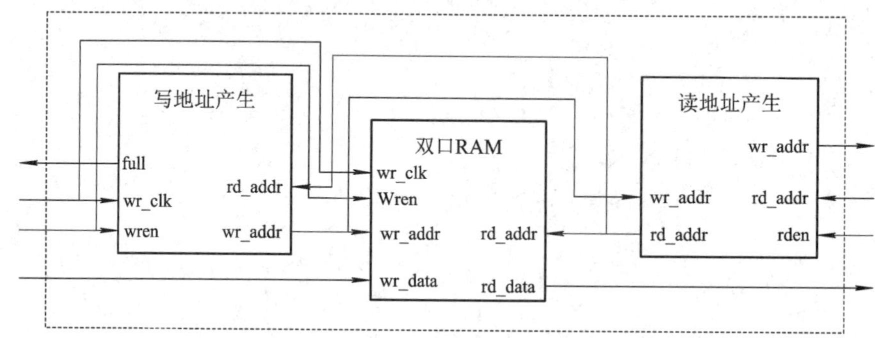

图 7.12 异步 FIFO 的基本结构

一个简单的异步 FIFO 的 VHDL 代码如下所示。该代码实现了一个具有可配置数据宽度和深度的异步 FIFO。它使用了一个简单的数组来存储数据，并使用读写指针来跟踪读写位置。在写入数据时，如果 FIFO 不满，则将数据写入数组并将写指针递增。在读取数据时，如果 FIFO 不空(即 FIFO 有数据)，则将数据从数组中读取并将读指针递增。计数器用于跟踪 FIFO 中的元素数量，并用于检查 FIFO 是否为空或已满。

```
library ieee;
use ieee.std_logic_1164.all;
use ieee.numeric_std.all;
entity async_fifo is
    generic (
        DATA_WIDTH : integer := 8;
        DEPTH : integer := 16 );
    port (
        clk : in std_logic;
        rst : in std_logic;
        wr_en : in std_logic;
        rd_en : in std_logic;
        data_in : in std_logic_vector(DATA_WIDTH-1 downto 0);
        data_out : out std_logic_vector(DATA_WIDTH-1 downto 0);
        full : out std_logic;
        empty : out std_logic        );
end entity async_fifo;
architecture rtl of async_fifo is
    type fifo_mem is array (0 to DEPTH-1) of std_logic_vector(DATA_WIDTH-1 downto 0);
    signal mem : fifo_mem;
    signal wr_ptr : unsigned(log2(DEPTH)-1 downto 0) := (others => '0');
    signal rd_ptr : unsigned(log2(DEPTH)-1 downto 0) := (others => '0');
```

```
        signal count : unsigned(log2(DEPTH+1)-1 downto 0) := (others => '0');
    begin
        process (clk, rst)
        begin
            if rst = '1' then
                wr_ptr <= (others => '0');
                rd_ptr <= (others => '0');
                count <= (others => '0');
            elsif rising_edge(clk) then
                if wr_en = '1' and rd_en = '0' and count < DEPTH then
                    mem(to_integer(wr_ptr)) <= data_in;
                    wr_ptr <= wr_ptr + 1;
                    count <= count + 1;
                elsif wr_en = '0' and rd_en = '1' and count > 0 then
                    data_out <= mem(to_integer(rd_ptr));
                    rd_ptr <= rd_ptr + 1;
                    count <= count - 1;
                end if;
            end if;
        end process;
        full <= '1' when count = DEPTH else '0';
        empty <= '1' when count = 0 else '0';
    end architecture rtl;
```

7.5　循环冗余校验电路设计

7.5.1　循环冗余校验原理分析

在数字通信系统中，数据传输的速度越快，就越容易出现误码和丢失数据的情况，从而影响通信的可靠性，所以在数字通信系统中可靠性和快速传输往往是矛盾的。为了提高数据传输的可靠性，通常需要采用一些纠错码和检错码等技术来检测和纠正数据传输中的错误，但这会增加通信的延迟和复杂度，从而降低通信的速度。因此，在数字通信系统中，需要在系统可靠性和数据传输速度之间进行权衡，选择合适的技术和算法来满足不同的应用需求。

现有的数据传输错误检测技术包括奇偶校验、和校验、循环冗余校验(Cyclic Redundancy Check，CRC)等。奇偶校验对信息位进行异或操作得到 1 位校验码。和校验则是把消息当成若干个 8 位(或 16、32 位)的整数序列，相加得到校验码。

CRC 的基本原理是将待发送的位串看成系数为 0 或 1 的多项式，收发双方约定一个生

成多项式 $G(x)$(其最高阶和最低阶系数必须为 1)。发送方用位串及 $G(x)$进行某种运算得到校验和，并在帧的末尾加上校验和，使带校验和的帧的多项式能被 $G(x)$整除。接收方收到后，用 $G(x)$除多项式，若有余数，则传输有误。

CRC 校验首先要看生成的 $G(x)$，若生成多项式 $G(x)$为 r 阶(即 $r+1$ 位的位串)，原帧为 m 位，其多项式为 $M(x)$，则在原帧后面添加 r 个 0，即左移 r 位，帧成为 $m+r$ 位，相应多项式成为 $x_rM(x)$；之后按模 2 除法用 $G(x)$对应的位串去除对应于 $x_rM(x)$的位串，得余数 $R(x)$；$x_rM(x)$的位串加上余数 $R(x)$，结果即传送的带校验和的帧多项式 $T(x)$。帧的多项式 $T(x)$可以用此公式求解。

$$T(x)=x_rM(x)+R(x)$$

CRC 的优点是计算简单、速度快、可靠性高，被广泛应用于数据通信、存储等领域。

下面通过例子来说明 CRC 校验码的生成。例如，要发送数据 110011，首先需要一个生成多项式 $G(x)=x_4+x_3+1$，然后将要发送的数据位序左移 4 位，新的序列为 1100110000，之后按模 2 算法将生成的新序列除以生成多项式序列，最后将余数多项式比特序列加到新的序列中即得到发送端传送序列，见图 7.13。

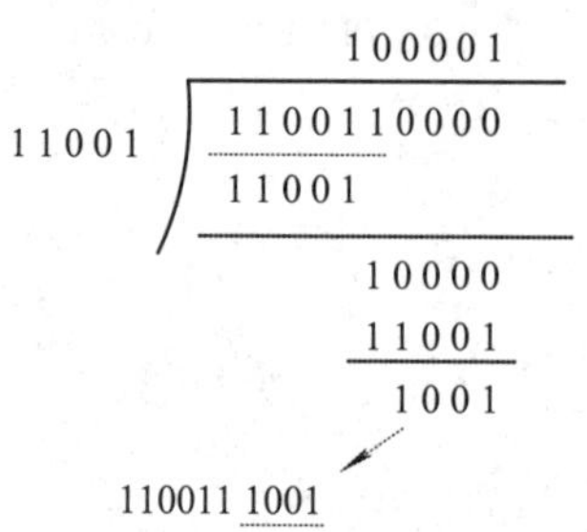

图 7.13　CRC 校验码生成

在对生成多项式的选择上，首先生成多项式应包含 x_0，即常数项 1。r 阶的系数为 1，也就是必须要有 x_r，之后开始发送码 $T(x)$，发送过程会产生错误，接收端数据为 $T(x)+E(x)$。CRC 具有很强的检错性能，可以检测出 1 位差错、奇数位差错、突发性差错、2 位差错等错误。

不同的生成多项式对数据的错误检测也不同，在不同的应用领域 CRC 有几个不同的标准，每个标准的算法都有不同的多项式。常见的 CRC 算法包括 CRC-8、CRC-16、CRC-32 等。常用的标准生成的多项式如下：

CRC-8　　　：x_8+x_2+x+1
CRC-10　　 ：$x_{10}+x_9+x_5+x_4+x_2+1$
CRC-12　　 ：$x_{12}+x_{11}+x_3+x_2+x+1$
CRC-16　　 ：$x_{16}+x_{15}+x_2+1$
CRC-CCITT：$x_{16}+x_{12}+x_5+1$
CRC-32　　 ：$x_{32}+x_{26}+x_{23}+x_{22}+x_{16}+x_{12}+x_{11}+x_{10}+x_8+x_7+x_5+x_4+x_2+x+1$

接收方对接收到的数据也有相应的校验方案，方案一可以直接用接收到的序列除以生成的多项式 $G(x)$，如果余数 $R'(x)=0$，则证明传输正确；方案二通过提取接收到序列的信息码元，重复发送方的操作 $x_rM(x)$，再除以生成多项式 $G(x)$，如果余数 $R'(x)=R(x)$，则证明传输正确。图 7.14 展示了 CRC 检验码的发送方的生成器以及接收方的校验器示意图。

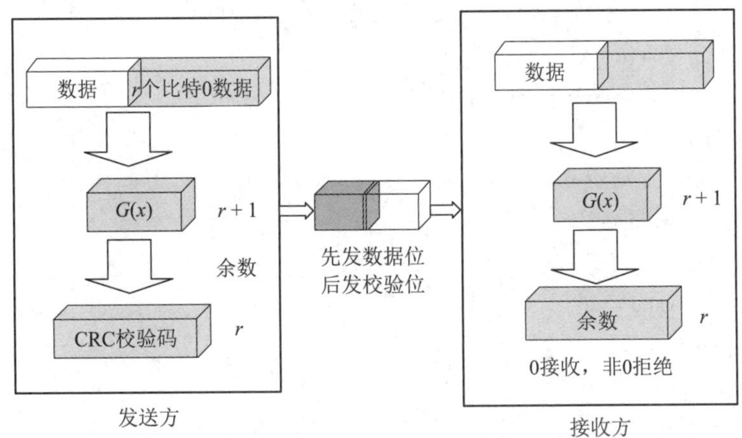

图 7.14　CRC 校验码的生成器和校验器

7.5.2　循环冗余电路设计

根据前面的分析，利用 VHDL 语言设计一个简单的 8 位 CRC 校验算法，该代码输入数据和 CRC 值都是 8 位宽度的。在进程中，首先将输入的 CRC 值赋给一个信号 crc，然后使用一个 for 循环来计算 CRC 值，在每次循环中，如果 crc 的最高位为 1，则将 crc 与 0x07 异或，然后将 crc 向左移动一位，将最低位设置为 0，再将计算出的 CRC 值与输入的数据进行比较，如果二者相等则将 valid 信号设置为 1，否则设置为 0，最后将计算出的 CRC 值输出到 crc_out 端口。用 VHDL 编写循环冗余电路的代码如下：

```
library ieee;
use ieee.std_logic_1164.all;
use ieee.numeric_std.all;
entity crc_check is
    port (
        data_in : in std_logic_vector(7 downto 0);
        crc_in : in std_logic_vector(7 downto 0);
        crc_out : out std_logic_vector(7 downto 0);
        valid : out std_logic        );
end entity;
architecture crc_check_arch of crc_check is
    signal crc : std_logic_vector(7 downto 0);
begin
    process (data_in, crc_in)
    begin
        crc <= crc_in;
        for i in 0 to 7 loop
```

```
                if crc(7) = '1' then
                    crc <= std_logic_vector(unsigned(crc) xor 0x07);
                end if;
                crc <= crc(6 downto 0) & '0';
            end loop;
            if crc = data_in then
                valid <= '1';
            else
                valid <= '0';
            end if;
            crc_out <= crc;
        end process;
end architecture;
```

习　题

1. 请用 VHDL 设计用户可配置存储容量和存储宽度的 RAM 存储器。

2. 请用 VHDL 设计用户可配置存储容量和存储宽度的 ROM 存储器。

3. 请描述同步 FIFO 和异步 FIFO 的特点及区别，并用 VHDL 设计用户可配置存储容量和存储宽度的同步 FIFO。

4. 请简述循环冗余校验原理，并用 VHDL 设计 CRC-32 校验电路。

第 8 章

自主可控 8 位简单 SoC 设计

本章主要讲述 8 位简易 SoC 的设计思路和实现方法。首先分析处理器的基本组成结构及典型 CPU，然后总结处理器的设计方法，设计处理器的指令系统，最后详细分析 8 位 SoC 系统各个功能模块的原理及设计实现方法。

8.1 处理器组成结构

按照冯·诺依曼计算机的划分方式，CPU 主要由控制器和运算器两部分构成，其中运算器包括计算机运算部件和与运算有关的寄存器，而控制器则包括寄存器、微命令产生部件以及时序系统等。CPU 内部的各个功能模块通过内部总线进行信息交互。

8.1.1 控制器

控制器主要由时序系统、微命令发生器、状态寄存器、指令译码器等模块组成，如图 8.1 所示。

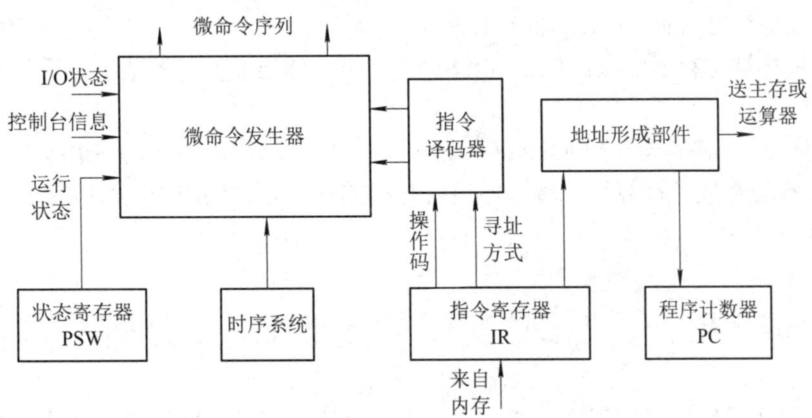

图 8.1 控制器主要组成

控制器按照微命令的形成方式，主要分为硬布线控制器和微程序控制器两种基本类型。硬布线控制器是指控制器中的控制逻辑是通过硬件电路实现的，控制逻辑是固定的，不能修改。硬布线控制器的优点是执行速度快，缺点是不灵活，不能适应不同的应用需求。

微程序控制器是指控制器中的控制逻辑通过一组微指令序列实现，这些微指令序列被称为微程序。微程序控制器的优点是控制逻辑可以通过修改微程序来实现，具有很高的灵活性和可编程性，可以适应不同的应用需求。微程序控制器的缺点是执行速度相对较慢。

8.1.2 运算器

运算器是计算机中一个重要的组成部分，它负责执行计算机的各种算术运算和逻辑运算。运算部件通常包括算术逻辑单元(ALU)、寄存器、数据通路等。ALU 是运算部件的核心，它可以执行加、减、乘、除、与、或、非、异或等运算。寄存器用于存储计算机的各种数据和指令，数据通路则负责将数据从寄存器传输到 ALU 进行运算，并将运算结果传回寄存器。运算部件的性能直接影响计算机的运算速度和效率。而运算器的设计与数据在计算机内的表示、存储方式、完成运算所用的算法及实现算法所用的逻辑电路都有密切关联。

8.1.3 寄存器组

计算机寄存器组是计算机中用于存储和处理数据的一组寄存器。寄存器组的大小和结构取决于计算机体系的结构和设计。寄存器组的大小和位数对计算机的性能和功能有很大的影响。较大的寄存器组可以存储更多的数据，但也会增加计算机的成本和复杂性。因此，在设计计算机时需要权衡不同的因素，以确定适合的寄存器组的大小和结构。寄存器组通常包含以下几种寄存器：

(1) 指令寄存器(Instruction Register，IR)：用于暂存当前正在执行的指令。

(2) 程序计数器(Program Counter，PC)：用于存储下一条指令的地址，用于控制程序的执行顺序。

(3) 程序状态字寄存器(Program Status Word，PSW)：用于存储运算结果的状态标志，如进位、溢出、零等。

(4) 数据寄存器(Data Register，DR)：用于存储临时数据，通常用于数据传输和操作。

(5) 地址寄存器(Address Register，AR)：用于存储内存地址，通常用于数据的传输和操作。

(6) 堆栈指针寄存器(Stack Pointer，SP)：用于存储堆栈的起始地址，用于实现函数的调用和返回。

(7) 输入/输出寄存器(Input/Output Register，IOR)：用于与外部设备进行数据交换。

这些寄存器组成了计算机的寄存器组，它们的作用是存储和处理数据，控制程序的执行顺序和状态。

8.2 VHDL 实现的简单 CPU 分析

为了更加清楚如何采用硬件描述语言进行处理器设计，掌握处理器的设计方法，本节先对美国华盛顿大学 William D. Richard 教授采用 VHDL 语言设计的 16 位 CPU 进行分析，该 CPU 仅有 200 行代码，但实现了 CPU 的基本功能。它包括 6 个组成部分：控制逻辑单元、指令寄存器 IR、程序计数器 PC、间接地址寄存器 IAR、算术逻辑单元 ALU、累加器 ACC。这些模块通过数据总线进行数据交互，控制逻辑单元发出指令运行时的控制信号到所涉及的功能模块，地址总线由 PC 和 IAR 发出。Richard CPU 的具体结构及模块关系如图

8.2 所示。

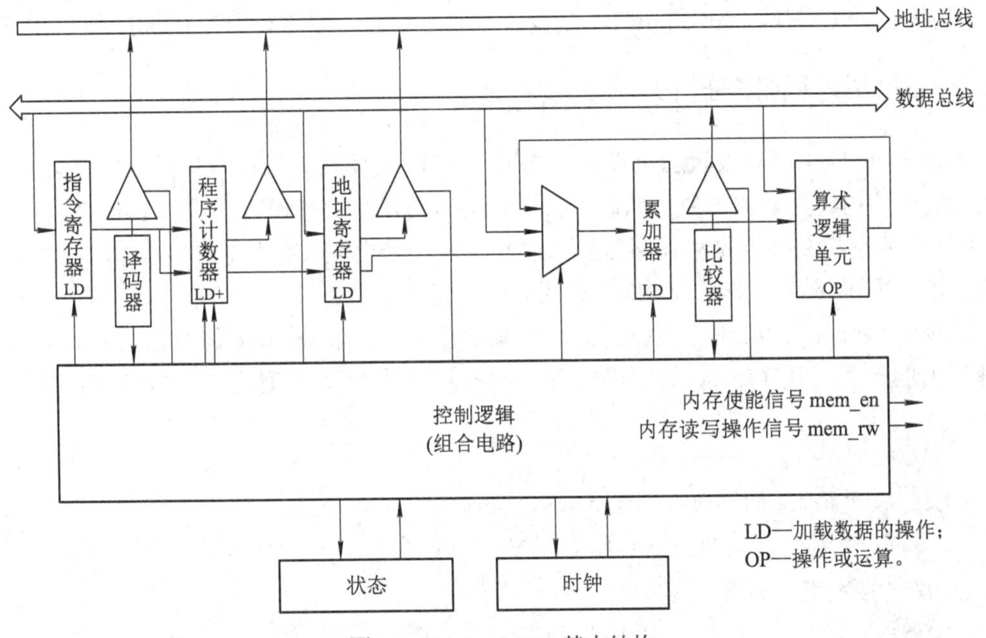

图 8.2　Richard CPU 基本结构

8.2.1　指令集设计分析

Richard CPU 指令集共有 12 条指令，包含 4 种指令类型：载入指令(load、dload、iload)、存储指令(dstore、istore)、分支指令(br、brZero、brPos、brNeg)、运算指令(add)，以及 3 种寻址方式(寄存器寻址、直接寻址、间接寻址)。具体的指令功能及编码见表 8.1。

表 8.1　12 条指令功能及编码

代码	指令	功 能 说 明	运 算 方 法
0000	halt	暂停(halt execution)	
0001	negate	反相(negation)	ACC := −ACC
1xxx	load	立即载入(immediate load)	if sign bit of xxx is 0 then ACC := 0xxx else ACC := fxxx
2xxx	dload	直接载入(direct load)	ACC := M[0xxx]
3xxx	iload	间接载入(indirect load)	ACC := M[M[0xxx]]
4xxx	dstore	直接存储(direct store)	M[0xxx] := ACC
5xxx	istore	间接存储(indirect store)	M[M[0xxx]] := ACC
6xxx	br	分枝(branch)	PC := 0xxx
7xxx	brZero	零分枝(branch if zero)	if ACC = 0 then PC := 0xxx
8xxx	brPos	正分枝(branch if positive)	if ACC > 0 then PC := 0xxx
9xxx	brNeg	负分枝(branch if negative)	if ACC < 0 then PC := 0xxx
axxx	add	加法	ACC := ACC + M[0xxx]

在指令集设计中重点是指令编码设计。16 位的指令编码中，高 4 bit 表示操作码，低 12 bit 用来表示操作数。halt 和 negate 是没有运算参数的，编码分别为 0000H 和 0001H。

8.2.2 CPU 设计思路分析

Richard CPU 采用有限状态机设计方式进行设计。具体设计思路是将指令集里面的指令作为状态来使用。并增加了复位状态 reset_state 作为开始状态和暂停状态 halt 作为停止状态。此外，所有指令必须先从存储器里面读取出来，经过译码后才能到达具体的指令状态，因此取指令操作 fetch 当作一个状态来使用。

指令的运行采用 Mealy 型状态机设计，其输出由当前状态 state 与节拍信号 tick 决定。时钟节拍的产生采用 Moore 状态机实现，状态机采用枚举类型设计。具体 VHDL 代码如下：

```
type state_type is (
      reset_state, fetch, halt, negate, mload, dload, iload,
      dstore, istore, branch, brZero, brPos, brNeg, add);
signal state: state_type;
type tick_type is (t0, t1, t2, t3, t4, t5, t6, t7);
signal tick: tick_type;
```

8.2.3 指令周期分析

CPU 执行每条指令的时间是不一样的，为了简化操作，一般采用定长指令周期，即所有指令的执行时间与最长的指令执行时间相同。因此，需要分析执行时间最长的指令，以确定指令周期长度(即所需要的 CPU 时钟周期数)。下面对间接存储 istore 指令进行分析，该指令的功能是 M[M[0xxx]]:=ACC，即将累加器的数据存入到内存单元存放的地址所指向的内存单元。具体执行过程如下：

(1) IR(11..0)([0xxx])地址总线。
(2) 数据总线(M[0xxx])IAR。
(3) 清除地址线。
(4) IAR 地址总线。
(5) ACC 数据总线。
(6) 使能存储器写操作。
(7) 等待完成写操作。
(8) 清除地址总线、数据总线输出高阻态。

根据以上分析，执行该条指令至少需要 8 个 CPU 周期才能完成。因此，可以将该指令周期长度设计为 8 个 CPU 周期，每个 CPU 周期是一个节拍。

8.2.4 指令译码器设计

指令译码器通过指令的操作码进行译码，以解析当前执行的是哪一条指令。根据指令编码，高 4 位为操作码，因此对指令寄存器 iReg 的高 4 位进行译码判断，然后转到对应的指令状态。

指令译码器具体采用过程来实现，VHDL 代码如下：

```
procedure decode is begin
        -- Instruction decoding
        case iReg(15 downto 12) is
        when x"0" =>
            if iReg(11 downto 0) = x"000" then
                state <= halt;
            elsif iReg(11 downto 0) = x"001" then
                state <= negate;
            end if;
        when x"1" => state <= mload;
        when x"2" => state <= dload;
        when x"3" => state <= iload;
        when x"4" => state <= dstore;
        when x"5" => state <= istore;
        when x"6" => state <= branch;
        when x"7" => state <= brZero;
        when x"8" => state <= brPos;
        when x"9" => state <= brNeg;
        when x"a" => state <= add;
        when others => state <= halt;
        end case;
    end procedure decode;
```

8.2.5　控制器设计

为了提高 CPU 指令的执行效率，在时钟的上升沿、下降沿都会有执行动作。除了存储器读写和使能信号外，CPU 把其他功能模块(iReg、ALU、PC 和 ACC)都设计为寄存器直接进行寄存器操作。

1. 取指令操作分析

取指令操作是从存储器里面读取一条指令。首先，在时钟下降沿有效 t0 节拍将 PC 地址送到地址总线，存储器读使能；然后，在时钟上升沿 t1 节拍将存储器输出的指令通过数据总线送到指令寄存器；接着，在时钟下降沿有效 t2 节拍设置存储器使能信号无效，地址总线为 0；最后，在时钟上升沿 t2 节拍进行译码操作，PC 加 1，又返回到 t0 节拍，继续执行当前指令的后续操作，具体的 VHDL 代码如下：

```
---Fetch 指令分析
    -- risino edge
    if tick = t1 then
        iReg <= dBus;
    end if;          ----2. get Instruction from data bus to iReg
        if tick = t2 then       ---- 4. decode and PC++, go to next state
            decode;
                pc <= pc + '1' ;
                tick <= t0;
        end if;
    -- falling edge
    if tick = t0 then
        m_en <= '1' ;
        aBus<= pc;
        end if;          ----1. put PC on address bus, enable read instruction
        if tick = t2 then
        m_en <= '0';
        aBus <= (aBus'range =>'0') ;
        end if;          ----3、clear address bus
```

2. 直接载入指令分析

直接载入指令是将存储器单元的数据读出来写入到累加器。首先，在时钟下降沿有效 t0 节拍存储器读使能，将 iReg 低 12 位信息作为地址总线的低 12 位发送到地址总线；然后，在时钟上升沿 t1 节拍将存储器输出的数据通过数据总线写入累加器；接着，在时钟下降沿有效 t2 节拍设置存储器使能信号无效，地址总线为 0；最后，在时钟上升沿有效 t2 节拍调用 wrapup 过程，返回取指令阶段(state = fetch，tick = t0)再继续执行下一条指令。具体的 VHDL 代码如下：

```
---Dload 指令分析
dload m -- ACC : M[0xxx]
----rising edge
if tick = t1 then
acc <= dBus;
end if;
    ----2.load data bus into ACC
if tick = t2 then
wrapup;
end if;        ----4.end instruction
-- falling edge
```

```
if tick = t0 then                    ---- 1. Put IR(11..0) onto address bus.
m_en <= '1' ;
aBus <= x"0" & iReg(11 downto 0);
end if;
if tick = t2 then              ----3、clear address bus
m_en <= '0';
aBus <= (aBus'range =>'0');
end if;
```

8.3　处理器的设计方法

根据 8.2 节简单处理器分析，可以得到处理器的设计方法包括以下几个步骤：

(1) 确定处理器的需求和目标：先要确定处理器的应用场景、性能要求、功耗限制等需求和目标。

(2) 设计处理器的体系结构：根据处理器的需求和目标设计处理器的体系结构，包括指令集架构(包括指令设计、指令编码设计和指令周期确定)、流水线结构、缓存结构、总线结构等。

(3) 逻辑功能设计：根据处理器的体系结构，进行各个功能模块的逻辑电路设计，重点分析模块间逻辑信号传递关系和时序关系。

(4) 物理综合设计：根据已完成的逻辑电路进行物理综合设计，包括布局布线设计等。

(5) 验证和仿真：对处理器的设计进行验证和仿真，包括功能验证、时序验证、系统验证、FPGA 验证等。

(6) 优化和改进：根据测试结果和用户反馈，对处理器进行优化和改进，提高处理器的性能和可靠性。

8.4　8 位简单 SoC 系统结构设计

根据 8.3 节处理器的设计方法，本书的目的是设计一个应用于教学的简单 SoC 系统，要求数据宽度为 8 位，能够模拟验证计算机内部组织结构及其运行情况。SoC 系统具体包括程序存储器 ROM、数据存储器 RAM、程序计数器 PC、指令寄存器 IR、堆栈寄存器 SP、通用寄存器 RN、算术逻辑单元 ALU、微程序控制器(微地址控制器、微地址寄存器、微指令寄存器)和输入/输出接口等模块。控制器发出指令执行过程各个模块所需要的控制信号，所有模块通过数据总线进行数据交互。地址总线与存储器和程序计数器有关。

哈佛结构的 8 位 SoC 具体结构如图 8.3 所示。其中，ROM 和 RAM 的存储容量是 4 KB 和 128 B。

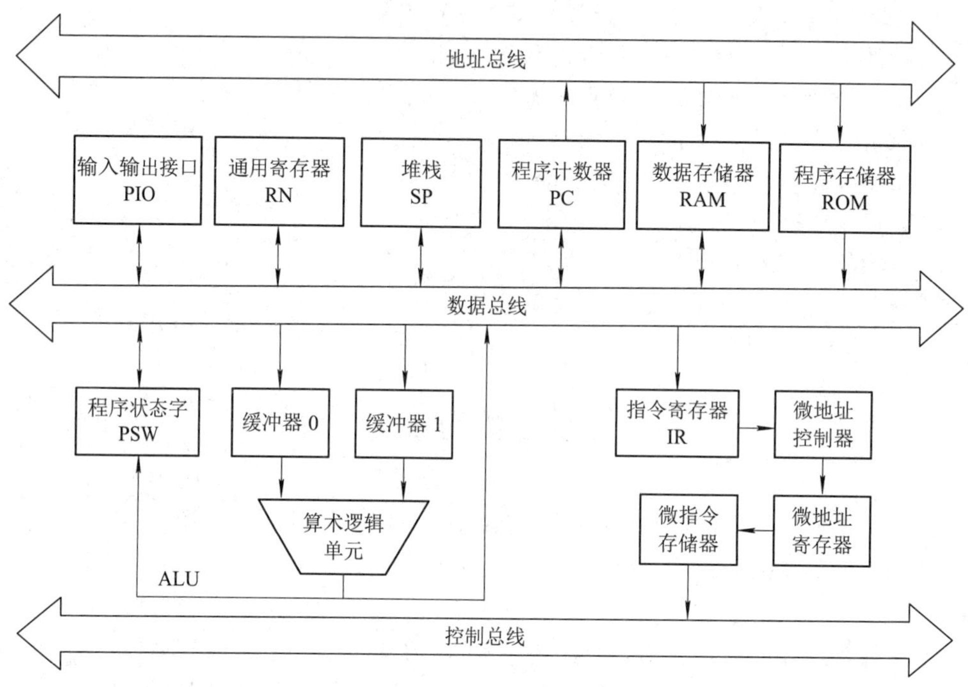

图 8.3 哈佛结构的 8 位 SoC 结构

8.5 8 位 SoC 指令系统设计

8.5.1 指令集设计

系统结构设计处理器的指令集包括传送类、逻辑运算类、算术运算类和控制转移类指令 4 种类型，共 27 条指令。其中，有 7 条传送类型指令，5 条逻辑运算类指令，7 条算术运算指令，8 条调用及跳转指令，具体见表 8.2。指令的寻址方式包括立即寻址、直接寻址、寄存器直接寻址 3 种寻址方式。

表 8.2 系统指令集

指令类别	操作指令	功能说明
传送类	MOV Ri, #data	Ri <- data
	MOV Ri, Rj	Ri <- (Rj)
	MOV Ri, direct	Ri <- direct
	MOV direct, Ri	direct <- (Ri)
	OUT P0, Ri	P0 <- (Ri)
	IN Ri, P0	Ri <- (P0)
	MOV SP, #data	SP <- data

续表

指令类别	操 作 指 令	功 能 说 明
逻辑运算类	AND Ri, Rj	Ri <- (Ri) and (Rj)
	OR Ri, Rj	Ri <- (Ri) or (Rj)
	XOR Ri, Rj	Ri <- (Ri) xor (Rj)
	CLR Ri	把 Ri 中的数据清零
	NOT Ri	把 Ri 中的数据取反
算术运算类	ADD Ri, Rj	Ri<-(Ri)+(Rj)
	ADDC Ri, Rj	Ri<-(Ri)+(Rj)
	INC Ri	Ri<-(Ri)+1
	DEC Ri	Ri<-(Ri)-1
	SUBB Ri, Rj	R0<-(R0)-(R1)-(Cy)
	ROL Ri	不带进位位的循环左移
	ROR Ri	不带进位位的循环右移
控制转移类	PUSH Ri	SP <-(Ri),　SP <-SP+1
	POP Ri	SP <-SP-1 (Ri) <- SP
	JMP addr12	PC<-addr[11:0]
	JZ addr12	若(ZF=0)PC<-addr[11:0] 若(ZF!=0)PC<-PC+3
	JC addr12	若(CF=1)PC<-addr[11:0] 若(CF!=1)PC<-PC+3
	NOP	PC<-PC+1
	CALL addr12	SP <-PC7～PC0，SP <-SP-1 SP <- PC15～PC8，SP <-SP-1 PC<- addr[11:0]
	RET	返回指令 PC15～PC8<- SP，SP <-SP+1 PC7～PC0<- SP，SP <-SP+1

8.5.2　指令编码设计

指令由操作码和操作数两部分组成。操作码包含了指令的操作种类以及所用操作数的数据类型，操作数包含操作数的地址及其寻址方式。指令编码方式是指令格式转换为二进制编码方式。每一条指令都有一个唯一的二进制编码，处理器通过译码来执行这些指令。指令编码方式的设计需要考虑到指令的种类，操作数的数量和类型，寻址方式等因素。常见的指令编码方式包括定长编码、变长编码和前缀编码等。其中，定长编码指令长度固定，变长编码指令长度可变，前缀编码则是在指令前添加一个或多个前缀来表示指令的特殊含义。不同的指令编码方式有不同的优缺点，这需要根据具体的应用场景进行选择。

为了降低设计的复杂程度，本节设计的指令系统采用定长指令编码。根据指令的类型和数量，8 位指令码从高到低的具体含义：前三位表示指令类别，中间三位为操作码，最后两位用来指示当前指令需要使用的寄存器，具体构成如表 8.3 所示。不同指令占用存储单元的字节数量不同，算术逻辑运算指令因为是直接寄存器寻址，所以其只占 1 个字节。转移类指令和调用指令因为需要存放跳转的 12 位地址，所以其占 3 字节。

表 8.3　指令编码设计

指令类别	指令操作码	操作指令	占用字节数	指令编码说明
传送类 001	001	MOV　Ri, #data	2	001001Ri0，xxxxxxxx
	010	MOV　Ri, Rj	1	001010 RiRj
	011	MOV　Ri, direct	2	001011Ri0，xxxxxxxx
	100	MOV　direct, Ri	2	0011000Ri，xxxxxxxx
	101	OUT　P0, Ri	1	0011010Rj
	110	IN　Ri, P0	1	001110 Ri0
	111	MOV　SP, #data	2	00111100，xxxxxxxx
逻辑运算类 010	001	AND Ri, Rj	1	010001 RiRj
	010	OR Ri, Rj	1	010010 RiRj
	011	XOR Ri, Rj	1	010011 RiRj
	100	CLR Ri	1	010100 Ri0
	101	NOT Ri	1	010101 Ri0
算术运算类 011	001	ADD Ri, Rj	1	011001RiRj
	010	ADDC Ri, Rj	1	011010RiRj
	011	INC　Ri	1	011011Ri0
	100	DEC Ri	1	011100Ri0
	101	SUBB Ri, Rj	1	011101RiRj
	110	ROL　Ri	1	011110Ri0
	111	ROR　Ri	1	011111Ri0
调用及跳转类 100	000	PUSH Ri	1	100000Ri0
	001	POP Ri	1	100001Ri0
	010	JMP addr12	3	10001000，xxxxAAAA，AAAAAAAA
	011	JZ addr12	3	10001100，xxxxAAAA，AAAAAAAA
	100	JC addr12	3	10010000，xxxxAAAA，AAAAAAAA
	101	NOP	1	10010100
	110	CALL addr12	3	10011000，xxxxAAAA，AAAAAAAA
	111	RET	1	10011100

8.5.3 指令周期确定

确定指令周期需要分析最长执行时间的指令。在完成取指操作经过指令译码后才可以执行具体的指令功能。以 3 字节的 CALL 调用指令为例进行分析，该指令还需要进行两次读取 ROM 的操作才能得到转移地址，具体的微操作及控制信号如表 8.4 所示。

表 8.4　取操作数阶段微操作及控制信号

周期序号	微 操 作	控 制 信 号	功 能 说 明
1	PC→ADDR[11..0]	M_ROM; nROM_EN	ROM 片选信号有效，ROM 读使能，PC 指向程序地址
	BUS→IR; PC =PC + 1 ;	LDIR2; M_PC	IR 使能，指令通过总线传送到 IR，PC + 1
2	IR→PC[7..0];	M_uROM CMROM_CS	微控制器使能，生成下一条微程序地址，将 IR 接收到的地址赋给 PC 低 8 位
3	PC→ADDR[11..0]	M_ROM; /ROM_EN	ROM 片选信号有效，ROM 读使能，PC 指向程序入口地址
	BUS→IR; PC =PC + 1 ;	LDIR3; M_PC	IR 使能，指令通过总线传送到 IR，PC + 1
4	IR→PC[11..8];	M_uROM CMROM_CS	微控制器使能，生成下一条微程序地址，将 IR 接收到的地址赋给 PC 高 4 位

在 CALL 指令的执行阶段，需要将当前 PC 地址存入堆栈指针指向的 RAM 单元里面，需要分两次传送，然后将新地址加载到 PC，跳转到调用函数入口地址开始执行程序，具体的微操作及控制信号如表 8.5 所示。

表 8.5　执行阶段微操作及控制信号

周期序号	微 操 作	控 制 信 号	功 能 说 明
5	SP→AR	nSP_EN nRAM_EN	SP 使能，将 SP 指针地址送到地址寄存器，使能 RAM
6	PC[11..8]→BUS SP+1→SP	nPCH;M_SP_UP	PC 高 8 位送到 SP，SP 指针加 1
7	SP→AR PC[7..0]→BUS	nSP_EN nRAM_EN nPCL;	SP 使能，将 SP 指针地址送到地址寄存器，使能 RAM，PC 高 8 位送到 SP
8	SP+1→SP PC→addr12	M_SP_UP ; nLD_PC	SP 指针加 1，PC 指向新的地址

根据上述指令执行时需要的 CPU 执行周期分析，可以确定所设计的指令集的指令周期为 8 个 CPU 时钟周期。

8.6 8 位 SoC 功能模块设计

本节主要讲述 8 位 SoC 系统中各个功能模块的设计思路和设计方法，重点分析各个模块的功能、模块接口信号的逻辑关系以及模块间信号传递时序关系。为了方便整个 SoC 系统的集成，本节将定义好每个模块的接口信号，模块功能的具体实现代码由读者自行完成。

8.6.1 时钟模块设计

处理器的指令运行过程可以分为取指令、取操作数、执行、数据写回 4 个阶段，分别定义为 w0、w1、w2、w3。每个阶段称为指令子周期。根据指令周期的分析，所设计的处理器需要 8 个 CPU 时钟周期(节拍)才能执行完一条指令，每个子周期包含 2 个时钟周期。本节主要设计产生基本的时钟信号，包括当前时钟信号输出及反向输出(与输入时钟频率相同)，2 分频时钟信号输出及反向输出，以及 4 个指令子周期信号输出，后期根据这些基本信号来产生 SoC 各个功能模块的时钟信号。时钟模块 VHDL 代码接口定义如下。

```
entity clk_gen is
    port(
        clk, reset:in std_logic;       /时钟信号和复位信号
        clk1, nclk1:out std_logic; /输出时钟信号及反向时钟信号
        clk2, nclk2:out std_logic; /输出时钟信号的 2 分频及其反向
        w0, w1, w2, w3:out std_logic); /指令子周期信号
end clk_gen;
```

时钟模块仿真结果如图 8.4 所示。

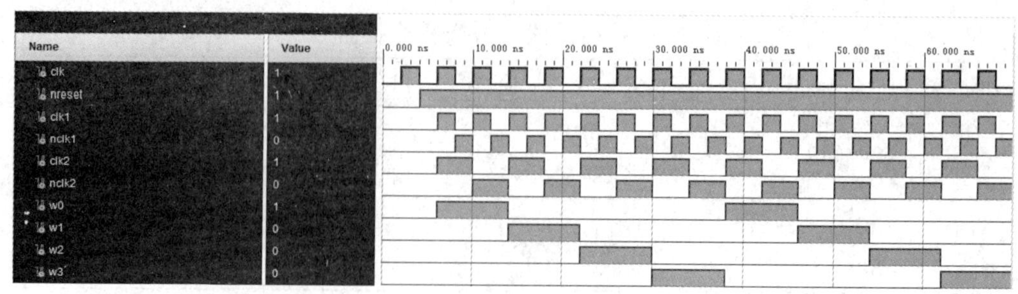

图 8.4 时钟模块仿真结果

8.6.2 程序计数器设计

在计算机执行程序时，处理器需要不断地从程序存储器中读取指令并执行，程序计数器 PC 就是用来存储下一条指令地址的寄存器。当处理器执行完一条指令后，会根据 PC 所

指地址读取下一条指令，然后 PC 存储的地址值自动加 1。如果程序中存在跳转指令(如条件分支、循环指令等)，则程序计数器会被修改为跳转目标地址，以便处理器能够正确地执行跳转指令。

设计的指令集除了分支跳转指令(JMP、JZ、JC)外，还包含函数调用指令 CALL。该指令不仅需要进行地址跳转，还需要将原 PC 值送到堆栈进行保存，以便子程序返回时能够正确返回到程序原来执行的位置。因此，需要将 PC 送到数据总线，存入到 RAM 里面。由于数据宽度为 8 位，而地址总线为 12 位，因此必须分两次才能将 PC 地址存入到 RAM 里面。

根据以上分析，需要设计的程序计数器 PC 应当包含加 1、更新地址以及将 PC 地址送到数据总线的功能。因此，在设计时需要增加对应的控制信号以完成相应的功能。此外，在读取存储器指令时需要将 PC 地址送到 ROM，需要增加地址的输出信号 ADDR。而遇到分支跳转指令的时候，需要加载新地址，需要有新地址输入接口 PC_in。程序计数器具体接口定义的 VHDL 代码如下：

```
entity module_PC is
    port(
        clk_PC:in std_logic;        ----PC 时钟信号
        nreset :in std_logic;       ----全局复位信号
        nLD_PC:in std_logic;        ----装载新地址
        M_PC:in std_logic;          ----PC 加 1 控制信号
        nPCH, nPCL::in std_logic; ----PC 输出总线控制信号
        PC_in:in std_logic_vector(11 downto 0);     ----PC 新地址输入
        ADDR:out std_logic_vector(11 downto 0); ----ROM 读地址输出
        d:inout std_logic_vector(7 downto 0));      --PC 数值输出到数据总线
end module_PC;
```

根据 PC 功能和接口信号的分析，PC 各个接口信号在实现 PC 功能时的逻辑关系如下：

(1) 复位功能：全局异步复位信号 nreset 低电平有效，地址线 ADDR 输出 0，数据总线输出高阻态。

(2) PC 加 1 功能：在 clk_PC 上升沿有效而且 M_PC 高电平有效时执行 PC 加 1 操作。

(3) 地址更新功能：在 clk_PC 上升沿有效，nLD_PC 低电平有效时执行新的程序地址赋值给 PC。

(4) PC 地址保存：在 clk_PC 上升沿有效，在 nPCH 和 nPCL 分别两次低电平有效，先后高 8 位后低 8 位完成 PC 数值送到数据总线的功能。

8.6.3 程序存储器设计

程序存储器 ROM 主要用于存储处理器执行的指令代码，其具体功能与第七章的通用 ROM 类似，区别在于本章的 ROM 需要用到时钟信号进行同步，并增加数据输出使能信号 nROM_EN，以避免引起数据总线的竞争。此外，12 位地址线宽度对应 4 KB 的存储器容量。在时钟上升沿到来时，检测到 ROM 使能信号和 ROM 片选信号有效，则将地址 addr 对应的存储单元数据送到数据总线上。程序存储器 ROM 的接口定义如下：

```
entity module_rom is
    port (
        clk_ROM     :in std_logic;      --ROM 时钟信号
        M_ROM       :in std_logic;      --ROM 片选信号
        nROM_EN     :in std_logic;      --ROM 使能信号
        addr        :in std_logic_vector(11 downto 0);--ROM 地址信号
        data        :inout std_logic_vector(7 downto 0) ); --数据总线
end module_rom;
```

8.6.4 指令寄存器设计

指令寄存器 IR 是一个用于存储当前正在执行指令的寄存器。处理器从程序存储器中读取出来的指令会传送到 IR。根据设计的 SoC 结构及指令集可知，不同的指令占用的字节长度和信息不同。IR 需要将接收到的信息进行分类处理，包括操作码字节、地址的高位字节、地址的低位字节、源寄存器和目的寄存器等。

IR 通过 LD_IR1 标志当前信息为指令操作码字节，需要将字节的高 6 位送到微程序控制器进行译码操作，源寄存器选择信号 RS 对应 D0 位，而目的寄存器选择信号 RD 对应 D1 位。如果当前指令是分支跳转指令，则 LD_IR2 标志当前信息是转移地址的高位字节，传递到 PC[11..8]，LD_IR3 标志当前信息是转移地址的低 8 位字节，传递到 PC[7..0]。如果当前指令是直接寻址方法，对数据存储器进行访问时，不仅需要 LD_IR3 标志当前信息为 RAM 地址，还需要 nARen 信号使能 RAM。根据以上分析，IR 的接口定义如下：

```
entity module_IR is
port (
    clk_IR          :in std_logic;              ----IR 时钟信号
    nreset          :in std_logic;              ----复位信号
    LD_IR1, LD_IR2, LD_IR3 : in std_logic;  --IR 指令存储控制信号
    nARen:          :in std_logic;              --IR 中 RAM 地址控制信号
    data            :inout std_logic_vector(7 downto 0);    --数据总线
    IR              :out std_logic_vector(7 downto 2);      --IR 指令编码
    PC              :out std_logic_vector(11 downto 0);     --PC 新地址
    AR              :out std_logic_vector(6 downto 0);      --RAM 读写地址
    RS              :out std_logic;             ----源寄存器
    RD              :out std_logic;             ----目的寄存器
);
end module_IR;
```

根据 IR 功能和接口信号分析，IR 各个接口信号在实现 IR 功能时的逻辑关系如下：

(1) 复位功能：各个内部信号初始化为 0。

(2) 指令码传递功能：在 clk_IR 上升沿有效而且 LD_IR1 高电平有效时，将数据总线信息传入 IR 内部寄存器，将 IR[7..2]转发给微程序控制器进行译码，并将最后两位赋值给 RD 和 RS。

(3) 生成 PC 地址：在 clk_PC 上升沿有效，通过 LD_IR2 和 LD_IR3 分两次载入 PC 所需要的高 4 位和低 8 位地址信息。

(4) 生成 RAM 地址：在 clk_PC 上升沿有效，LD_IR3 高电平有效，将当前地址信息保存到 PC 低 8 位上，当 nAREn 低电平有效时，将 PC[6..0]送到 AR[6..0]作为 RAM 地址来使用。

8.6.5 通用寄存器设计

通用寄存器 RN 用于存储 CPU 的临时数据，应当具有数据锁存和数据读写功能。根据指令集编码分析，源寄存器和目的寄存器分别只预留了 1 位信号进行选择，因此所设计的通用寄存器内部只有 R0 和 R1 两个寄存器。寄存器的访问需要用到读写控制信号、寄存器使能信号、源寄存器和目的寄存器选择信号。通用寄存器 RN 端口的 VHDL 接口定义如下：

```
entity module_RN is
    port(
        clk_RN  :in std_logic;      --RN 时钟信号
        nreset  :in std_logic;      --复位信号
        Ri_CS   :in std_logic;      --RN 寄存器片选信号
        nRi_EN  :in std_logic;      --RN 寄存器输出使能
        RDRi, WRRi  :in std_logic;      --RN 读写信号
        RS      :in std_logic;      --源寄存器选择信号
        RD      :in std_logic;      --目的寄存器选择信号
        Data    :inout std_logic_vector(7 downto 0)—双向数据总线
);
end module_Rn;
```

根据 RN 功能和接口信号分析，RN 的各个接口信号在实现 RN 功能时的逻辑关系如下：

(1) 复位功能：所有寄存器初始化为 0。

(2) 读寄存器功能：当 clk_RN 上升沿有效时，Ri_CS 片选信号高电平有效，nRi_EN 低电平有效，读信号 RDRi 高电平有效，将源寄存器选择信号 RS 对应的寄存器存放的数据读出到数据总线。

(3) 写寄存器功能：当 clk_RN 上升沿有效时，Ri_CS 片选信号高电平有效，写信号 WRRi 高电平有效，将数据总线上的数据写入目的寄存器，选择信号 RD 对应的寄存器。

8.6.6 算术逻辑单元设计

算术逻辑单元 ALU 是处理器的一个重要组成部分，用于执行算术和逻辑运算。ALU 的性能将直接影响计算机的整体性能，它通常由多个逻辑门组成，可以执行加、减、乘、除等算术运算，也可以执行与、或、非、异或等逻辑运算。

ALU 的输入包括操作数以及来自控制单元的操控命令，输出包括输出运算的结果和运行的状态信息。

在设计 ALU 时，需要确定 ALU 功能及指令操作，选择合适的 ALU 总线结构，分析运算指令的执行，具体设计方法如下：

1. 确定 ALU 的功能

根据设计目标，本节需要完成的是 8 位 ALU 的设计。ALU 的主要功能是完成基本的加减运算，包括带进位/不带进位加法运算和带进位/不带进位减法运算，以及逻辑运算(包括基本逻辑运算和混合逻辑运算)。

2. 确定指令操作

ALU 必须支持指令集中所有的算术运算以及逻辑运算类型的指令，如表 8.2 所示。从集合的角度来看，ALU 的功能集合包含了指令集中的算术逻辑指令集。如果所设计的 ALU 功能不支持指令集里面的某些指令，则执行该指令可能会产生不可预测的结果。此外，需要保证一定的系统可拓展性。比如当后期需要增加一些运算指令时，可以不用修改底层的 ALU 硬件部分。

3. 选择 ALU 结构

根据运算器内部总线以及构成运算器的基本部件的连接情况，可以将 ALU 分为三种基本结构：单总线结构、双总线结构和三总线结构。

单总线结构将所有部件都接到同一总线上，在同一时间内，只能有一个操作数放在总线上进行传输，如图 8.5 所示。因此，单总线结构需要分两次才能将两个操作数输入到 ALU 中，并且需要 A、B 两个缓冲寄存器。其优点是控制电路的设计非常简单，但操作速度较慢。

双总线结构有两条总线，可以将两个操作数同时加到 ALU 中进行运算，只需一次操作控制就可得到运算结果。由于两条总线都被输入数据占用，因此 ALU 的输出不能直接加到总线上，必须在 ALU 输出端设置缓冲寄存器，具体结构如图 8.6 所示。

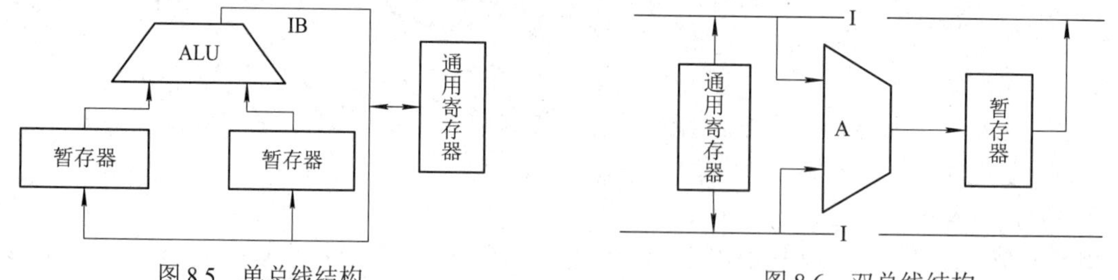

图 8.5　单总线结构

图 8.6　双总线结构

三总线结构的 ALU 的两个输入端分别连接两条总线，ALU 的输出与第三条总线相连，如图 8.7 所示。三总线结构附加直接传送功能，当一个操作数不需要修改时，可通过总线开关将数据从输入总线直接传送到输出总线。其优点是操作时间短，缺点是结构复杂。

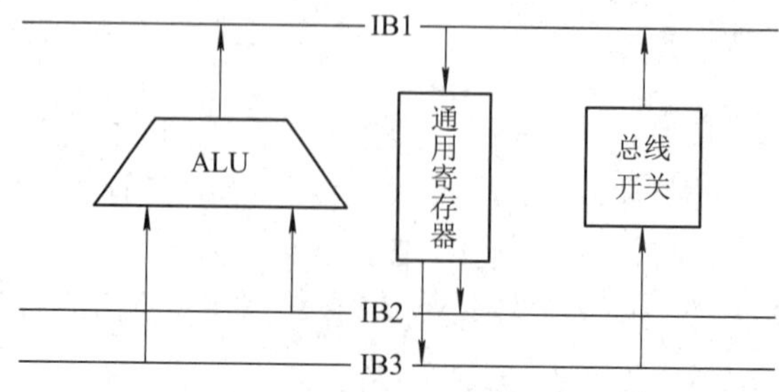

图 8.7　三总线结构

不同的总线结构各有优缺点，可根据设计需求选择合适的总线结构。为了简化设计，本节采用单总线结构进行 ALU 设计。

4. 分析指令的执行

选择好 ALU 的基本结构后，需要明确在该结构下如何完成运算操作，这就需要对指令执行过程进行分析。以加法指令 ADD R0，R1 为例，该指令需要两个操作数。在单总线结构中，每次只能读取一个数据，两个暂存器同时挂载在一条总线上，因此需要两个暂存器控制信号。注意两个控制信号必须在不同的时钟节拍内有效，才能实现暂存器的控制选择。

在时钟上升沿有效，暂存器 A 控制信号有效，实现 R0 经数据总线存入暂存器 A；在下一个时钟上升沿有效的时候，暂存器 B 控制信号有效，完成 R1 经数据总线存入暂存器 B。当两个操作数已经存入暂存器后，还需要运算类型和操作类型的选择信号来选择 ALU 内部的运算操作类型，如遇到带进位的运算操作则还需要进位输入信号。

根据以上分析可知，要在单总线结构中完成 ALU 运算，需要增加暂存器控制信号、运算类型选择信号、操作类型选择信号以及进位输入信号。

5. ALU 设计实现

ALU 的运算结果会影响进位标志、零标志、溢出标志等程序状态字的标志。根据 8.4 节，ALU 除了基本的算术逻辑运算功能外，还具有输出程序状态字 PSW 以及移位操作功能。算术和逻辑运算功能可以参照 74181 的功能表进行设计。

本节指令集里涉及的状态标志包括辅助进位标志 AC、进位标志 CY、结果为零标志 ZN、溢出标志 OV 等状态。AC(PSW.0)为辅助进位标志位，是 4 位运算结果的进位标志；CY(PSW.1)为进位标志位，在执行算术指令时，判断指示运算是否产生进位；ZN(PSW.2)为零标志位，用来判断最近一次的运算结果是否为零；OV(PSW.3)为溢出标志位，在执行算术指令时，判断指示运算是否产生溢出。在实际应用中，程序状态字可以进行设置和清零，同时具有按位访问和按 PSW 寄存器访问两种方式。ALU 模块信息的输入/输出都通过双向数据总线，即 PSW 输出和 ALU 运算结果需要数据总线。为了避免总线冲突，应当增加 ALU 运算结果输出到总线的使能信号 nALU_EN 和程序状态字输出到总线的使能信号 nPSW_EN。

为了简化设计，将移位指令功能集成到 ALU 功能里面，对运算的结果进行移位操作。如果没有移位操作，则 nALU_EN 使能直接将结果输出；否则根据指令功能及控制信号进行移位操作(循环逻辑左移、循环逻辑右移、逻辑左移)，然后 nALU_EN 信号使能时将结果输出到数据总线上。

根据以上分析，可以确定 ALU 模块的功能及接口信号。ALU 模块接口的 VHDL 定义如下：

```
entity module_ALU is
port(
clk_ALU     :in std_logic;     --ALU 时钟信号
nreset      :in std_logic;     --全局复位信号
M_A, M_B    :in std_logic;     --暂存器控制信号
M_F         :in std_logic;     --移位操作控制信号
nALU_EN     :in std_logic;     --ALU 运算结果输出使能
nPSW_EN     :in std_logic;     --PSW 输出使能
```

```
C0      :in std_logic;                      --进位输入
S       :in std_logic_vector(4 downto 0);   --运算和操作选择
F_in    :in std_logic_vector(1 downto 0);   --移位功能选择
data    :inout std logic vector(7 downto0);--数据总线
AC      :out std_logic;                     --半进位标志
CY      :out std_logic;                     --进位标志
ZN      :out std_logic;                     --零标志
OV      :out std_logic;                     --溢出标志
);
end module_ALU;
```

8.6.7 数据存储器设计

数据存储器 RAM 应具有数据存储功能，并可以进行数据读写操作。其具体功能与 7.1 节设计的 RAM 类似，其区别在于本章的 RAM 需要用到时钟信号进行同步，并增加数据输出使能信号 nRAM_EN，以避免引起数据总线竞争。此外，7 位地址线宽度对应 128 B 的存储器容量。为了减少信号，将读写信号合并为 1 个信号，高电平写操作有效，低电平读有效。数据存储器 RAM 的接口的定义如下：

```
entity module_ram is
    port(
        clk_RAM     :in std_logic;    --RAM 时钟信号
        n reset     :in std_logic;    --RAM 选择信号
        RAM_CS      :in std_logic;    --RAM 片选信号
        nRAM_EN     :in std_logic;    --RAM 输出使能信号
        wr_nRD      :in std_logic;    --读写信号，高电平写，低电平读
        AR          :in std_logic_vector(6 downto 0):      -- RAM 地址信号
        data        :inout std_logic_vector(7 downto 0)    --数据总线
        );
end module_ram;
```

(1) RAM 读出数据功能：当 RAM 时钟信号(clk_RAM)上升沿到来时，若片选信号(RAM_CS)为高电平，读写信号(wr_nRD)为低电平，输出使能信号(nRAM_EN)为低电平，则将地址总线 AR 所指存储单元中的数据读出到数据总线。

(2) RAM 写入数据功能：当 RAM 时钟信号(clk_RAM)上升沿到来时，若片选信号(RAM_CS)为高电平，读写信号(wr_nRD)为高电平，则将数据总线上的数据写入地址总线 AR 所指向的存储单元。

8.6.8 堆栈寄存器设计

堆栈寄存器用于保存堆栈指针信息，采用后进先出方式保存数据。一般采用自顶向下的增长方式进行压栈操作，即数据压入堆栈，堆栈指针 SP 减 1，数据弹出堆栈，堆栈指针

SP 加 1。为了方便使用堆栈寄存器，可以通过 MOV SP，#data 指令来初始化栈顶位置。另外，堆栈寄存器只是存放堆栈指针，堆栈真正存放数据的地方在数据存储器 RAM，因此需要将堆栈指针输出到 RAM 地址上。根据以上分析，每一种操作都需要增加相应的控制信号，堆栈指针的端口定义如下：

```
entity module sp is
Port(   clk_SP      : in STD_LOGIC;         ----SP 时钟信号
nreset  : in STD_LOGIC;         ----复位信号
SP_CS : in STD_LOGIC;           ----SP 选择信号
SP_UP : in STD_LOGIC;           ----SP+1 控制信号
SP_DN: in STD_LOGIC;            ----SP-1 拉制信号
nSP_EN: in STD_LOGIC;           ----SP 输出使能
AR :out STD_LOGIC_VECTOR (6 downto 0);--SP 输出 RAM 地址
data    :inout STD_LOGIC_VECTOR (7 downto 0);--数据总线
);
end module_sp;
```

(1) 栈顶初始化功能：在 clk_SP 上升沿有效、SP_CS 为低电平时，将立即数写入到堆栈指针。

(2) 数据出栈(指针加 1)功能：在 clk_SP 上升沿有效、SP_CS 为高电平、SP_UP 为高电平、nSP_EN 为低电平有效时，SP 加上 1。

(3) 数据压栈(指针减 1 功能)：在 clk_SP 上升沿有效、SP_CS 为高电平、SP_DN 为高电平、nSP_EN 为低电平有效时，SP 减去 1。

8.6.9 通用 I/O 接口设计

通用 I/O 接口一般需要具备输入锁存和输出锁存功能。输入/输出锁存功能可以保证输入/输出数据在一定时间内被稳定地保持，这样就避免了输入信号的抖动和干扰。锁存功能可以保证数据的同步性，避免了数据的错位和不一致，从而提高了系统的性能和可靠性。为了避免引起总线竞争，增加了输入/输出使能信号。通用 I/O 接口的 VHDL 定义如下：

```
entity module_P0 is
Port(
    clk_P0      :in std_logic;          --P0 时钟信号
    nreset      :in std_logic;          --复位信号
    P0_CS       :in std_logic;          --P0 选择信号
    nP0_IEN     :in std_logic;          --P0 输入使能信号
    nP0_OEN     :in std_logic;          --P0 输出使能信号
    P0_IN       :in std_logic_vector(7 downto 0);       --P0 输入信号
    P0_OUT      :out std_logic_vector(7 downto 0);      --P0 输出信号
    data        :inout std_logic_vector(7 downto 0));--数据总线
end module_P0;
```

(1) 输入锁存功能：在 clk_P0 上升沿有效、P0_CS 高电平、nP0_IEN 低电平，将输入引脚 P0_IN 的信息输入到内部锁存器，并送到数据总线上。

(2) 输出锁存功能：在 clk_P0 上升沿有效、P0_CS 高电平、nP0_OEN 低电平，将数据总线上的信息输出到内部锁存器，并送到输出引脚 P0_OUT 上。

8.6.10 微程序控制器设计

在设计微程序控制器之前，需要先了解和掌握机器指令、微程序、微指令、微操作和微命令这几个与指令运行相关的概念。

机器指令是计算机能够识别和执行的最基本的指令，如 ADD R0，R1 就是一条机器指令。微程序是实现一条机器指令功能的微指令序列(包括取操作数、执行、写回等微指令)，如加法指令 ADD R0，R1 的微程序可以分为取操作数 R0，取操作数 R1，执行写回等微指令，每个微指令都对应着一组微操作。一个微操作由一个或多个微命令(控制信号)组成，如在加法指令的取操作数微指令中，读取 R0 寄存器数据送到数据总线是微操作。在这个微操作的执行过程中需要用到的寄存器读信号 RDRi 和使能信号 nRi_EN 是微命令。

1. 微程序控制器的基本原理

微程序控制器是一种基于微程序设计思想的计算机控制器，其基本原理是将指令的执行过程分解为基本的微命令序列，把微命令(操作控制信号)编制成二进制编码的微指令，存放到控制存储器(CM)中。

机器指令运行时，根据指令译码获得指令在 CM 的微程序入口地址，从 CM 中取出微指令，产生指令运行所需的操作控制信号，控制相应的模块完成相应的功能。

2. 微程序控制器的基本结构

微程序控制器由控制存储器 CM、微指令寄存器 μIR、微地址形成电路以及微地址寄存器 μAR 组成，如图 8.8 所示。

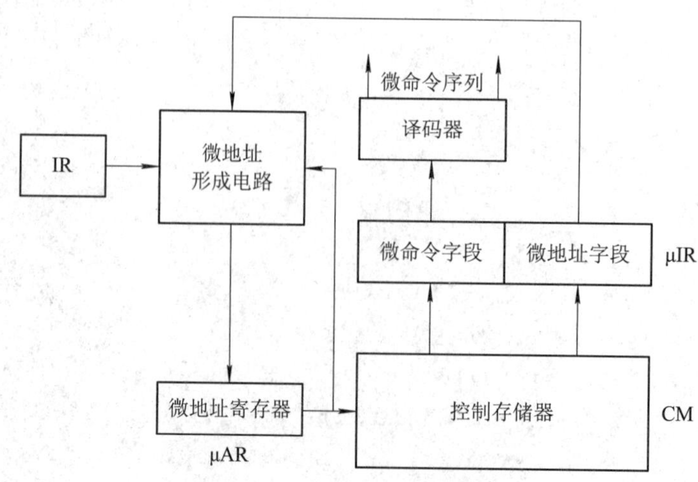

图 8.8 微程序控制器基本结构

1) 控制存储器 CM

控制存储器的位置位于 CPU 内部，一般用来存放微程序，采用 ROM 来实现。而主存储器一般位于 CPU 外，一般用来存放程序、指令和数据，采用 RAM 和 ROM 来实现。

2) 微指令寄存器 μIR

微指令寄存器存储微指令的微命令字段以及微地址字段。微命令控制字段用来提供当前操作所需要的微命令，微地址(顺序控制)字段用来指明后续微地址的形成方式，并提供微地址的固定部分。

3) 微地址形成电路

微程序入口地址由机器指令操作码形成，后续微地址由微地址字段、现行微地址等形成。

3. 微程序控制器工作过程

(1) 取机器指令：从 CM 中读出取指微指令，送到 μIR 中。将 μIR 中微命令字段进行译码，输出 M_ROM 片选信号和 nROM_EN 使能信号，根据 PC 地址从程序存储器 ROM 中读取出当前机器指令编码，利用 LD_IR1 信号有效，将指令码存入到指令寄存器 IR，将指令操作码发给 CM。

(2) 转到微程序入口：操作码通过微地址形成电路，生成微程序入口地址，送到微地址寄存器。根据微地址访问 CM 中第一条微指令。

(3) 执行第一条微指令：μIR 将微命令字段传送到译码器进行译码，发出微命令到微指令执行所涉及的功能模块。

(4) 读取后续微指令：根据 μIR 的微地址字段和现行微地址，通过微地址形成电路生成后续微指令的微地址，经过微地址寄存器选择 CM 对应单元，读取后续的微指令传送到 μIR。

(5) 执行后续微指令：该步骤与执行第一条微指令相同。

(6) 返回：微程序执行完毕后返回 CM 到取指公操作的微地址单元。

4. 微程序控制器的设计方法

首先，需要掌握微指令编码的方法、后续地址的产生方式和微指令的编码格式；然后，分析所设计的指令集中每条指令的微操作及微命令序列，设计微指令编码；接着，将每条机器指令对应的微程序按照微程序的入口地址写入控制存储器相应的单元；最后，根据微程序控制器的结构完成整个微程序控制器功能的设计。

1) 微指令编码方式

微指令由微命令字段和微地址字段组成。微指令编码方式是针对微命令字段的编码，包括直接控制编码、字段直接编译、分段间接编译三种方式。微地址与 CM 的容量有关。假设控制存储器容量为 4 KB，则需要 12 位来表示下一个微指令地址。CM 的容量由实现指令系统所需要的微程序的长度决定。

(1) 直接控制编码。直接控制编码也称不译码法，即微指令的控制字段中，每一位代表一个微命令。控制是否发出某个微命令，只需要将控制字段中相应位置的字符变成“1”或“0”，就可以打开或者关闭某个控制门。这种编码方式控制简单、运行速度快、并行性好，但存在微指令字长度长，需要大容量存储空间的缺点。

微操作之间存在互斥和相容的关系，互斥的微操作是指不能同时或者不可以在同一节拍内并行执行的微操作，相容的微操作是指能够同时或在同一个节拍内并行执行的微操作。当把互斥微操作的微命令组合在同一字段中时，可以采用编码方式存取；当把相容微操作的微命令组合在不同字段中时，可以采用各段单独译码的方式。

(2) 字段直接编译法。把互斥的微命令编成一组，采用二进制编码表示，成为微指令字的一个字段。在微指令寄存器的输出端，为该字段增加一个译码器，可以有效地缩短微指令的长度。

(3) 分段间接编译法。分段间接编译法是在字段直接编译法的基础上，缩短微指令字长的一种编译法，一个字段的某些微命令，要兼由另一些字段中的某些微命令来解释。分段间接编译法虽然进一步缩短了指令字长，但也可能会削弱微指令的并行控制能力。

2) 控制微程序流

正在执行的微指令，称为现行微指令，现行微指令所在的控存单元的地址称为现行微地址。现行微指令执行完毕后，下一条要执行的微指令称为后继微指令，后继微指令所在的控存单元的地址称为后继微地址。

在程序运行过程中，当执行完当前的微指令之后，一般通过指令操作码译码器产生或者微指令的下址字段两种方式给出后续微指令的微地址。

增量方式产生后继地址的方法是在顺序执行微程序时，通过现行微地址加上一个增量(通常为 1)来获得后续地址。如果是控制转移地址，则需要增加逻辑控制来判断下一个微地址位置。另外，通过计数器方式将 μPC 加 1、转移微地址、操作码译码输出作为后续地址的选择输入。

3) 微指令格式

微指令一般分为垂直型微指令和水平型微指令两种。一条垂直型微指令定义并执行一种基本操作，它具有指令长度短、指令简单、指令规整、便于编写程序的优点，但也有微程序长、执行速度慢、工作效率低的缺点；一条水平型微指令定义并执行几种并行的基本操作，它具有微程序短、执行速度快的优点，但也有微指令长、编写微程序麻烦的缺点。

4) 微指令编码设计

本章采用水平型微指令格式、直接控制编码、增量方式产生后继地址来设计指令集的微指令编码。首先，整理所设计 SoC 各个功能的控制信号，设计微指令的命令字段；然后，分析每条机器指令的微指令对应的微命令，设计微指令编码和微程序。

(1) 微命令序列设计。前面所设计的各个功能模块所需要的控制信号都是由控制器在运行相应指令时发出的时序控制信号，每个功能模块需要的控制信号的数据各不相同，具体见表 8.6。

由表 8.6 可知，所有模块一共需要 39 条控制信号，即需要 39 位二进制表示，再增加 1 位保留位，共有 40 位控制信号。另外，所设计的指令集共有 27 条指令可以用 5 位二进制表示，每条指令用 4 条微指令(8 位)表示，所以至少需要 128 字节的存储容量来存放微程序。为了便于后期扩展，控制存储器设计为 256 字节，即需要 8 位微地址进行寻址访问。微指令码共有 48 位，其中最后 8 位为下一个微地址，各位的定义如表 8.7 所示。

表 8.6　所设计的微程序控制器的控制信号

模块名称	控制信号数量	控制信号名称及说明
PC 模块	4	nLD_PC :in std_logic; --装载新地址 M_PC :in std_logic; --PC 加 1 控制信号 nPCH, nPCL: :in std_logic; --PC 输出总线控制信号
程序存储器 ROM	2	M_ROM :in std_logic; --ROM 片选信号 nROM_EN :in std_logic; --ROM 使能信号
IR 模块	4	LD_IR1, LD_IR2:in std_logic; --IR 指令存储控制信号 LD_IR3 :in std_logic; --IR 指令存储控制信号 nARen :in std_logic; --IR 中 RAM 地址控制信号
通用寄存器 RN	4	Ri_CS :in std_logic; --RN 选择信号 nRi_EN :in std_logic; --RN 寄存器使能 RDRi, WRRi :in std_logic; --RN 读写信号
ALU 模块	13	M_A, M_B :in std_logic; --暂存器控制信号 M_F :in std_logic; --移位操作控制信号 nALU_EN :in std_logic; --ALU 运算结果输出使能 nPSW_EN :in std_logic; --PSW 输出使能 C0 :in std_logic; --进位输入 S:in std_logic_vector(4 downto 0); --运算类型和操作选择 F_in:in std_logic_vector(1 downto 0); --移位功能选择
RAM 模块	3	RAM_CS :in std_logic; --RAM 片选信号 nRAM_EN :in std_logic; --RAM 输出使能信号 wr_nRD :in std_logic; --读写信号
SP 模块	4	SP_CS :in std_logic; --SP 选择信号 SP_UP :in std_logic; --SP + 1 控制信号 SP_DN :in std_logic; --SP − 1 控制信号 nSP_EN :in std_logic; --SP 输出使能
IO 模块	3	P0_CS :in std_logic; --P0 选择信号 nP0_IEN :in std_logic; --P0 输入使能信号 nP0_OEN :in std_logic; --P0 输出使能信号
CM 模块	2	M_uA :in std_logic; --微地址控制信号 CMROM_CS :in std_logic; --控制存储器选通信号

表 8.7　微指令码各位含义

位	47 46 45 44	43 42 41 40	39 38 37 36	35 34 33 32	31 30 29 28	27 26 25 24
控制信号	M_A M_B M_F S4	S3 S2 S1 S0	F1 F0 nALU_EN nPSW_EN	C0 RAM_CS wr_nRD nRAM_EN	Ri_CS RDRi WRRi nRi_EN	LD_IR1 LD_IR2 LD_IR3 nARen
位	23 22 21 20	19 18 17 16	15 14 13 12	11 10 9 8	7 6 5 4	3 2 1 0
控制信号	M_PC nLD_PC nPCH nPCL	SP_UP SP_DN SP_CS nSP_EN	P0_CS nP0_IEN nP0_OEN X	M_ROM nROM_EN M_uA CMROM_CS	u7 u6 u5 u4	u3 u2 u1 u0

(2) 微指令码设计。根据机器指令的运行过程，对微指令码的各位信号赋值为“1”或“0”，即可得到对应的微指令编码。为了获得每条机器指令的微程序，需要对每条指令的运行过程进行分析，并设置相应的控制信号。

指令集中每条指令必须先进行取指令操作，在程序存储器中，进行译码后才能执行取指令。因此，可以将这个操作过程独立出来作为公共微指令，称为取指公操作(取指微指令)。该微指令的入口地址是 00H。取指微指令的执行过程如前面微程序控制器工作过程中取机器指令步骤所述，具体控制信号见表 8.8。将 ROM 片选 M_ROM、ROM 读使能 nROM_EN、指令码装载控制 LD_IR1、PC 加 1 控制 M_PC 和微地址产生选择 M_uROM 等信号设置为有效状态，其他信号无效，将相应的值写入到表 8.7 对应的信号位置，就可以得到取指微指令编码为 003119F37900H。

表 8.8　取指微指令对应的微操作及控制信号

微 操 作	控 制 信 号	功 能 说 明
PC→ADDR[11..0]	M_ROM; nROM_EN	ROM 片选信号有效，ROM 读使能，PC 指向程序入口地址
BUS→IR; PC =PC + 1 ;	LD_IR1; M_PC	IR 使能，指令通过总线传送到 IR，PC + 1
IR→Microcontrol; addr[7:0]→CM[47:0]	M_uROM	微控制器使能，利用 IR 输入的指令操作码生成微程序入口地址

每条指令的微程序由取操作数、执行、写回等微指令组成。每条微指令包含的一系列微操作所对应的微命令序列就是微指令编码，以立即数传送指令 MOV Ri，#data 为例进行分析说明，其他指令由读者根据前面的方法自行分析设计。微程序的 8 位入口地址由每条机器指令的 6 位操作码左移两位得到，因此立即数赋值的微程序入口地址是 24H。

立即数传送指令是 2 字节指令，两个字节分别是指令码和立即数，都存放在程序存储器中。因此，需要访问 ROM 读取立即数，对应取操作数微指令具体执行过程如表 8.9 所示。由于立即数作为数据使用，可以直接传送到寄存器，因此不需要送入到 IR 中。读取完数据后 PC 加 1，第一条微指令码是 003111F37B25H，在微地址字段直接给出下一条微指令地址为 25H。

表 8.9　取操作数微指令对应的微操作及控制信号

微 操 作	控 制 信 号	功 能 说 明
PC→ADDR[11..0]	M_ROM; nROM_EN	ROM 片选信号有效，ROM 读使能，PC 指向程序地址
Data→BUS PC =PC + 1 ;	M_PC	数据传送到数据总线，PC + 1
addr[7:0]→CM[47:0]	M_uA CMROM_CS	根据微地址字段给出的后续微地址，读取后续微指令

第二条微指令是将数据写入到寄存器 Ri 中。需要使能寄存器，写信号有效将数据总线上的数据写入到 Ri 寄存器中。微指令码为 0031B1737726H，下一条微指令地址为 26H。具体的写回微指令操作过程见表 8.10。

表 8.10　写回微指令对应的微操作及控制信号

微 操 作	控 制 信 号	功 能 说 明
BUS→R0	Ri_CS; WRRi	寄存器使能，写信号有效，数据通过总线写入 R0 寄存器
addr[7:0]→CM[47:0]	M_uA CMROM_CS	根据微地址字段给出的后续微地址，读取后续微指令

第三条微指令是进行信号复位，将所有信号设为无效状态，微指令码为 003111737700H。下一条微指令地址是 00H，返回到取指公操作，以便读取下一条机器指令。注意：所有指令执行完后，都要返回到取指公操作，否则无法进行后续机器指令的读取。

立即数传送指令从取指到执行的整个过程涉及 PC、ROM、IR、CM 和 RN 等模块，具体信号时序关系如图 8.9 所示。

① PC 将当前程序地址送给 ROM；

② CM 发出 ROM 输出使能信号 nROM_EN 低电平和片选信号 M_ROM 高电平有效；

③ ROM 将当前指令输出到数据总线，uCM 发出指令控制信号 LDIR1 将指令码存入到 IR；

④ CM 发出 M_PC 信号使 PC 加 1，指向下一条指令；

⑤ IR 将高 6 位指令操作码送到 CM；

⑥ 指令译码后，从控制存储器里面读取第一条微指令，并开始执行。地址选择信号 M_uA 和控制存储器片选信号 CMROM_CS 高电平有效；

⑦ CM 发出 M_ROM 和 nROM_EN 信号，从 ROM 里面读取立即数信息；

⑧ CM 发出寄存器片选 Ri_CS 和寄存器写信号 WRRi 有效，将立即数写入到寄存器 Ri 中。

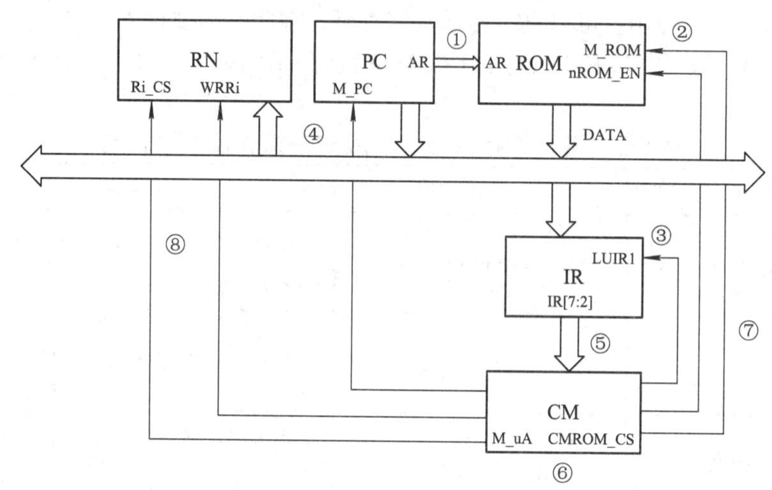

图 8.9 立即数传送指令执行过程信号时序

5) 微程序控制器接口定义

微程序控制器输入信号主要包括指令操作码、微地址生成选择信号和控制存储器选通信号，输出信号就是微指令输出的各个模块的控制信号，其 VHDL 代码如下：

```
entity micro_controller is
port(
clk_MC        :in std_logic; --微程序控制器时钟信号
nreset        :in std_logic; --复位信号
IR            :in std_logic_vector(7 downto 2);--IR 操作码信息
M_uA          :in std_logic; --微地址控制信号
CMROM_CS      :in std_logic; --控制存储器选通信号
CM            :out std_logic_vector(47 downto 0)--控制信号输出
);
end micro_controller;
```

(1) 微程序控制存储器初始化：将指令集所有指令的微程序按照地址写入到微程序控制存储器。

(2) 操作码译码产生第一条微地址：当 clk_MC 上升沿时有效，CMROM_CS 高电平有效，M_uA 低电平时，通过将 IR 输入的操作码左移两位产生微程序的入口地址。

(3) 微地址字段产生后续微地址：当 clk_MC 上升沿时有效，CMROM_CS 高电平有效，M_uA 高电平时，通过微地址字段给出的地址作为后续微指令地址。

8.6.11 模块时钟信号时序分析

SoC 系统内部的各个功能模块相互独立，又相互关联。在各自的时钟信号下实现相应的功能，通过控制信号的传递关系实现具体的指令功能。在执行具体指令时，时钟信号对

模块功能的实现具有重要的影响。8.6.1 小节只是设计了基本的时钟信号，本小节将根据具体指令的执行情况，设计产生每个模块的时钟信号。

下面以加法指令 ADD R0，R1 为例分析 CPU 各个功能模块时钟信号的时序关系。在取指令 W0 阶段，首先，微程序控制器时钟信号有效，输出读取 ROM 指令相关的控制信号；然后，半个 CPU 时钟周期后 ROM 的时钟信号有效，可以读取指令；接着，再过半个时钟周期后 PC 和 IR 的时钟有效，进行指令暂存或 PC 递增；最后，PC 和 IR 两个硬件单元，可以并行执行。具体时钟信号如图 8.10(a)所示。

在取操作数阶段，通用寄存器、通用 I/O 和 ALU 时钟信号相同。分两个时钟周期将 R0 和 R1 的数据存入到 ALU 暂存器进行运算，最后执行写回寄存器 R0。若对数据存储器 RAM 进行读写操作，其地址存放 ROM 里面，经过 IR 传递，因此 RAM 时钟必须落后 IR 时钟一个周期在 W2 阶段。堆栈指针 SP 用于指向 RAM 的地址，因此 SP 时钟信号则比 RAM 时钟落后半个周期，如图 8.10(b)所示。

在执行和写回阶段，主要是通用寄存器和 ALU 时钟信号有效。如果是跳转指令，因为跳转地址存放在 ROM 里面，则 ROM、PC 和 IR 时钟都有效。

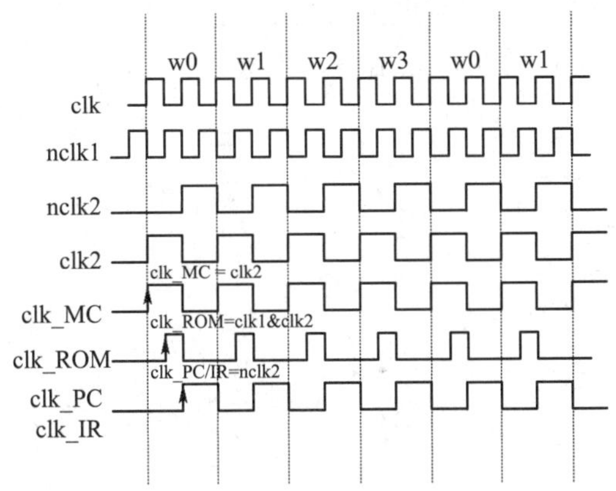

(a) 取指令阶段各模块时钟信号

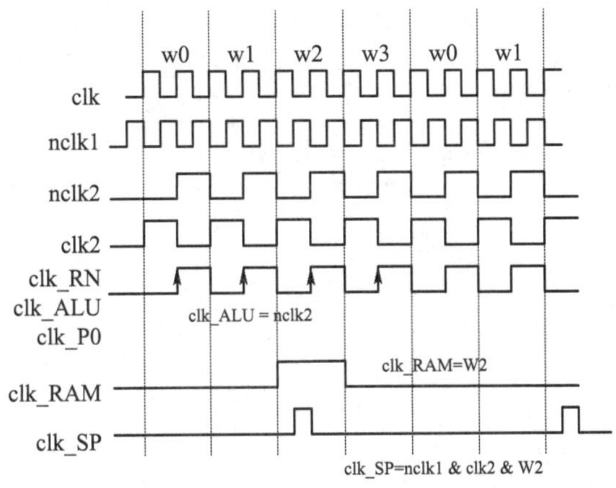

(b) 其他阶段各模块时钟信号

图 8.10　CPU 各个模块时钟信号时序关系

习　题

1. 处理器组成结构包括哪些功能模块？
2. 指令编码包括哪些编码方式？它们之间有什么区别？
3. 请用VHDL设计实现本书所提出的程序计数器功能。
4. 请用VHDL设计实现本书所提出的程序存储器功能。
5. 请用VHDL设计实现本书所提出的指令寄存器功能。
6. 请用VHDL设计实现本书所提出的通用寄存器功能。
7. 请用VHDL设计实现本书所提出的算术逻辑单元功能。
8. 请用VHDL设计实现本书所提出的堆栈寄存器功能。
9. 请用VHDL设计实现本书所提出的通用IO接口功能。
10. 请用VHDL设计实现本书所提出的微程序控制器功能。
11. 请用VHDL设计实现本书所提出的简单SoC。
12. 请分析机器指令、微程序、微指令、微操作和微命令之间的关系。

第 9 章

基于 FPGA 实验板的 SoC 测试验证

本章主要讲述 SoC 的各个功能模块及整个 SoC 系统在 FPGA 平台上的测试及验证。首先讲述自主开发的 FPGA 实验板的基本情况，然后根据 SoC 模块设计的顺序进行仿真测试及 FPGA 验证。根据 FPGA 引脚的分配情况和 Vivado 软件的使用方法，在 FPGA 测试验证时可由读者自行选择输入或输出的外部设备。

9.1 FPGA 实验板

计算机系统综合设计实验平台是基于 Xilinx Kintex7 系列 FPGA 构建的一套计算机专业课程实验平台。该平台采用 Kintex7 系列芯片为核心，芯片内有丰富的可编程逻辑资源，可针对数字逻辑、计算机组成原理、处理器系统设计、嵌入式系统设计等课程设计相应课程实验。该平台提供大容量的存储器、开关按键、LED 灯、数码管等外部设备，还有千兆以太网络接口、音频、视频输入/输出接口。同时，平台还有丰富的扩展 I/O，便于系统进行功能扩展，具体资源见表 9.1。

表 9.1 FPGA 实验板资源情况表

序号	资源名称	资源规格	序号	资源名称	资源规格
1	FPGA 芯片	XC7K160T-2FBG676I	9	液晶屏	OLED128 × 64
2	DDR3 存储器	1024 MB	10	按键	4 个独立按键、4 × 4 矩阵按键
3	Flash 配置存储器	256 MB	11	开关	32 个独立开关
4	Flash 用户存储器	256 MB	12	LED 灯	32 个
5	以太网接口	10/100/1000 M	13	数码管	16 个共阳极数码管
6	JTAG 接口	USB-JTAG、JTAG2 × 7	14	蜂鸣器	1 个
7	USB 接口	USB-UART、USB-HID	15	音视频接口	音频输入输出接口、VGA 视频输出接口、HDMI 输入接口
8	SD 卡接口	Micro-SD	16	扩展接口	PMOD × 3

FPGA 实验板各资源分布情况如图 9.1 所示。32 个独立开关和 32 个 LED 灯可以支持 32 位二进制数据的直接输入和输出，16 个数码管可以支持 64 位数据的显示。

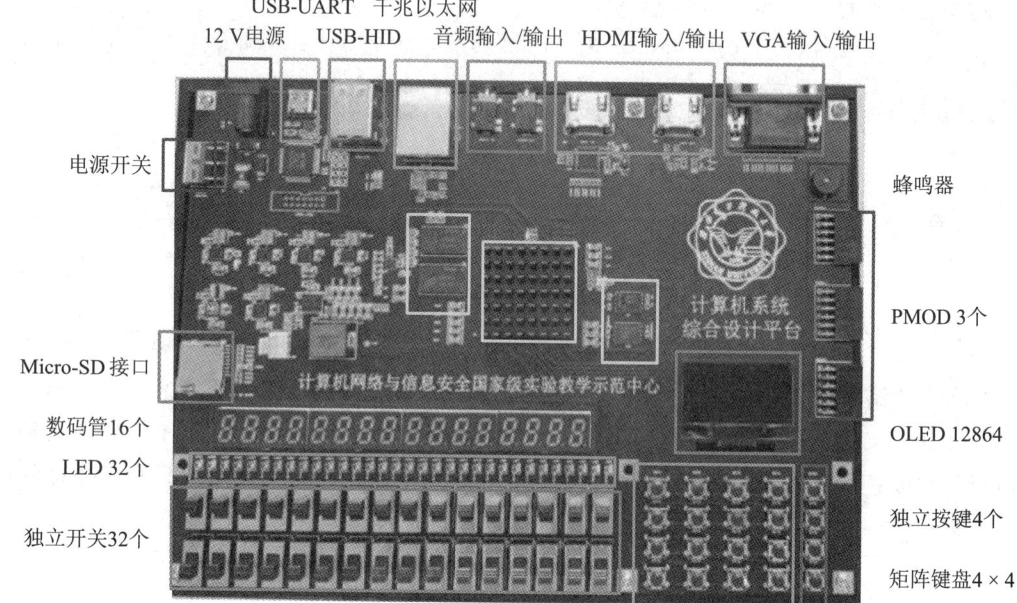

图 9.1　实验板外部设备及接口分布情况

9.2　程序计数器测试验证

仿真文件(testbench)主要是对输入信号进行赋值操作，查看对应输出的变化结果是否正确，以验证所设计模块功能的正确性。

根据程序计数器的功能要求对其功能进行仿真及验证。在仿真测试时，首先设置仿真时钟周期为 4 ns，在复位状态下，其他的输入信号可以不用初始化，因为在异步复位状态下，程序计数器内部所有的寄存器都恢复到默认状态；在正常工作状态下，在不同的周期内容分别设置 PC_in、nLd_PC、M_PC、nPCH 和 nPCL 信号有效，以验证 PC 装载新地址、PC 加 1 以及将 PC 信息发送到数据总线等功能。PC 仿真文件结构体部分(测试模块统一命名为 test_module)如下面 VHDL 代码所示：

```
architecture behav of test_module is
    component module_PC
    port(
            clk_PC    : in std_logic;
            nreset    : in std_logic;
            nLd_PC    : in std_logic;       --load pc
            M_PC      : in std_logic;       --pc + 1
            nPCH, nPCL: in std_logic;       --out PC
            PC        : in std_logic_vector(11 downto 0);
```

```
            ADDR    : out std_logic_vector(11 downto 0);
            D       : out std_logic_vector(7 downto 0));
    end component;
    signal clk: std_logic:= '0';
    signal nreset: std_logic;
    signal nLd_PC, M_PC , nPCH, nPCL: std_logic;
    signal PC_in, ADDR : std_logic_vector(11 downto 0);
    signal D : std_logic_vector(7 downto 0);
begin
    process
    begin
        wait for 2 ns;
        clk <= not clk;
    end process;
u2: module_PC port map(clk_PC=>clk, nreset=>nreset, nLd_PC=>nLd_PC, M_PC =>M_PC, nPCH=>
nPCH, nPCL=>nPCL, PC=>PC_in, ADDR=>ADDR, D=>D);
    process
    begin
        nreset <= '0';
        nPCH <= '1';
        nPCL <= '1';
        nLd_PC <= '1';
        M_PC <= '0';
        PC_in <= x"123";
        wait for 4 ns;
        nreset <= '1';
        M_PC <= '1';
        wait for 4 ns;      --PC+1
        M_PC <= '0';
        nLd_PC <= '0';
        wait for 4 ns;      --load PC
        nPCH <= '0';
        wait for 4 ns;      --out PCH
        nPCH <= '1';
        nPCL <= '0';
        wait for 4 ns;      --out PCL
        nPCL <= '1';
```

```
            nLd_PC <= '1';
            wait for 100 ns;
        end process;
    end behav;
```

在复位时，地址 ADDR 的输出为 0，数据总线为高阻态。在 nLd_PC 无效时，即使 PC_in 提前一个周期初始化为 123H，也无法输入到内部寄存器。只有当 nLd_PC 有效时才能将 PC_in 输入存入到 PC 寄存器中，然后输出到 ADDR 的总线上。因为数据总线只有 8 位，而地址总线有 12 位，因此 nPCH 和 nPCL 必须分配到不同的时钟周期才有效，将 12 位的地址分两次输出到数据总线上，仿真结果如图 9.2 所示。

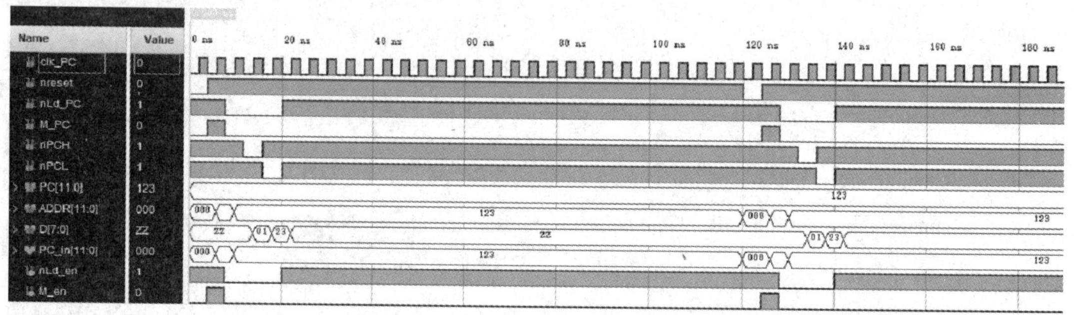

图 9.2 PC 程序计数器仿真结果

FPGA 验证方法与仿真方法类似，通过拨动开关进行信息输入，数码管显示数据总线和地址总线的输出结果。配置时钟信号时，如果采用 FPGA 时钟作为 PC 时钟的输入，则必须要进行分频，否则会因为时钟频率过高而导致无法查看到明显的数据变化。或者可以利用独立开关的拨动作为模拟时钟信号的输入，上下拨动开关一次产生一个周期时钟的高低电平。先将控制信号设为有效值，然后再拨动时钟开关产生时钟信号，这样可以比较直观地验证 PC 功能的正确性。

9.3 程序存储器测试验证

根据程序存储器的功能要求对其功能进行仿真及验证。在仿真测试时，可以设置不同的输入地址，在 M_ROM 片选信号高电平有效，nROM_EN 低电平有效情况下读取地址对应的存储单元数据。

程序存储器的仿真文件结构体如下面 VHDL 代码所示：

```
architecture behav of test_module is
  component module_rom
    port(
      clk_ROM : in std_logic;
      M_ROM : in std_logic;      --CS
```

```
      nROM_EN : in std_logic;      --output enable
      addr : in std_logic_vector(11 downto 0);    --attach to address BUS
        data : inout std_logic_vector(7 downto 0));
  end component;
  signal clk:std_logic:= '0';
  signal M_ROM, nROM_EN: std_logic;
  signal addr_in : std_logic_vector(11 downto 0);
  signal data_out : std_logic_vector(7 downto 0);
begin
process
begin
  wait for 2 ns;
  clk <= not clk;
end process;
    u6: module_rom port map(    clk_ROM=>clk,
            M_ROM=>M_ROM,
            nROM_EN=>nROM_EN,
            addr=>addr_in,
            data=>data_out);
   process
   begin
     addr_in <= x"001";
     M_ROM <= '1';
     nROM_EN <= '1';
     wait for 4 ns;
     M_ROM <= '0';
     wait for 4 ns;
     M_ROM <= '1';
     nROM_EN <= '0';
     wait for 4 ns;    --date out
     addr_in <= x"002";
     wait for 4 ns;
     wait for 100 ns;
   end process;
end behav;
```

在时钟上升沿时，检测到 M_ROM 高电平和 nROM_EN 低电平，数据总线上输出地址位 001H 存储单元的数据 34H，M_ROM 低电平时数据总线为高阻态。当 M_ROM 恢复高电平时，可以继续读取存储单元中的数据。程序存储器仿真结果如图 9.3 所示。

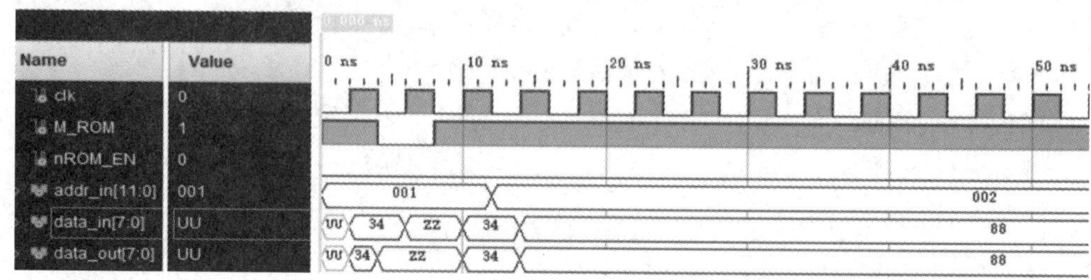

图 9.3　程序存储器仿真结果

在 FPGA 验证时，通过拨动开关进行地址输入和控制信号输入，数码管显示数据总线的输出结果。时钟信号可以采用 FPGA 内部时钟也可以利用独立开关拨动作为模拟时钟信号的输入。

9.4　指令寄存器测试验证

根据指令寄存器的功能要求对其功能进行仿真及验证。在仿真测试时，需要测试复位状态和正常工作状态。正常工作状态下，在不同时钟周期分别设置 LD_IR1、LD_IR2、LD_IR3 和 nARen 有效，来验证复位功能、指令操作码传递、生成 PC 地址和生成 RAM 地址等功能。指令寄存器仿真文件结构体部分如下面 VHDL 代码所示。

```
architecture behav of test_module is
    component module_IR
    port(   clk_IR                      : in std_logic;
            nreset                      : in std_logic;
            LD_IR1, LD_IR2, LD_IR3      : in std_logic;
            nARen                       : in std_logic;          --AR out control
            data                        : in std_logic_vector(7 downto 0);
            IR                          : out std_logic_vector(7 downto 2);
            RS                          : out std_logic;
            RD                          : out std_logic;
            PC                          : out std_logic_vector(11 downto 0);
            AR                          : out std_logic_vector(6 downto 0));
    end component;
    signal clk:std_logic:= '0';
    signal nreset: std_logic:= '0';
    signal LD_IR1, LD_IR2, LD_IR3, nARen: std_logic;
    signal data : std_logic_vector(7 downto 0);
    signal IR: std_logic_vector(7 downto 2);
    signal RS, RD: std_logic;
    signal PC: std_logic_vector(11 downto 0);
```

```
        signal AR: std_logic_vector(6 downto 0);
        begin
        process
        begin
            wait for 2 ns;
            clk <= not clk;
        end process;
            u3: module_IR port map(clk_IR=>clk, nreset=>nreset, LD_IR1=>LD_IR1, LD_IR2=>LD_IR2,
    LD_IR3=>LD_IR3, nARen=>nARen, data=>data, IR=>IR, RS=>RS, RD=>RD,PC=>PC, AR=>AR);
    process
        begin
            LD_IR1 <= '1';
            LD_IR2 <= '0';
            LD_IR3 <= '0';
            nARen <= '1';
            data <= x"DA";
            wait for 4 ns;    --reset
            nreset <= '1';
            wait for 4 ns;    --load IR1
            LD_IR1 <= '0';
            LD_IR2 <= '1';
            data <= x"34";
            wait for 4 ns;    --load IR2
            LD_IR2 <= '0';
            LD_IR3 <= '1';
            data <= x"AC";
            wait for 4 ns;    --load IR3
            LD_IR3 <= '0';
            nARen <= '0';
            wait for 4 ns;    --AR out
            wait for 100 ns;
        end process;
```

在系统复位时，其内部所有的寄存器复位，指令操作码输出 IR、PC 地址和 RAM 地址输出都是 0。在时钟上升沿到来时，LD_IR1 高电平有效，将数据总线输入的指令码 DAH 的高 6 位操作码 36H 通过 IR 输出到微程序控制器进行指令译码。当 LD_IR2 高电平有效时，将 ROM 输出到数据总线上的数据低 4 位作为 PC 地址的高 4 位；当 LD_IR3 高电平有效时，将 ROM 输出到数据总线上的数据 8 位作为 PC 地址的低 8 位，从而构成获得 12 位的转移地址 4ACH。当 nARen 低电平有效时，将接收到的地址作为 RAM 地址输出到 AR，即将要访问 34H 的 RAM 存储单元。指令寄存器仿真结果如图 9.4 所示。

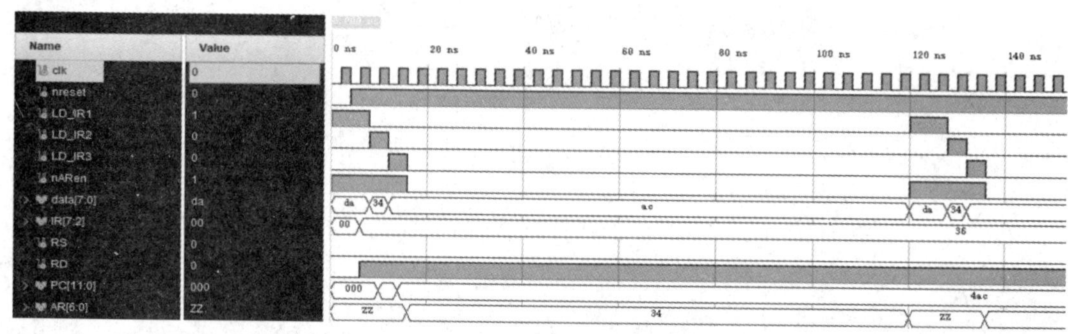

图 9.4　指令寄存器仿真结果

在 FPGA 验证时拨动开关进行数据输入和控制信号输入，数码管显示指令操作码、PC 地址和 RAM 地址输出。注意 LD_IR2 和 LD_IR3 两个控制信号不能同时有效。在生成 RAM 地址时，LD_IR3 信号输入要不晚于 nAREn 信号。

9.5　通用寄存器测试验证

根据通用寄存器的功能要求对其功能进行仿真及验证。通用寄存器测试主要是其读写功能的测试。首先需要设置寄存器片选信号 Ri_CS 有效，然后在不同时钟周期内分别设置 WRRi、RDRi 和 nRi_EN 信号有效，根据 RD 和 RS 的信息对 R0 或 R1 寄存器进行读写操作。通用寄存器仿真文件结构体部分如下面 VHDL 代码所示。

```
architecture behav of test_module is
    component module_Rn
        port(   clk_RN, nreset: in std_logic;
                Ri_CS: in std_logic;     -- RN enable signal
                nRi_EN: in std_logic;    -- Ri output enable signal
                WRRi, RDRi: in std_logic;
                RS, RD: in std_logic;    --source and destinate
                data: inout std_logic_vector(7 downto 0)
                );
    end component;
    signal clk: std_logic:= '0';
    signal nreset, Ri_CS, nRi_EN, WRRi, RDRi: std_logic;
    signal RS,RD: std_logic;
    signal data:std_logic_vector(7 downto 0);
    begin
    process
    begin
        wait for 2 ns;
        clk <= not clk;
```

```
    end process;
    u4: module_Rn port map(clk_RN=>clk, nreset=>nreset, Ri_CS=>Ri_CS, nRi_EN=>nRi_EN,WRRi=>
WRRi, RDRi=>RDRi, RS=>RS, RD=>RD, data=>data);
    process
    begin
        nreset <= '0';
        Ri_EN <= '0';
        nRi_EN <= '0';
        WRRi <= '0';
        RDRi <= '1';
        RS <= '0';
        RD <= '0';
        data <= (others => 'Z');
        wait for 4 ns;    --reset
        nreset <= '1';
        wait for 4 ns;    --read RS(R0)
        WRRi <= '1';
        RDRi <= '0';
        data <= x"12";
        wait for 4 ns;    --write RD(R0)
        RD <= '1';
        data <= x"23";
        wait for 4 ns;    --write RD(R1)
        WRRi <= '0';
        RDRi <= '1';
        data <= (others => 'Z');
        wait for 4 ns;    --read RS(R0)
        RS <= '1';
        wait for 4 ns;    --read RS(R1)
        Ri_EN <= '1';
        wait for 4 ns;    --read RD(R1)
        RD <= '0';
        wait for 100 ns; --read RD(R0)
    end process;
end behav;
```

在复位信号有效时，系统内部所有寄存器的初始化为 0，数据总线输出三态。在时钟上升沿到来时，Ri_CS 高电平有效，在没有写入寄存器操作前进行读操作时，数据总线输出数据为 0。当 WRRi 高电平有效，根据目的寄存器选择信号 RD 为低电平或高电平，选择 R0 或 R1 寄存器写入数据，然后输出使能信号 nRi_EN 低电平和读信号 RDRi 高电平时，根据源寄存器选择信号RS为低电平或高电平，选择R0或R1寄存器读出数据12H和23H与写入的数据一致，从而验证了寄存器读写的正确性。通用寄存器仿真结果如图9.5所示。

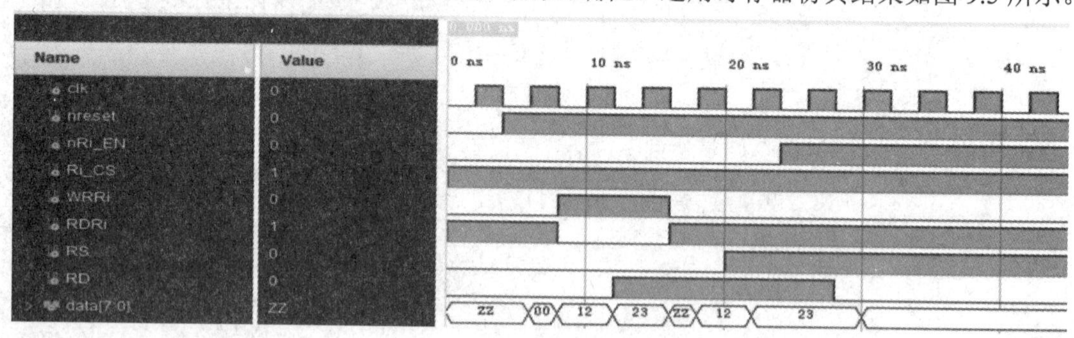

图9.5　通用寄存器仿真结果

9.6　算术逻辑单元测试验证

根据算术逻辑单元(ALU)的功能要求对其功能进行仿真及验证。ALU主要是完成算术逻辑运算、移位运算和程序状态字等功能。在进行仿真测试时，需要输入操作数data以及各种控制信号，包括操作数暂存控制信号M_A和M_B，运算操作控制信号S、ALU输出使能nALU_EN、低位进位输入C0、PSW输出使能nPSW_EN以及移位使能M_F和移位操作F_in信号。为了充分检测ALU的功能，在设计测试用例时，应覆盖所设计的所有功能，本设计包含了加法和减法运算、逻辑相与运算和循环移位运算。ALU仿真文件结构体部分如下面VHDL代码所示。

```
architecture behav of test_alu is
    component module_ALU
        port(
                clk_ALU: in std_logic;
                nreset: in std_logic;
                M_A, M_B: in std_logic;
                M_F: in std_logic;                          -- PSW control bit
                S : in std_logic_vector(4 downto 0);
                F_in : in std_logic_vector(1 downto 0);   -- shift mode control
                nALU_EN, nPSW_EN:in std_logic;
                C0: in std_logic;
                data: inout std_logic_vector(7 downto 0); -- data and PSW
                ov, ac, cy, zn: out std_logic  );
    end component;
    --input
    signal S: std_logic_vector(3 downto 0):= "1001";
    signal C0: std_logic:= '1';--no carry
```

```
signal M:std_logic := '0'; --arithmatrix

-- for alu
signal clk, nreset, EN: std_logic:= '0';
signal data:std_logic_vector(7 downto 0);
signal M_A, M_B, M_F:std_logic;
signal F: std_logic_vector(1 downto 0);
signal nALU_EN, nPSW_EN:std_logic;
signal S_all:std_logic_vector(4 downto 0);
    --output
signal ov, ac, cy, zn: std_logic;
begin
S_all <= M&S;
u3: module_ALU port map(clk_ALU=>clk, nreset=>nreset, M_A=>M_A,   M_B=>M_B, M_F=>M_F,
S=>S_all, F_in=>F, nALU_EN=>nALU_EN, nPSW_EN=>nPSW_EN, C0 => C0, data=> data, ov=>ov, ac=>ac,
cy=>cy, zn=>zn);
-- clk generate
    process
    begin
        wait for 2 ns;
        clk <= not clk;
    end process;
-- test alu shift mode
    process
    begin
        nreset <= '0';
        M_A <= '0';
        M_B <= '0';
        M_F <= '0';
        S <= "0000";
        M <= '0';
        C0 <= '0';
        nALU_EN <= '1';
        nPSW_EN <= '1';
        F <= "00";      -- direct
        data <= (others => 'Z');
        wait for 4 ns;  -- reset
        nreset <= '1';
        M_A <= '1';
```

```
        data <= x"56";
        wait for 4 ns;  -- load A
        M_A <= '0';
        M_B <= '1';
        data <= x"7f";
        wait for 4 ns;  -- load B
        data <= (others => 'Z');
        M_B <= '0';
        S <= "1001";  -- A+B
        wait for 4 ns;
        nALU_EN <= '0';
        wait for 4 ns;  -- add( have overflow and half carry, no carry)
        nALU_EN <= '1';
        nPSW_EN <= '0';
        wait for 4 ns;  -- output PSW
        nALU_EN <= '1';
        nPSW_EN <= '1';
        wait for 4 ns;  -- output PSW
-----------sub    A-B
        nreset <= '1';
        M_A <= '1';
        data <= x"38";
        wait for 4 ns;  -- load A
        M_A <= '0';
        M_B <= '1';
        data <= x"96";
        wait for 4 ns;  -- load B
        data <= (others => 'Z');
        M_B <= '0';
        S <= "0110";
        wait for 4 ns;
        nALU_EN <= '0';
        wait for 4 ns;  -- add( have overflow and half carry, no carry)
        nALU_EN <= '1';
        nPSW_EN <= '0';
        wait for 4 ns;  -- output PSW
        nALU_EN <= '1';
        nPSW_EN <= '1';
        wait for 8 ns;  -- output PSW
```

```
---- shift-----
        nreset <= '1';
        M_A <= '1';
        data <= x"C5";
        wait for 4 ns;  -- load A
        M_A <= '0';
        data <= (others => 'Z');
        M_F <= '1';     -- shift mode
        F <= "01";
        wait for 4 ns;
        nALU_EN <= '0';
        wait for 4 ns;  -- cyc right
        F <= "10";
        wait for 4 ns;  -- cyc left
        F <= "11";
        wait for 8 ns;  -- output PSW
        nALU_EN <= '1';
        nPSW_EN <= '1';
        M_F <= '0';     -- shift mode
        F <= "00";
        wait for 8 ns;  -- output PSW
-----------logic    A and B
        M_A <= '1';
        data <= x"E3";
        wait for 4 ns;  -- load A
        M_A <= '0';
        M_B <= '1';
        data <= x"65";
        wait for 4 ns;  -- load B
        data <= (others => 'Z');
        M_B <= '0';
        M <= '1';
        S <= "1011";
        wait for 4 ns;
        nALU_EN <= '0';
        wait for 4 ns;  -- add( have overflow and half carry, no carry)
        nALU_EN <= '1';
        nPSW_EN <= '0';
        wait for 4 ns;  -- output PSW
```

```
            nALU_EN <= '1';
            nPSW_EN <= '1';
            wait for 8 ns;   -- output PSW
        end process;
        end behav;
```

在初始状态时，将复位信号设为低电平有效，复位内部所有寄存器，数据总线保持三态，其他输入控制信号为无效状态。首先进行加法测试，通过 M_A 和 M_B 两个暂存器使能信号将数据总线数据 56H 和 7FH 存入到 ALU 内部的两个暂存器中，然后设置运算类型 M 为低电平和运算操作 S 为“1001”，即进行算术运算的 A 加 B 操作，输出结果为 D5H，PSW 程序状态字为 90H，产生了半进位和溢出(两个正数相加结果为负数)。因为数据总线为双向，因此在将数据总线从输入转为输出使用时，需要先将数据总线设为三态，才能输出数据。后续的操作与上述类似，先存入两个操作数 38H 和 96H，然后输入减法操作码“0110”，执行 A 减 B 操作，得到结果 A1H，结果为负数，结果以补码形式表示。

将数据 C5H 进行循环右移、循环左移和逻辑左移得到的结果为 E2H、8BH 和 8AH。E3H 和 65H 进行相与逻辑操作得到结果为 61H，则以上运算结果正确，具体仿真结果如图 9.6 所示。

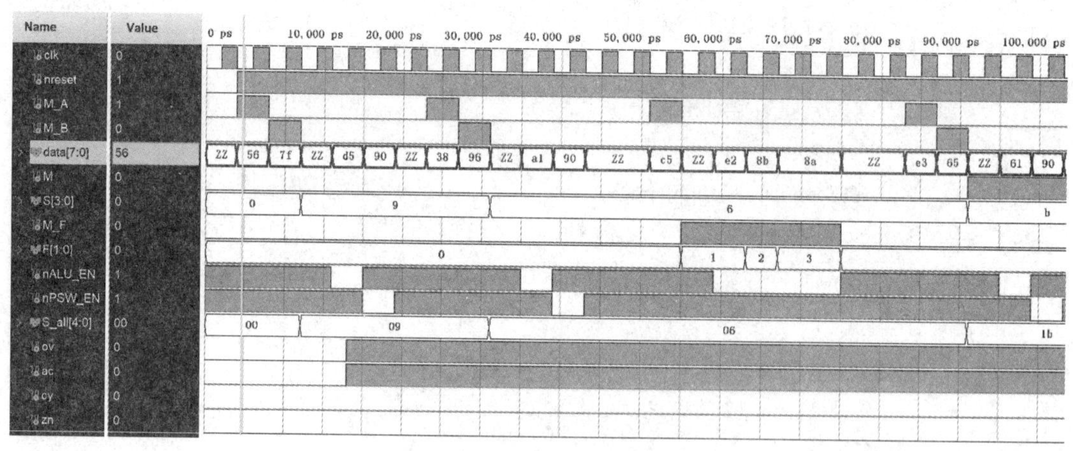

图 9.6　算术逻辑单元仿真结果

9.7　数据存储器测试验证

根据数据存储器的功能要求对其功能进行仿真及验证。在仿真测试时，数据存储器与 ROM 的测试方法类似，区别在于 ROM 是只读存储器，RAM 可以进行读和写操作。RAM 的读写由 WR_nRD 信号来控制，高电平表示写入低电平表示读出。在 RAM_CS、nRAM_EN、WR_nRD 信号有效情况下，对数据存储器 AR 对应的存储单元进行访问。数据存储器仿真文件结构体如下面 VHDL 代码所示。

```
architecture behav of test_module is
    component module_ram
```

```
    port(
        clk_ram : in std_logic;
        nreset : in std_logic;
        RAM_CS : in std_logic;
        nRAM_EN : in std_logic;    --read enable
        WR_nRD : in std_logic;     --write and read control
        AR     : in std_logic_vector(6 downto 0);   --attach to address BUS
         data : inout std_logic_vector(7 downto 0) );
  end component;
  signal clk: std_logic:= '0';
  signal nreset: std_logic;
  signal RAM_CS, nRAM_EN, WR_nRD: std_logic;
  signal AR: std_logic_vector(6 downto 0);
  signal data: std_logic_vector(7 downto 0);
begin
  process
  begin
    wait for 2 ns;
    clk <= not clk;
  end process;
    u7: module_ram port map(clk_ram=>clk, nreset=>nreset,
RAM_CS=>RAM_CS, nRAM_EN=>nRAM_EN, WR_nRD=>WR_nRD, AR=>AR, data=>data);
  process
  begin
    nreset <= '0';
    RAM_CS <= '0';
    nRAM_EN <= '1';
    WR_nRD <= '0';
    AR <= "0001000";
    data <= (others => 'Z');
    wait for 4 ns;   --nreset
    nreset <= '1';
    RAM_CS <= '1';
    nRAM_EN <= '0';
    wait for 4 ns;   --read
    WR_nRD <= '1';
    data <= x"12";
    wait for 4 ns;   --write
    data <= (others => 'Z');
```

```
        WR_nRD <= '0';
        wait for 4 ns;    --read
        wait for 100 ns;
    end process;
end behav;
```

在系统复位时，存储器内部所有单元数据复位为 0，数据总线输出三态。在没有写入数据前读取存储单元数据都是 0。当时钟上升沿到来时，RAM_CS 和 WR_nRD 为高电平，将数据 12H 写入到 08H 存储单元中。当 WR_nRD 和 nRAM_EN 都是低电平时，将 AR 地址对应的存储单元数据 12H 输出到数据总线。数据存储器仿真结果如图 9.7 所示。

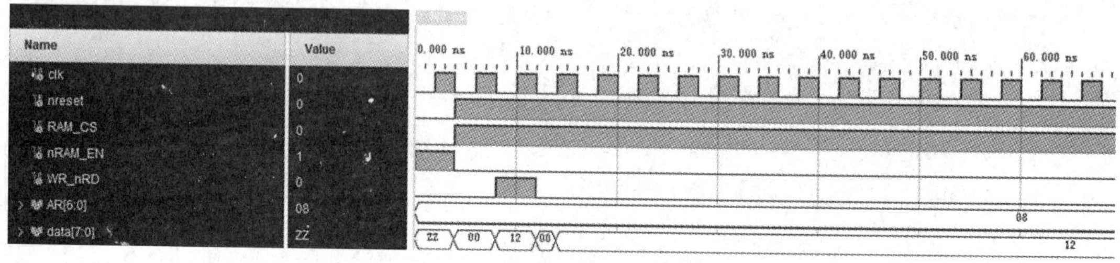

图 9.7　数据存储器仿真结果

9.8　堆栈指针测试验证

堆栈指针的整体功能比较简单，因此本测试主要是测试栈顶初始化、指针加 1 和减 1 等功能，通过在不同时钟周期内分别设置 SP_CS、nSP_EN、SP_DN、SP_UP 信号有效，来验证堆栈指针的功能。堆栈指针仿真文件结构体部分如下面 VHDL 代码所示。

```
architecture behav of test_module is
    component module_sp
        port(
                clk_sp      : in std_logic;
                nreset      : in std_logic;
                SP_UP       : in std_logic;
                SP_DN       : in std_logic;
                nSP_CS      : in std_logic;
                nSP_ARen: in std_logic;       --control AR out signal
                AR          : out std_logic_vector(6 downto 0);
                data        : in std_logic_vector(7 downto 0));
    end component;
    signal clk:std_logic:= '0';
    signal nreset:std_logic;
    signal SP_UP, SP_DN, nSP_CS, nSP_ARen: std_logic;
```

```
signal AR: std_logic_vector(6 downto 0);
signal data: std_logic_vector(7 downto 0);
begin
process
begin
    wait for 2 ns;
    clk <= not clk;
end process;
    u8: module_sp port map(clk_sp=>clk, nreset=>nreset,SP_UP=>SP_UP, SP_DN=>SP_DN,
nSP_CS=>nSP_CS, nSP_ARen=>nSP_ARen,   AR=>AR, data=>data);
process
begin
    nreset    <= '0';
    nSP_CS <= '1';
    SP_DN  <= '0';
    SP_UP  <= '0';
    nSP_ARen <= '1';
    data <= (others => 'Z');
    wait for 4 ns;    --reset
    nreset    <= '1';
    nSP_CS <= '0';
    SP_DN  <= '1';
    wait for 4 ns;    --sp downto
    SP_DN <= '0';
    SP_UP <= '1';
    wait for 4 ns;    --sp up
    SP_UP <= '0';
    nSP_ARen <= '0';
    wait for 4 ns;    --AR out
    nSP_ARen <= '1';
    data <= x"34";
    wait for 4 ns;    --sp load
    wait for 100 ns;
  end process;
end behav;
```

在系统复位时，SP 指针复位为 0。在时钟上升沿有效时，首先进行栈顶初始化，在 SP_CS 低电平有效时，将数据总线上的数据初始化为栈顶 SP = 2FH。堆栈自顶向下增长，然后进行数据压栈操作，SP_DN 和 nSP_EN 分别为高电平和低电平有效连续压入多个数据，每次压入一个数据，则 SP 指针减 1，并送出到 RAM 的地址总线。AR 比 sp_data 慢一个时钟周期。出栈方式与入栈方式类似，每弹出一个数据，则 SP 指针加 1。因为后面没有执行栈顶初始指令，所以数据总线上的数据不会影响 SP 的内容。堆栈指针仿真结果如图 9.8 所示。

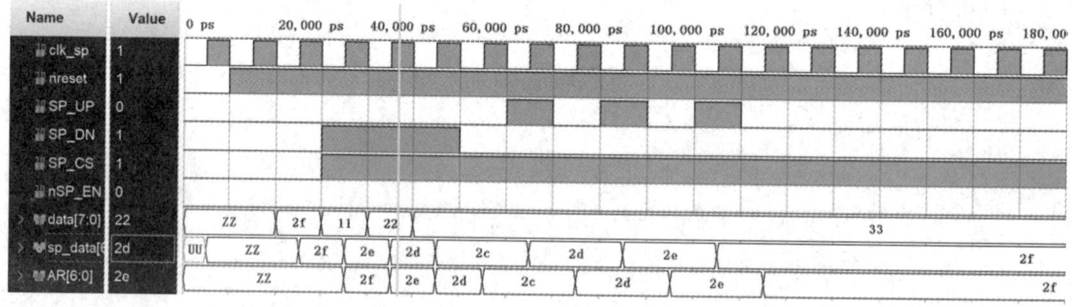

图 9.8 堆栈指针仿真结果

9.9 通用 I/O 接口测试验证

通用 I/O 接口功能比较简单，因此本测试主要测试输入/输出的锁存功能。在使能信号无效时，外部输入信息不会影响到内部锁存的数据信息。只有在使能信号有效时，才能进行数据的输入或输出。通用 I/O 接口仿真文件如下面 VHDL 代码所示。

```
architecture behav of test_module is
    component module_P0
        port(
                clk_P0     : in std_logic;
                nreset     : in std_logic;
                P0_CS      : in std_logic;
                nP0_IEN    : in std_logic;
                nP0_OEN    : in std_logic;
                P0_IN      : in std_logic_vector(7 downto 0);
                P0_OUT     : out std_logic_vector(7 downto 0);
                data       : inout std_logic_vector(7 downto 0));
    end component;
    signal clk: std_logic:= '0';
    signal nreset: std_logic:= '0';
    signal P0_CS, nP0_IEN, nP0_OEN: std_logic;
    signal P0_IN, P0_OUT, data: std_logic_vector(7 downto 0);
    begin
    process
```

```
    begin
        wait for 2 ns;
        clk <= not clk;
    end process;
        u5: module_P0 port map(clk_P0=>clk, nreset=>nreset,
            P0_CS=>P0_CS, nP0_IEN=>nP0_IEN, nP0_OEN=>nP0_OEN,
                        P0_IN=>P0_in, P0_OUT=>P0_out, data=>data);
    process
    begin
        data <= (others => 'Z');
        P0_IN <= (others => 'Z');
        P0_CS <= '1';
        nP0_IEN <= '1';
        nP0_OEN <= '1';
        wait for 4 ns;     --reset
        nreset <= '1';
        P0_IN <= x"23";
        nP0_IEN <= '0';
        wait for 4 ns;     --get data
        nP0_IEN <= '1';
        wait for 8 ns;
        data <= x"44";
        nP0_OEN <= '0';
        wait for 4 ns;     --data out
        wait for 100 ns;
    end process;
end behav;
```

在系统复位时，系统内部寄存器复位，P0_OUT 和内部总线 data 输出三态。在时钟上升沿到来时，P0_CS 高电平，输入和输出可以同时进行。在 nP0_IEN 或 nP0_OEN 低电平时，将外部输入引脚 P0_IN 信息存入内部寄存器，并送到数据总线中，或者将数据总线信息传送到内部输出寄存器中，然后输出到引脚 P0_OUT 上。通用 I/O 接口仿真结果如图 9.9 所示。

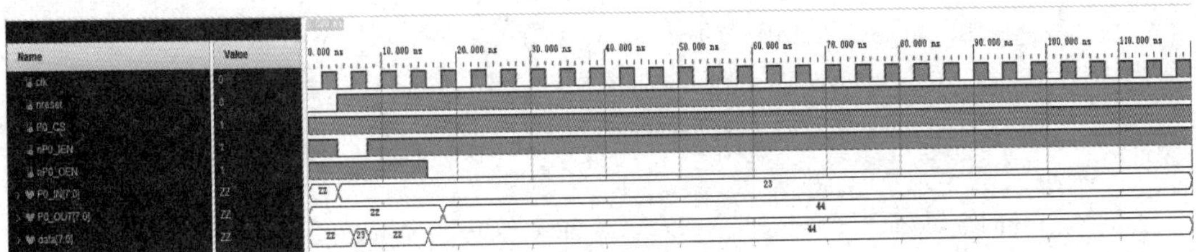

图 9.9　I/O 端口仿真结果

9.10 微程序控制器测试验证

根据微程序控制器的功能要求对其功能进行仿真及验证。微程序控制器的主要功能是在微指令执行过程中发出控制信号到相关的模块来执行某一个功能操作。在仿真测试时，系统在不复位情况下，输入机器指令的 6 位操作码 IR、M_uA 地址选择信号和微程序控制器片选信号 CMROM_CS 这 3 个信号，就可以通过指令译码获得微程序的入口地址，进而执行后续的微指令，因此只要能够正常读取出每条机器指令的微指令就可以证明微程序控制器功能的正确性。微程序控制器仿真文件结构体部分如下面 VHDL 代码所示。

```
architecture behav of test_MC is
    component micro_controller
        port(
                clk_MC    : in std_logic;
                nreset    : in std_logic;
                M_uA      : in std_logic;       -- 0:IR   1:uIR
                CMROM_CS: in std_logic;
                IR        : in std_logic_vector(7 downto 2);

                CM        : out std_logic_vector(51 downto 0));
    end component;
        component MC_ROM
    port(
            CMROM_CS: in std_logic;
            uAR          : in std_logic_vector(7 downto 0);

            uIR          : out std_logic_vector(47 downto 0));
    end component;

    signal clk: std_logic:= '0';
    signal nreset, M_uA: std_logic;
    signal IR: std_logic_vector(7 downto 2);
    /signal uAR: std_logic_vector(7 downto 0);
    signal CM: std_logic_vector(51 downto 0);
begin
    u1: micro_controller port map(clk_MC=>clk, nreset=>nreset, M_uA=>CM(9), CMROM_CS=>CM(8),
IR=>IR, CM=>CM);
```

```
    process
    begin
        wait for 2 ns;
        clk <= not clk;
    end process;
    process
    begin
        nreset <= '0';
        M_uA <= '0';   -- from IR
        IR <= x"0A";  -- MOV Ri, Rj
        wait for 4 ns;
        nreset <= '1';
        wait for 32 ns; -- get IR1
        IR <= x"0C";  -- MOV direct, Ri
        wait for 32 ns; -- get IR2
        wait for 1000 ns;
    end process;
end behav;
```

系统复位时，微程序入口地址复位为 0，得到取指微指令 003119F37800H。在系统正常工作时，通过取指微指令读取 ROM 中的第一条机器指令，将 IR 左移 2 位得到 MOV Ri, Rj 指令的微程序地址 28H。在控制存储器 28H 地址所对应的单元读取出第一条微指令，然后根据微程序控制器工作过程依次读出和执行后续微指令，当前机器指令执行完后，进行读取下一条机器指令，整个微程序控制器仿真结果如图 9.10 所示。

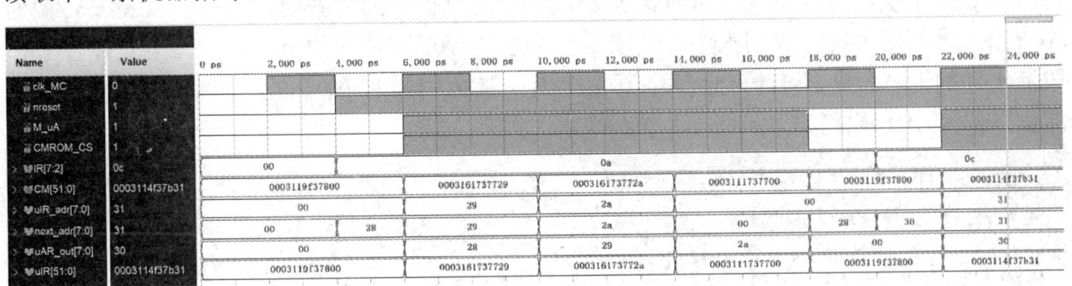

图 9.10　微控制器仿真结果

9.11　8 位 SoC 测试验证

9.11.1　8 位 SoC 验证结构

当 SoC 各个功能模块都验证正确后，可以根据图 9.11 将各个功能模块连接到一起，形成一个简单的8位SoC系统。根据所定义的接口，实现模块之间的互连。所有控制信号都从微程序控制器输出，所有模块都连接到同一条数据总线上。PC与ROM地址线连接，而SP、RAM和IR的所对应的RAM地址连接到一起，注意模块间信号的先后顺序和传递关系。

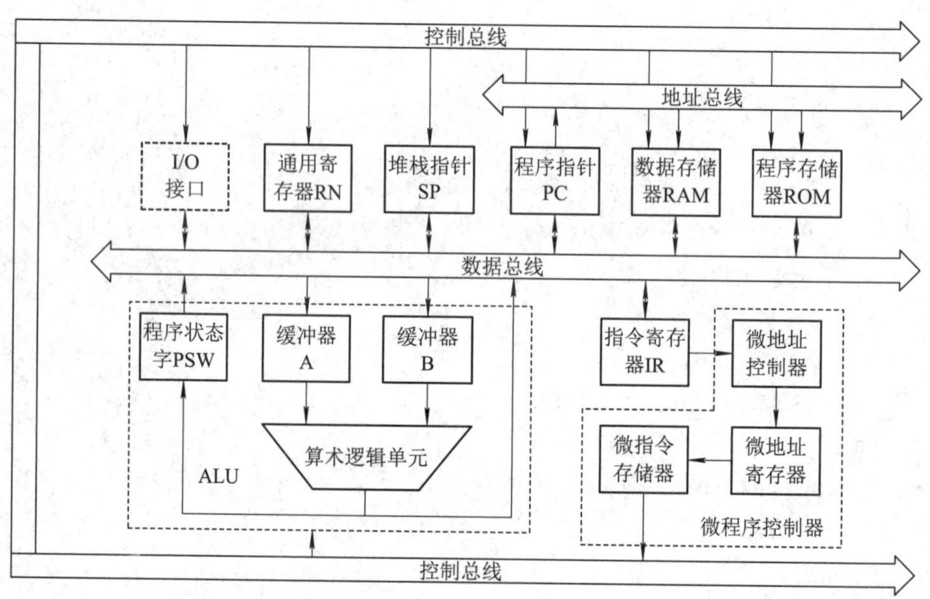

图9.11　SoC结构图

9.11.2　测试代码及仿真结果

在对各个模块进行仿真测试时，要求设计一段可执行的汇编语言程序，并将其转换为相应的二进制指令码存放到程序存储器中。为了方便观测系统的执行情况，为此设计了一段流水灯的汇编程序，将内部运算结果输出到外部I/O接口，验证SoC整体功能的正确性。流水灯的VHDL代码如下。

```
START: MOV R0, #01H;
L1:    MOV R1, #F8H;
       MOV P0, R0;    --R0输出数据到P0
L2:    INC R1;        --延时循环
       JZ NEXT;
       JMP L2;
NEXT:  INC R0;        --R0加1
       JMP L1;        --无限循环
```

流水灯代码是双层循环结构，涉及立即数传输指令、I/O接口输出指令、加1指令和跳转指令等多种功能指令。程序执行过程涉及程序存储器、程序指针、指令寄存器、通用寄存器、算法逻辑单元、通用I/O接口、微程序控制器等多个功能模块。该程序可以综合验证整个 SoC 功能的正确性。由于系统需要执行的程序已经存放到内部 ROM，因此在进行仿真测试时仅需要配置时钟和复位信号即可。SoC 仿真文件结构体如下面 VHDL 代码所示。

```
architecture behav of test_cpu is
    component my_cpu
        port(
                    clk         : in std_logic;
                    nreset      : in std_logic;
                    P0_in       : in std_logic_vector(7 downto 0);
                    P0_out      : out std_logic_vector(7 downto 0));
    end component;
    signal clk: std_logic := '0';
    signal nreset : std_logic := '0';
    signal P0_in: std_logic_vector(7 downto 0);
begin
    u1: my_cpu port map(clk=>clk, nreset=>nreset, P0_in=>P0_in);
    process
    begin
        wait for 2 ns;
        clk <= not clk;
    end process;
    process
    begin
        nreset <= '0';
        wait for 4 ns;
        nreset <= '1';
        wait for 1000 ns;
    end process;
end behav;
```

在整个流水灯程序执行的过程中，测试系统根据 PC 地址访问每一条机器指令。首先，将 R0 和 R1 初始化为 00H 和 F8H；然后，将 R0 的信息输出到 P0 接口，R1 作为延时计数器；接着，调用 ALU 模块进行加 1 操作，延时 8 个时钟周期后 R0 加 1，R1 重新赋值为 F8H；最后，将 R0 更新后的数据输出到 P0。按照上述的执行过程无限循环下去，P0 接口的数据将逐步递增，待增加到 FFH，然后又从 00H 重新开始，仿真结果如图 9.12 所示。若将 P0 输出接口连接到发光二极管 LED 灯，当把这个工程下载到 FPGA 实验板上，即可观测到流水灯的对应现象，从而验证的所设计 SoC 的正确性。图 9.13 所示是 FPGA 板级验证 SoC 的结果，数码管显示的是当前的微指令码，LED 显示当前 LED 状态。

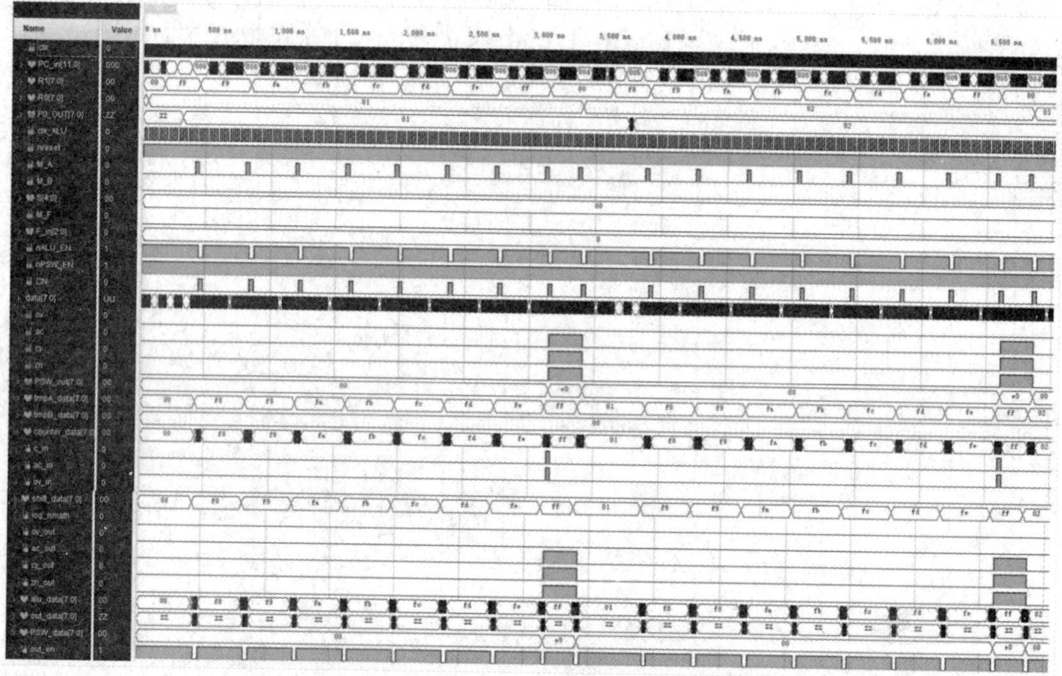

图 9.12　SoC 仿真结果

图 9.13　FPGA 板级验证 SoC 结果

参 考 文 献

[1] 裘雪红. 计算机组成与系统结构[M]. 2 版. 西安：西安电子科技大学出版社，2020.
[2] 杨全胜. CPU 设计实践教程：从数字电路到计算机组成[M]. 北京：清华大学出版社，2020.
[3] 孟宪元. FPGA 现代数字系统设计：基于 Xilinx 可编程逻辑器件与 Vivado 平台[M]. 北京：清华大学出版社，2019.
[4] 谭志虎. 计算机组成原理实践教程：从逻辑门到 CPU[M]. 北京：清华大学出版社，2018.
[5] 魏继增. SoC 设计方法与实现[M]. 4 版. 北京：电子工业出版社，2022.
[6] 魏继增. 计算机系统设计(下册)：基于 FPGA 的 SoC 设计与实现[M]. 北京：电子工业出版社，2022.
[7] 张晋荣. FPGA 实战训练精粹[M]. 北京：清华大学出版社，2019.
[8] 廉玉欣. Vivado 入门与 FPGA 设计实例[M]. 北京：电子工业出版社，2018.
[9] 董磊. 数字电路的 FPGA 设计与实现：基于 Xilinx 和 VHDL[M]. 北京：电子工业出版社，2021.
[10] 汪文祥. CPU 设计实战[M]. 北京：机械工业出版社，2021.